零基础学 FPGA 设计
——理解硬件编程思想

杜 勇 编著

電子工業出版社
Publishing House of Electronics Industry
北京•BEIJING

内 容 简 介

本书是针对FPGA初学者编著的入门级图书，以高云公司的FPGA和Verilog HDL为开发平台，详细阐述FPGA设计所需的基础知识、基本语法、设计流程、设计技巧，全面、细致、深刻地剖析了Verilog HDL与C语言等传统顺序语言的本质区别，使读者通过简单的实例逐步理解FPGA的硬件设计思想，实现快速掌握FPGA设计方法的目的。本书思路清晰、语言流畅、分析透彻，在简明阐述设计方法的基础上，重点辨析读者易于与常规顺序语言混淆的概念，力求使读者在较短的时间内理解硬件编程思想，掌握FPGA设计方法。

本书适合从事FPGA技术领域的工程师、科研人员，以及相关专业的本科生、研究生使用。

本书的配套资源包含完整的Verilog HDL实例工程代码。读者可以关注作者的公众号“杜勇FPGA”免费下载程序资料及开发环境，关注B站UP主“杜勇FPGA”免费观看配套教学视频。

图书在版编目（CIP）数据

零基础学FPGA设计：理解硬件编程思想 / 杜勇编著. —北京：电子工业出版社，2023.4

ISBN 978-7-121-45215-4

Ⅰ. ①零… Ⅱ. ①杜… Ⅲ. ①可编程序逻辑器件－系统设计 Ⅳ. ①TP332.1

中国国家版本馆CIP数据核字（2023）第046274号

责任编辑：田宏峰　　　特约编辑：田学清
印　　刷：北京七彩京通数码快印有限公司
装　　订：北京七彩京通数码快印有限公司
出版发行：电子工业出版社
　　　　　北京市海淀区万寿路173信箱　　　邮编：100036
开　　本：787×1092　1/16　印张：19　字数：486千字
版　　次：2023年4月第1版
印　　次：2024年3月第3次印刷
定　　价：88.00元

凡所购买电子工业出版社图书有缺损问题，请向购买书店调换。若书店售缺，请与本社发行部联系，联系及邮购电话：（010）88254888，88258888。

质量投诉请发邮件至zlts@phei.com.cn，盗版侵权举报请发邮件至dbqq@phei.com.cn。

本书咨询联系方式：tianhf@phei.com.cn。

作者简介

杜勇，四川省广安市人，高级工程师、副教授，现任教于四川工商学院，居住于成都。1999 年于湖南大学获电子工程专业学士学位，2005 年于国防科技大学获信息与通信工程专业硕士学位。发表学术论文十余篇，出版《数字滤波器的 MATLAB 与 FPGA 实现》《数字通信同步技术的 MATLAB 与 FPGA 实现》《数字调制解调技术的 MATLAB 与 FPGA 实现》《锁相环技术原理及 FPGA 实现》《Intel FPGA 数字信号处理设计——基础版》等多部著作。

大学毕业后在酒泉卫星发射中心从事航天测控工作，参与和见证了祖国航天事业的飞速发展，近距离体会到“大漠孤烟直、长河落日圆”的壮观景色。金秋灿烂绚丽的胡杨，初夏潺潺流淌的河水，永远印刻在脑海里。

退伍后回到成都，先后在多家企业从事 FPGA 技术相关的研发工作。2018 年回到大学校园，主要讲授“数字信号处理”“FPGA 技术及应用”“FPGA 高级设计及应用”“FPGA 数字信号处理设计”“FPGA 综合实训”等课程，专注于教学及 FPGA 技术的推广应用。

人生四十余载，大学毕业已二十余年。常自豪于自己退伍军人、电子工程师、高校教师的身份，且电子工程师的身份伴随了整个工作经历。或许热爱不需要理由，从读研时初次接触 FPGA 技术起，就被其深深吸引，长期揣摩研习，乐此不疲。

微信公众号：杜勇 FPGA

B 站 UP 主：杜勇 FPGA

前 言

为什么要写这本书

时光如水，流逝悄无声息，从初次接触 FPGA 开始，不知不觉已二十余年。十余年前，我开始写 FPGA 方面的著作，第一本《FPGA/VHDL 设计入门与进阶》本是希望为菜鸟写本入门书籍，现在翻看当时的文字，感觉自己当时也不过是有些自以为是的超级菜鸟而已。后来写通信技术 FPGA 设计方面的书籍，本意不过是将自己在设计过程中颇有心得的设计经验公之于众，为在通信技术 FPGA 设计领域的工程师提供有益的参考，所幸确实帮助到不少工程师和同学，与读者交流的邮件让我备感欣慰。

自 2011 年开始编写《数字滤波器的 MATLAB 与 FPGA 实现》（"数字通信技术的 FPGA 实现系列"图书的第一本）后，我先后完成《数字滤波器的 MATLAB 与 FPGA 实现》《数字通信同步技术的 MATLAB 与 FPGA 实现》《数字调制解调技术的 MATLAB 与 FPGA 实现》三本图书的编写。这三本图书（简称 Xilinx/VHDL 版）是基于 AMD 公司的 FPGA 器件和 VHDL 语言编写的，后来又基于 Intel 公司的 FPGA 和 Verilog HDL 语言改写了上面三本图书（简称 Altera/Verilog 版）。由于载波锁相环技术难度大且应用较为广泛，我又专门针对这个专题编写了《锁相环技术原理及 FPGA 实现》一书。由于"数字通信技术的 FPGA 实现系列"图书专业性较强，要同时理解一大堆繁杂的公式和 FPGA 设计知识，无疑是一件极具挑战的事。为此，我又先后出版关于数字信号处理技术更为基础的著作《Xilinx FPGA 数字信号处理设计——基础版》《Intel FPGA 数字信号处理设计——基础版》。

数字信号处理技术理论性强，FPGA 技术入门难，要将两者有机结合完成 FPGA 数字信号处理设计，对工程师的要求很高。在收到的读者交流邮件中，有很大一部分读者其实在咨询 FPGA 设计的基础知识。九层之台，起于累土，学习不可操之过急。先打好基础，掌握 FPGA 的基本设计方法，熟悉 FPGA 设计流程，透彻理解 FPGA 设计所需的硬件思想，再加上数字信号处理的专业知识，才可以自由地完成数字信号处理的 FPGA 设计。

虽然市面上关于 FPGA 入门的书籍多如繁星，但具有原创性和鲜明特性的书籍还比较少。

何必又要写入门级别的书籍？无它，只是想将自己对 FPGA 设计的一些独特的理解和心得公之于众，为读者提供有益参考。既然是心得，那么书中的实例和书中对 FPGA 设计方法的理解都有很强的原创性，读者不用担心会看到过多与其他图书明显雷同的内容。

所谓集腋成裘，聚沙成塔。任何技能或技术都不是一蹴而就的，掌握它都需要读者长期的练习和思考，如江湖油翁，神箭穿杨。

如果有一本好书，能够讲解透彻、思路清晰、语言流畅，作者刚好又是讲授相关课程的老师，且是在行业混迹多年的工程师，相信会加快初学者成袭成塔的速度。

本书的内容安排

本书分为基础篇、初识篇、入门篇和提高篇，共 16 章。

基础篇包括必备的数字逻辑电路知识、可编程逻辑器件基础及开发环境的安装方法，主要对 FPGA 设计所需要了解的数字电路、模拟电路知识进行简单介绍，读者不用再翻阅《数字电路技术》《模拟电路技术》等书籍。

初识篇正式开启 FPGA 程序设计的学习之旅。首先详细介绍经典的“流水灯”实例，手把手讲解 FPGA 的全设计流程。接着从组合逻辑电路讲起，感受 Verilog HDL“绘制”电路的设计思想。正如所有纷繁复杂的数字产品本质上都是由“0”和“1”组成的数字游戏，掌握 FPGA 的灵魂和精华，就打开了绚烂至极的 FPGA 设计技术之门。D 触发器就是 FPGA 的灵魂，计数器就是 FPGA 的精华。几乎所有的 FPGA 语法结构都可以套用描述 D 触发器的语法结构，几乎所有的 FPGA 时序电路都可以分解为功能单一的计数器。D 触发器虽然简单，计数器仅需三五行代码即可描述，但 FPGA 工程师的价值正是利用这些简单的基本部件，融合设计者的思想，形成满足用户需求的功能电路。理解硬件编程的思想，需要从透彻理解 D 触发器和计数器开始。在初识篇里，除了理解 D 触发器和计数器，还需要掌握 Verilog HDL“并行语句”的概念，从而悟透 Verilog HDL 与 C 语言的本质区别。

入门篇包括对秒表电路、密码锁电路、电子琴电路、串口通信电路及状态机的讨论。这些电路模块看似功能简单，如何能够采用简洁、规范、高效的 Verilog HDL 语言完成电路的设计，需要设计者熟知 FPGA 的设计规则。从网络上找到类似功能电路的 Verilog HDL 代码很容易。由于这些电路一般不需要用到 IP 核，全是用 Verilog HDL 实现的，很容易实现代码移植，只需约束相应的引脚，了解电路顶层接口的信号功能，即可将编译后的代码下载到开发板上验证。能够在开发板上成功验证功能电路，实现正确的秒表、密码锁、电子琴、串口通信功能无疑会让人感到非常高兴。但对于 FPGA 初学者来讲，验证电路功能并不是最重要的，重要的是理解代码的设计思想。要在不参考任何代码的情况下，从头开始，在头脑中形成具体的电路模型，指间随心流淌 Verilog HDL 代码，最终完成正确的功能电路设计却需要艰苦卓绝的努力。唯有经过如此的练习，才能真正理解这些功能电路的设计方法。如果能够达到这样的状态，说明你已跨进 FPGA 设计的大门了。状态机一直是数字电路技术课程中的重要内容之一，虽然状态机也是一种比较常用的 FPGA 设计方式，但是作者仍然不推荐采用状态机的方式描述电路。第 12 章阐述了状态机的设计方法，并对状态机描述电路的利弊进行了分析。

提高篇包括时序约束、IP 核设计、在线逻辑分析仪调试和常用的 FPGA 设计技巧等内容。当 FPGA 电路系统工作频率较高时，时序约束的重要性就凸显出来，设计出满足时序要求的 Verilog HDL 程序，首先要深刻理解 FPGA 程序运行速度的极限。IP 核是经过验证的成熟设计模块，是一种提高设计效率的极佳设计方式，何况 FPGA 开发环境提供了很多免费的 IP 核。要解决 FPGA 工程师和硬件制版工程师之间的争端，弄清到底是 FPGA 程序的问题还是硬件电路板的问题，通常需要对 FPGA 程序进行在线调试。将 FPGA 程序下载到目标器件上观察电路的运行情况，在线逻辑分析仪提供了很好的调试手段。本书最后介绍了一些常用的 FPGA 设计技巧，如默认引脚状态设置、复位信号处理方法、时钟使能信号使用方法等，并以浮点乘法器为例讨论了 FPGA 电路的设计技巧，希望给读者更多有益的参考。

关于 FPGA 开发平台的说明

众所周知，目前 AMD 公司（2022 年收购了 Xilinx 公司）和 Intel 公司（2015 年收购了 Altera 公司）的 FPGA 产品占据全球 90%以上的 FPGA 市场。可以说，在一定程度上正是由于两家公司的相互竞争，才有力地推动了 FPGA 技术的不断发展。

但是，近年来国际上的芯片产业呈现出异乎寻常的竞争发展态势，尤其国际上 FPGA 主要生产厂商的芯片在国内的售价持续上涨，且供货渠道不畅，很大程度上影响了本书对开发平台的选择。本书定位于 FPGA 初学者，在选用开发平台时主要考虑开发板的成本及开发软件的易用性。近年来，国产 FPGA 的发展势头十分迅猛，综合考虑后，本书选用了高云 FPGA 作为本书的开发平台。

虽然硬件描述语言（HDL）的编译及综合环境可以采用第三方公司开发的产品，如 ModelSim、Synplify 等，但 FPGA 的物理实现必须采用各自公司开发的软件平台，无法通用。例如，AMD 公司的 FPGA 使用 Vivado 和 ISE 系列开发工具，Intel 公司的 FPGA 使用 Quartus 系列开发工具，高云公司的 FPGA 使用云源软件。与 FPGA 的开发工具类似，HDL 也存在两种难以取舍的选择：VHDL 和 Verilog HDL。

学习 FPGA 开发技术的难点之一在于开发工具的使用，AMD 公司、Intel 公司，以及各家国产 FPGA 公司，为了适应不断更新的开发需求，主要是适应不断推出的新型 FPGA 器件，开发工具的版本更新速度很快。开发工具的更新除了对开发环境本身进行完善，还需要不断加强对新上市的 FPGA 器件的支持。本书所有实例均采用云源软件进行编写。相对于 Quartus、ISE、Vivado 而言，云源软件的功能和界面都更为简洁，更适于初学者学习。

应当如何选择 HDL 呢？其实，对于有志于从事 FPGA 开发的技术人员，选择哪种 HDL 并不重要，因为两种 HDL 具有很多相似之处，精通一种 HDL 后，再学习另一种 HDL 也不是一件困难的事。通常来讲，可以根据周围同事、朋友、同学或公司的使用情况来选择 HDL，这样在学习过程中，可以很方便地找到能够给你指点迷津的专业人士，从而加快学习进度。

本书采用高云公司的 FPGA 作为开发平台，采用 Gowin_v1.9.8.07 作为开发工具，采用 Verilog HDL 作为设计语言，使用 ModelSim 进行仿真测试。由于 Verilog HDL 并不依赖于具体的 FPGA 器件，因此本书中的 Verilog HDL 程序可以很方便地移植到 AMD 或 Intel 公司的 FPGA 上。如果 Verilog HDL 程序中使用了 IP 核，由于不同公司的 IP 核不能通用，因此需要根据 IP 核的参数，在另外一个平台上重新生成 IP 核，或重新编写 Verilog HDL 程序。

有人曾经说过，技术只是一个工具，关键在于思想。将这句话套用过来，对于本书来讲，具体的开发平台和 HDL 只是实现技术的工具，关键在于设计的思路和方法。读者完全没有必要过于在意开发平台的差别，只要掌握了设计思路和方法，加上读者已经具备的 FPGA 开发经验，采用任何一种 FPGA 都可以很快地设计出满足用户需求的产品。

如何使用本书

本书是专为 FPGA 初学者编写的入门级图书。一般来讲，FPGA 设计者同时需要熟悉 Verilog HDL 语法，熟悉 FPGA 开发环境（如 Quartus II、ISE、Vivado、云源软件），熟悉数字电路基础知识。由于 FPGA 需要综合应用这些知识，加之 Verilog HDL 与 C 语言（工科学生一般首先接触到 C 语言，先入为主地形成了顺序编程思维）又存在本质的区别，因此初学者总是感觉 FPGA 设计入门比较难。本书的基础篇对 FPGA 设计所需的基础知识进行了简要介绍，后面介绍 FPGA 设计时，采用实例设计的方法，将云源软件 和 Verilog HDL 语法融合在一起进行讨论，并在实例过程中，详细、深刻、反复、多角度地讨论一些较难理解的 FPGA 设计概念，读者要细心体会这些简单的实例，理解 FPGA 设计的本质是设计电路，理解 FPGA 并行语句的概念，理解硬件编程思想。

为便于读者学习，本书的绝大多数实例均可以在 CGD100 开发板上进行验证。由于本书的实例并不复杂，大多数实例没有用到 IP 核，因此读者可以很容易地将本书的实例移植到其他开发板上进行验证，只需修改 FPGA 工程的目标 FPGA 型号，修改顶层文件信号端口对应的引脚约束即可。

致谢

有人说，每个人都有他存在的使命，如果迷失了使命，就失去了存在的价值。不只是每个人，每件物品也都有其存在的使命。对于一本图书来讲，其存在的使命就是被阅读，并给读者带来收获。如果本书能对读者的工作和学习有所帮助，将给作者莫大的欣慰。

在本书的编写过程中，作者得到了高云半导体公司的大力支持和帮助，在此表示衷心的感谢。该书配套的 FPGA 教学开发板由武汉易思达科技有限公司和米恩工作室联合研制，在此一并表示感谢。作者查阅了大量的资料，在此对资料的作者及提供者表示衷心的感谢。

FPGA 技术博大精深，本书远没有讨论完 FPGA 设计的全部内容，仅针对 FPGA 初学者需要掌握的知识展开了详细的讨论。学习的过程充满艰辛、彷徨、痛苦和快乐，深入理解基本概念，透彻理解硬件设计思想，不急不躁，一定可以体会到 FPGA 设计的美妙。

由于作者水平有限，书中难免会存在不足和疏漏之处，敬请广大读者批评指正。欢迎读者就相关技术问题与作者进行交流，或对本书提出改进意见及建议。本书的配套资源包含完整的 Verilog HDL 实例工程代码。读者可以关注作者的公众号“杜勇 FPGA”免费下载程序资料及开发环境，关注 B 站 UP 主“杜勇 FPGA”免费观看配套教学视频。如果需要本书配套的 CGD100 开发板，请到官方网店购买：https://shop574143230.taobao.com/。

杜　勇
2022 年 11 月

目 录

第一篇 基础篇

第二篇 初识篇

第三篇 入门篇

第四篇 提高篇

基础篇

01

基础篇包括必备的数字逻辑电路知识、可编程逻辑器件的基础知识，以及开发环境的安装方法。本篇主要对 FPGA 设计所需要了解的数字电路、模拟电路知识进行了梳理，读者无须再重新翻阅厚厚的介绍数字电路技术、模拟电路技术的书籍，以免迷失在繁杂的理论细节中。

第1章

必备的数字逻辑电路知识

无论多么天才的钢琴演奏家都要经常弹奏练习曲，即使天生的歌唱家每天也要用几个基本的音符来练声，所谓绝顶武术高手也要时常练习最基本的招式。我想说的是，扎实的基本功是进阶成为高手的起码条件。本书所要讨论的 FPGA（Field Programmable Gate Array，现场可编程门阵列）号称数字电路设计中的万能器件，而器件的基本构成及设计原理却很简单。

这一章我们先来复习一下数字电路的一些基础知识。虽然数字电路看起来并不复杂，但要弄清楚厚厚一本书所讲的全部细节内容，仍然是一件十分困难的事。好在由于 FPGA 开发软件强大的设计能力，工程师并不需要理解过于纷繁复杂的底层原理知识，只需了解数字电路的一些基本概念即可开始设计。

1.1 数字逻辑和逻辑电平

1.1.1 模拟器件构成的数字电路

科技在近几十年里发生了翻天覆地的变化，其变化的速度几乎颠覆了所有人的想象。科技改变世界，科技改变生活。今天无处不在的压缩视频、数字通信、无线网络、互联网、虚拟技术等统统都可归结为数字世界，而数字世界最基本的构成仅仅是 0 和 1 这两个数学里最简单的符号。人类知识大厦中的基础支柱——数学理论的每一次重大突破都会引起其他学科的变革，进而极大地推动科技的革命。真实的世界是模拟的世界。人们运用模数转换将真实的模拟世界变换到数字域，再应用人类几千年研究探索的数学知识完成各种复杂的处理，最后通过数模转换回到真实的世界。在这转换之间，世界已经发生了彻底的改变！

复杂的数学公式只出现在课本里当然没有意义，半导体技术赋予了这些精妙理论以绝佳的舞台。电子器件的开关状态与数字世界中的 0 和 1 有天然的对应关系，难以计数的电子器件在人们的精心组织下完成了看似不可能完成的海量信息处理。可以说，离开了半导体技术，这个数字时代将黯淡无光。

所谓模拟器件构成的数字电路，指的是利用模拟器件——二极管或三极管的开关特性来构建的电路。最简单的具有开关特性的开关器件是二极管，不过对于逻辑门电路来讲，为实现更加复杂的逻辑功能以及更便于大规模集成电路设计，最常用的是三极管。

众所周知，数字逻辑的基本单元就是“门”，由众多的“门”即可实现各式各样复杂的逻辑功能。FPGA 也就成为数字领域的“乐高”，用它几乎可以搭建出任何作品。最常用最基本的逻辑门电路是 TTL（Transistor-Transistor Logic，晶体管－晶体管逻辑）反相器电路和 CMOS（Complementary Metal Oxide Semiconductor，互补金属氧化物半导体）反相器电路。因此，了解这两种门电路也就了解了构成 FPGA 的基本粒子。无论是 TTL 还是 CMOS，本质上都是由不同种类的模拟器件——晶体管构成的。

“与”门、“或”门、“非”门是最基本的三种逻辑门电路，其中最基础的是“非”门电路。读者可以通过阅读康华光编写的《电子技术基础：数字部分》详细了解所有门电路的工作原理。由于 TTL 和 CMOS 的主要区别在于高低电平的定义、输入输出电平的范围、功耗等方面，对于 FPGA 工程师来讲，只需关注信号的高低电平状态即可。虽然 FPGA 工程师在设计过程中，不需要关注 FPGA 内部底层电路的工作原理，但如果能够对其有一定的了解，对于快速形成硬件编程思维仍然有明显的促进作用。

接下来简单回顾 TTL 反相器的工作原理。

1.1.2 TTL 反相器电路

图 1-1 为由 NPN 型三极管形成反相器的基本电路原理图。根据三极管的工作特性，可将工作区分为截止区、放大区和饱和区。当三极管的发射结正向偏置、集电结反向偏置时，该三极管就工作在放大状态；当三极管的发射结和集电结都正向偏置时，该三极管就工作在饱和状态；当三极管的发射结和集电结都反向偏置时，该三极管就工作在截止状态。

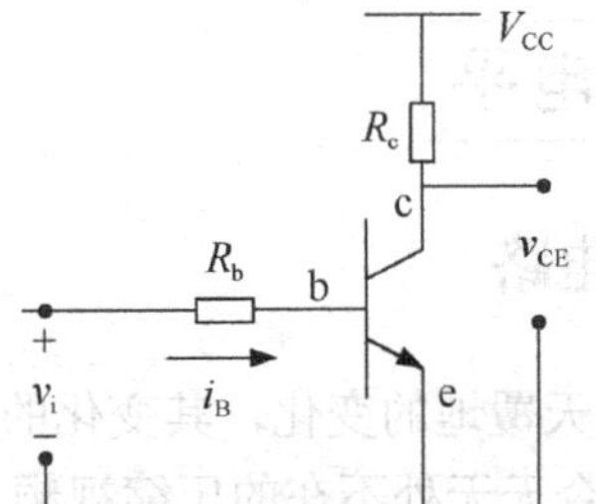

图 1-1　反相器的基本电路原理图

当三极管工作在饱和区，输入为高电平（$v_i > v_{BE} > 0.7\ V$）时，输出为低电平（$v_{CE} \approx 0.3\ V$）；当三极管工作在截止区，输入为低电平（$v_i < 0.3V$）时，输出为高电平（$v_{CE} \approx V_{CC}$）。三极管的这种工作状态正是典型的反相器特性。

对于数字信号来讲，输入信号高低电平的转换在理想情况下是瞬间完成的，这就要求反相器的输出能够对输入信号状态进行快速响应。然而三极管反相器的结构特点决定了其开关速度不够高，远远满足不了一般逻辑电路的速度要求。为了改善它的开关速度和其他性能，往往还需要增加若干其他元器件，从而形成现在仍在使用的 TTL 电路。

关于 TTL 反相器电路的工作原理、开关特性、传输特性等不再详细阐述，对于 FPGA 设计工程师来讲，了解前面介绍的这些基本知识已经足够了，我们只需要知道三极管可以实现反相器功能，TTL 是改善了开关速度性能的反相器电路即可。图 1-2（a）所示为大多数工科学生在数字电路技术实验课程中见过的反相器集成电路芯片，图 1-2（b）为其引脚及结构原理图。在学习了 Verilog HDL 之后，我们会发现这类芯片的功能只需用几行代码就可以完美地实现。

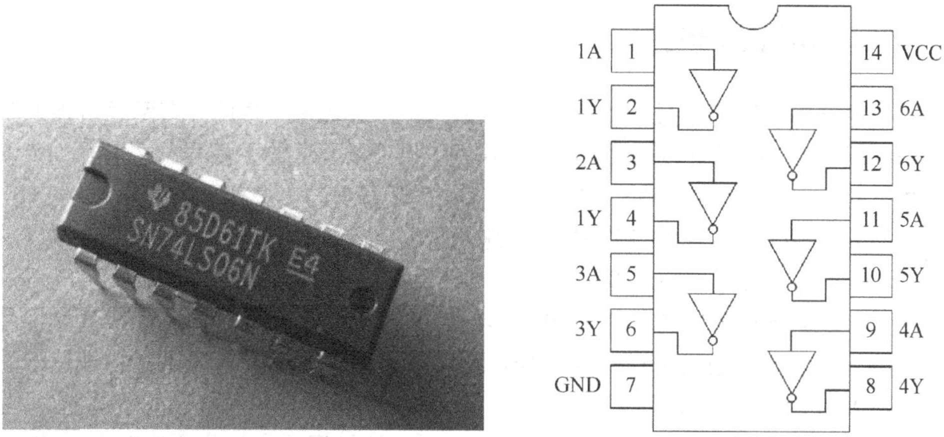

（a）芯片实物图　　（b）芯片引脚及结构原理图

图 1-2　TTL 反相器集成电路芯片 SN74LS06N

1.1.3　现实中的数字信号波形

理想中的数字信号波形（简称数字波形）只有两种状态：高电平和低电平。数字波形高低电平的转换是在瞬间完成的，不需要任何转换时间。实际电路高低电平的转换是不可能瞬间完成的。器件高低电平的转换时间决定了器件的工作速度。因此，在实际的数字系统中，数字波形不可能立即上升或下降，而要经历一段时间，只是分析某些特定电路工作状态时，数字波形的转换时间足够短，可以采用理想化模型进行分析，且不影响分析结果。当分析电路的工作速度时，数字波形或器件状态的转换时间就显得格外重要了。

下面我们介绍单个数字波形中的四个重要参数：上升时间、下降时间、脉冲宽度、占空比。

一般来讲，数字波形上升时间的定义是，从脉冲幅值的 10%上升到 90%所经历的时间。下降时间则相反，即从脉冲幅值的 90%下降到 10%所经历的时间。脉冲宽度则定义为脉冲幅值 50%的两个时间点所跨越的时间。占空比定义为，数字波形的一个周期中，高电平脉冲宽度所占的百分比。

图 1-3 是占空比为 40%的理想数字波形和实际波形图，图中，高电平为 5V，上升时间定义为从 0.5V 上升至 4.5V 的时间（10ns）；下降时间定义为从 4.5V 下降到 0.5V 的时间（10ns）；脉冲宽度为 40ns，波形周期为 100ns（周期为 10MHz），占空比为 40%。

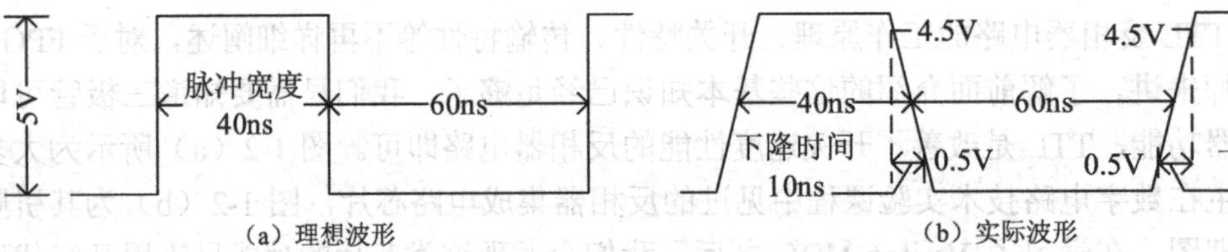

图 1-3 占空比为 40%的理想数字波形和实际波形图

1.1.4 了解常用的逻辑电平

在数字电路中，数字信号往往表现为突变的电压或电流，并且只有两种可能的状态，即高电平或低电平，所以可以用二值信息“0”和“1”来表示数字信号。这里的“0”和“1”不代表数值的大小，只反映两种对立的状态（如“断开”与“关闭”，“高”与“低”，“是”与“非”等）。因此，我们把“0”和“1”这两个数字仅当作两个不同的符号，称为逻辑 0 和逻辑 1，由于只有两种状态，因此又称为二值数字逻辑（简称数字逻辑）。

二值数字逻辑的两种状态，可用电子器件的开关特性来实现，由此形成离散信号电压或数字电压。数字电压通常用逻辑电平来表示。应当注意，逻辑电平不是物理量，而是物理量的相对表示。

规定用“1”表示高电平，用“0”表示低电平，这种表示方法为正逻辑表示法；反之，用“0”表示高电平，用“1”表示低电平，这种表示方法为负逻辑表示法。本书若未做特别说明，均采用正逻辑表示法。

目前常用的电平标准有 TTL、CMOS、LVTTL（Low Voltage TTL，低电压 TTL）、LVCMOS（Low Voltage CMOS，低电压 CMOS）、ECL（Emitter Coupled Logic，发射极耦合逻辑，此电平具有差分结构）、PECL（Positive ECL，正射极 ECL）、LVPECL（Low Voltage PECL，低电压 PECL）、LVDS（Low Voltage Differential Signal，低电压差动信号，此电平为差分对输入输出）等。为便于对比，表 1-1 给出了常用逻辑电平标准及注意事项。

表 1-1 常用逻辑电平标准及注意事项

名　称	供电电源	电平标准	注意事项
TTL	+5V	V_{oh}≥2.4V；V_{ol}≤0.4V； V_{ih}≥2V；V_{il}≤0.8V	因为 2.4V 与 5V 之间还有很大空间，对改善噪声容限并没有好处，还会增大系统功耗和影响速度，所以后来就把一部分“砍”掉了，也就是后面的 LVTTL。LVTTL 又分 3.3V、2.5V 及更低电压的 LVTTL
3.3V LVTTL	+3.3V	V_{oh}≥2.4V；V_{ol}≤0.4V； V_{ih}≥2V；V_{il}≤0.8V	
2.5V LVTTL	+2.5V	V_{oh}≥2.0V；V_{ol}≤0.2V； V_{ih}≥1.7V；V_{il}≤0.7V	更低电压的 LVTTL 多用在处理器等高速芯片中，使用时查看芯片手册就可以了
CMOS	+5V	V_{oh}≥4.5V；V_{ol}≤0.5V； V_{ih}≥3.5V；V_{il}≤1.5V	相对 TTL 有了更大的噪声容限，输入阻抗远大于 TTL 输入阻抗。对应 3.3V 的 LVTTL，出现了 LVCMOS，它可以与 3.3V 的 LVTTL 直接相互驱动

续表

名　称	供电电源	电平标准	注意事项
3.3V LVCMOS	+3.3V	V_{oh}≥3.2V；V_{ol}≤0.1V； V_{ih}≥2.0V；V_{il}≤0.7V	
2.5V LVCMOS	+3.3V	V_{oh}≥-2.0V；V_{ol}≤-0.1V； V_{ih}≥-1.7V；V_{il}≤-0.7V	
ECL	正电压：0V； 负电压：-5.2V	V_{oh}≥-0.88V；V_{ol}≤-1.72V； V_{ih}≥-1.24V；V_{il}≤-1.36V	速度快，驱动能力强，噪声小，很容易达到几百 MHz 的应用，但是功耗大，需要负电源。为简化电源，出现了 PECL（ECL 结构，改用正电压供电）和 LVPECL
PECL	+5V	V_{oh}≥4.12V；V_{ol}≤3.28V； V_{ih}≥3.78V；V_{il}≤3.64V	ECL、PECL、LVPECL 使用时需要注意，不同电平不能直接驱动，中间可用交流耦合、电阻网络或专用芯片进行转换
LVPECL	+5V	V_{oh}≥2.42V；V_{ol}≤1.58V； V_{ih}≥2.06V；V_{il}≤1.94V	
LVDS	LVDS 的驱动器由驱动差分线对的电流源组成，电流通常为 3.5mA。LVDS 接收器具有很高的输入阻抗，因此驱动器输出的大部分电流都流过 100Ω 的匹配电阻，并在接收器的输入端产生大约 350mV 的电压。当驱动器翻转时，它改变流经电阻的电流方向，因此产生有效的逻辑“1”和逻辑“0”状态		前面的电平标准摆幅都比较大，为降低电磁辐射，同时提高开关速度，又推出 LVDS 电平标准。LVDS 可以达到 600MHz 以上，PCB 要求较高，差分线要求严格等长，误差最好不超过 10mil（0.25mm）

1.2　布尔代数

1.2.1　布尔和几个基本运算规则

数字逻辑的状态只有两种，而要处理这两种状态的数学基础就是接下来要讨论的逻辑代数。逻辑代数是分析和设计逻辑电路的数学基础。由于逻辑代数是由乔治·布尔（George·Boole，1815—1864）在 1854 年出版的《思维规律的研究》中提出的，为纪念布尔对逻辑代数做出的巨大贡献，逻辑代数又称为布尔代数。

布尔代数规定参与逻辑运算的变量称为逻辑变量，每个变量的取值非 0 即 1。前面已经讲过，0、1 不表示数的大小，也不表示具体的数值，只代表两种不同的逻辑状态。

布尔代数的基本运算规则有以下几条：

（1）所有可能出现的数只有 0 和 1 两个。

（2）基本运算只有“与”“或”“非”三种。

（3）“非”的运算符号用上画线“¯”或右上角一撇（如 A'）表示，定义为：$\overline{0}=1$，$\overline{1}=0$。

（4）“或”的运算符号用“+”表示，定义为：0+0=0，0+1=1，1+1=1。

（5）“与”的运算符号用“•”表示，定义为：0•0=0，0•1=0，1•1=1。

布尔代数如此简单，却是整个逻辑电路设计的基础。世界上很多看似复杂的事物，其基本原理都十分简单。比如冯 • 诺依曼（von Neumann）提出的现代计算机体系结构的原则只有短短的几条。

虽然布尔代数的基本运算规则只有几条，但其完备的数学逻辑要远比呈现出的这几条规则复杂得多。布尔代数是数学发展过程中的产物，有兴趣的读者可以阅读《古今数学思想》和《什么是数学》等著作以了解更多的细节内容。

接下来我们就根据前面介绍的基本运算规则推导出一些常用的布尔代数法则。

1.2.2 常用的布尔代数法则

为便于描述，先定义变量 A、B 等，这些变量只可能取值 0 或 1。

1）几种简单的逻辑运算

与 0 和 1 的简单运算：$A \cdot 0=0$；$A \cdot 1=A$；$A+0=A$；$A+1=1$。

互补运算：$A+A'=1$

异或运算（用符号⊕表示）定义：当两个变量不同时，运算结果为 1；当两个变量相同时，运算结果为 0。$A \oplus B=AB'+A'B$；$A \oplus 0=A$；$A \oplus 1=A'$。

同或运算（用符号⊙表示）定义：当两个变量相同时，运算结果为 1；当两个变量不同时，运算结果为 0。$A \odot B=AB+A'B'$；$A \odot 0=A'$；$A \odot 1=A$。

交换律：$A+B=B+A$

结合律：$(A+B)+C=A+(B+C)$

分配律：$A(B+C)=AB+AC$

重叠律：$A+A=A$

双重否定律：$A \cdot A'=0$

以上的所有规则，总结起来可以表述为：只要与 0 相与（或相乘）都为 0；只要与 1 相或（或相加）都为 1；0 取反为 1；1 取反为 0。

2）狄摩根定律

利用狄摩根（De Morgan）定律可以将“积之和”形式的电路转换为“和之积”形式的电路，或反之。

该定律的第一种形式说明了多项之和的补为：$(A+B+C+\cdots)'=A'B'C'\cdots$。当只有两个变量时，关系形式简化为：$(A+B)'=A'B'$。

狄摩根定律的第二种形式说明了多项之积的补为：$(A \cdot B \cdot C\cdots)'=A'+B'+C'+\cdots$。

3）布尔代数化简定理

所谓布尔代数化简，是指将逻辑表达式中的冗余项去掉，得到逻辑表达式的最小项。通过化简，在设计特定功能的逻辑电路时，就可以用最小的逻辑运算实现所需的功能。为了消除逻辑电路中的某种不稳定现象，在设计电路时有时会人为增加一些冗余项。

布尔代数化简定理的基本依据仍然可由前面介绍的几条基本运算规则推导得出。有兴趣的读者可以自行推导。为便于阅读，我们将化简定理的积与和两种形式分别以列表方式给出，如表 1-2 所示。

表 1-2　布尔代数化简定理

定　理	积之和形式	和之积形式
逻辑相邻性	$AB+AB'=A$	$(A+B)(A+B')=A$
吸收性	$A+AB=A$ $AB'+B=A+B$ $A+A'B=A+B$	$A(A+B)=A$ $(A+B')B=AB\ (A'+B)A=AB$
乘法运算与分解	$(A+B)(A+C)=A+BC$	$(AB+A'C)=(A+C)(A'+B)$
同一性	$AB+BC+A'C=AB+A'C$	$(A+B)(B+C)(A'+C)=(A+B)(A'+C)$

用表 1-2 中的公式对逻辑电路进行化简不够直观，因此在电子技术课堂上通常会讲解卡诺图化简方法。虽然卡诺图是一个很好的工具，但当变量较多时，画图实现化简的方法仍然十分烦琐。本书不打算过多地讨论逻辑函数的化简方法，因为在 FPGA 设计过程中，逻辑函数化简的问题在功能强大的 FPGA 设计软件面前根本就不值一提，工程师几乎不用关注化简问题。尽管如此，作为 FPGA 工程师，了解逻辑函数化简的概念，对理解逻辑电路的设计过程及思想仍然具有十分重要的作用。

1.3 组合逻辑电路基础

1.3.1 组合逻辑电路的表示方法

组合逻辑电路有三种表示方法：结构化（门级）原理图、真值表、布尔方程式。IEEE 推荐的门级电路符号如表 1-3 所示。

表 1-3　门级电路符号对照表

序　号	名　称	字 母 符 号	IEEE 推荐符号
1	与门	AND	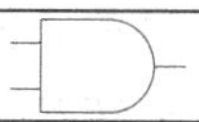
2	或门	OR	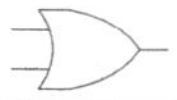
3	非门	NOT	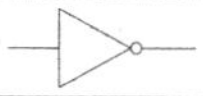
4	与非门	NAND	
5	或非门	NOR	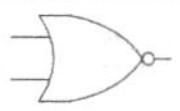
6	异或门	XOR	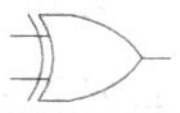
7	同或门	XNOR	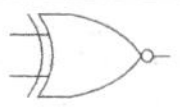
8	缓冲器	—	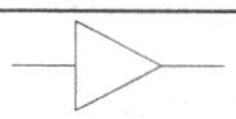
9	三态门	—	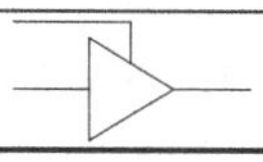

表 1-3 中列出了 9 种常用的逻辑门电路符号。大部分逻辑门电路的意义非常明确。接下来我们用一个半加器的例子来说明结构化原理图、真值表、布尔方程式这三种不同的组合逻辑电路表示方法。

半加器有两个输入数据位（全加器还包括一个进位输入位，共 3 个输入位），一个输出位和一个进位输出位。半加器的真值表和逻辑结构原理图如图 1-4 所示。

输入		输出	
A	*B*	C_OUT	SUM
0	0	0	0
0	1	0	1
1	0	0	1
1	1	1	0

（a）真值表

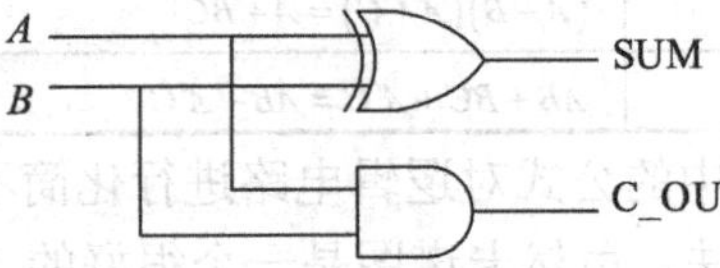

（b）逻辑结构原理图

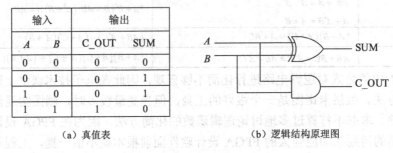

图 1-4 半加器的真值表及逻辑结构原理图

由半加器的真值表可得出其布尔方程为

$$\mathrm{SUM} = A'B + AB' = A \oplus B$$

$$\mathrm{C\_OUT} = A \cdot B$$

1.3.2 为什么会产生竞争冒险

竞争：在组合逻辑电路中，某个输入变量通过两条或两条以上的途径传到输出端，由于每条途径延迟时间不同，到达输出门的时间就有先有后，这种现象称为竞争。把不会产生错误输出的竞争现象称为非临界竞争。把产生暂时性或永久性错误输出的竞争现象称为临界竞争。

冒险：信号在器件内部通过连线和逻辑单元时，都有一定的延时。延时的大小与连线的长短和逻辑单元的数目有关，还受器件的制造工艺、工作电压、温度等条件的影响。信号的高低电平转换也需要一定的过渡时间。由于存在这两方面因素，多路信号的电平值发生变化时，在信号电平值变化的瞬间，组合逻辑的输出有先后顺序，并不是同时变化的，往往会出现一些不正确的尖峰信号，这些尖峰信号称为毛刺。如果一个组合逻辑电路中有毛刺出现，就说明该电路存在冒险。

由于组合逻辑电路中的竞争与冒险现象常常同时发生，因此一般将竞争和冒险统称为竞争冒险。显然，竞争冒险产生的原因主要是延迟时间的存在，当一个输入信号经过多条路径传送后又重新会合到某个门上，由于不同路径上门的级数不同，或者门电路延迟时间的差异，到达会合点的时间有先有后，从而产生瞬间的错误输出。

为更好地理解竞争冒险的概念，我们来分析图 1-5 所示电路的工作情况。在图 1-5（a）所示的逻辑电路中，与门 G_2 的输入是 A 和 A' 两个互补信号。由于非门 G_1 延迟，A' 的下降沿要滞后于 A 的上升沿，因此在很短的时间间隔内，G_2 的两个输入端都会出现高电平，致使它的输出出现一个高电平窄脉冲（它是逻辑设计要求不应出现的干扰脉冲），如图 1-5（b）

所示。与门 G_2 的 2 个输入信号分别经由 G_1 和 A 端两条路径在不同的时刻到达的现象就是竞争现象，由此产生的输出干扰脉冲的现象就称为冒险。

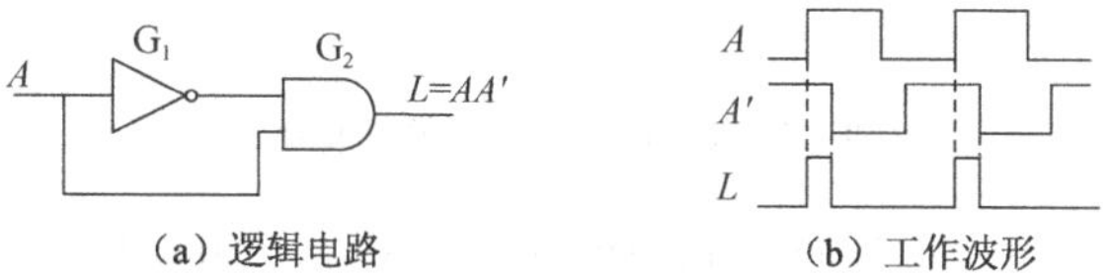

图 1-5　产生正跳变脉冲的竞争冒险

再如，图 1-6（a）所示的电路，其工作波形如图 1-6（b）所示。它的输出逻辑表达式为 $L = AC + BC'$。由此式可知，当 A 和 B 都为 1 时，与 C 的状态无关。但是，由图 1-6（b）可以看出，当 C 由 1 变 0 时，C' 由 0 变 1 有一定的延迟时间。在这个时间间隔内，G_2 和 G_3 的输出 AC 和 BC' 不同时为 0，而使输出出现一负跳变的窄脉冲，即冒险现象。这只是产生竞争冒险的原因之一，其他原因不再详述。

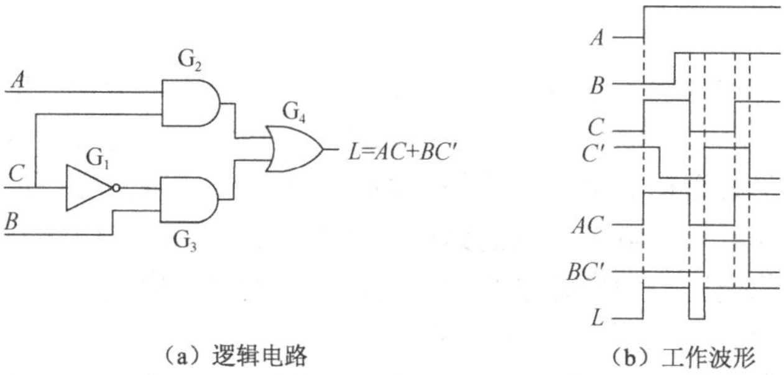

图 1-6　产生负跳变脉冲的竞争冒险

分析图 1-5、图 1-6 所示电路产生竞争冒险的原因，可归结为电路中存在由反相器产生的互补信号，且在互补信号的状态发生变化时可能出现竞争冒险现象。

在不改变组合逻辑电路基本结构的前提下，根据竞争冒险产生的原因，消除的方法主要有三种：发现并消掉互补变量、增加乘积项、输出端并联电容。而最为有效的方法是采用时序逻辑设计，使电路的变化只发生在某个时刻（时钟的上升沿或下降沿），而不是随着输入信号的变化而变化。

1.4 时序逻辑电路基础

1.4.1 时序逻辑电路的结构

数字电路通常分为组合逻辑电路和时序逻辑电路两大类。组合逻辑电路的特点是输入的变化直接反映了输出的变化，其输出的状态仅取决于输入的当前状态，与输入、输出的原始状态无关。时序逻辑电路的输出不仅与当前的输入有关，而且与其输出状态的原始状态有关，其相当于在组合逻辑电路的输入端加上了一个反馈输入，在其电路中有一个存储电路，可以将输出的状态保持住，我们可以用图 1-7 来描述时序逻辑电路的构成。

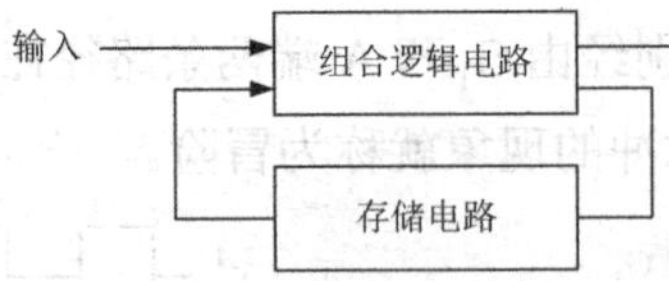

图 1-7 时序逻辑电路的结构框图

从图 1-7 中可以看出，与组合逻辑电路相比，时序逻辑电路增加了关键部件——具有存储功能的电路，即存储电路。因此，了解存储电路的工作原理是掌握时序逻辑电路的基础。正如数字电路的基本构成单元是模拟器件一样，存储电路的基本构成单元仍然是前面学习过的门电路。在后续讨论 FPGA 电路设计时，为了保证电路工作的稳定和可靠，绝大部分电路都会被设计成同步时序逻辑电路。

基本存储电路分为电平触发的锁存器电路和边沿触发的触发器电路两种。FPGA 设计一般采用边沿触发的触发器电路，而了解触发器还需要从了解锁存器开始。

1.4.2 D 触发器的工作波形

经过数字电路技术课程的学习，我们知道，锁存器是由电平控制的，触发器是由时钟的边沿（上升沿或下降沿）控制的。在学习 FPGA 电路设计时需要注意，设计 FPGA 时序逻辑电路时要避免形成锁存器电路，这是因为锁存器电路的稳定性不够好，不能满足同步时序逻辑电路的时序要求。电平触发的锁存器电路仍然可能产生竞争冒险，控制电平的抖动会增强电路的不稳定性。为增强电路的稳定性，我们希望电路状态的翻转仅发生在某些固定时刻（边沿），而不是某个时段（电平）。

正如三极管构成了反相器电路，门电路可以组成锁存器，我们所需要的触发器是由锁存器构成的。图 1-8（a）是由两个数据锁存器构成的下降沿触发器逻辑电路原理图。触发器分为 JK 触发器和 D 触发器等。对于 FPGA 设计来讲，只需要了解 D 触发器的工作波形即可。

根据数据锁存器的工作原理，我们很容易绘制出触发器输入输出波形，如图 1-8（b）所示。由于图 1-8 中的使能信号 En 通过一级反相器送至第二级数据锁存器，因此第二级数据锁存器的使能信号 En 仅在低电平时有效。从图 1-8（b）所示的波形可以看出，输出信号 Q_{out} 的状态仅在 En 的下降沿时刻发生变化，且其在 En 下降沿时刻的值与输入信号 D 在 En 下降沿前一时刻的值相同。这样，两个由电平触发的数据锁存器构成了一个由边沿触发的触发器。

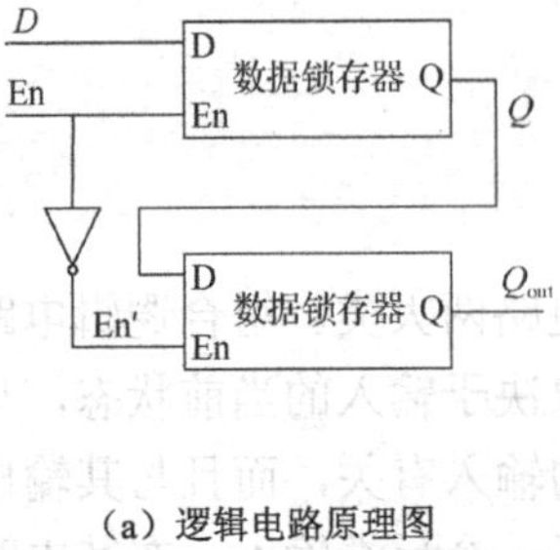

（a）逻辑电路原理图

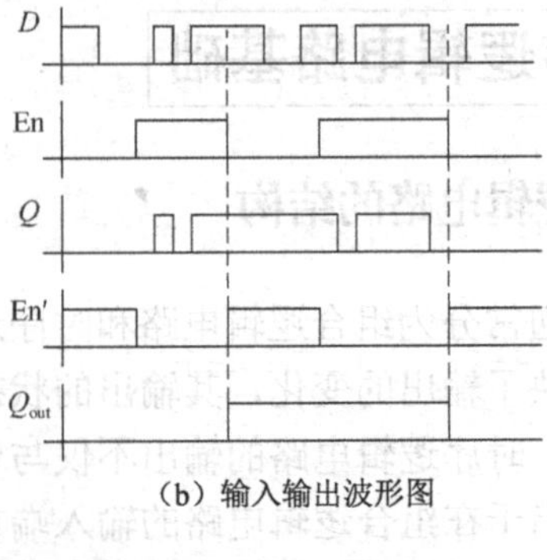

（b）输入输出波形图

图 1-8 下降沿触发器逻辑电路原理图及输入输出波形图

如果将数据锁存器的使能信号 En 设计成低电平有效（锁存器逻辑符号中，En 前有一个小圆圈），两个这样的锁存器就可以构成在 En 上升沿触发的触发器，其逻辑电路原理图及输入输出波形图如图 1-9 所示。

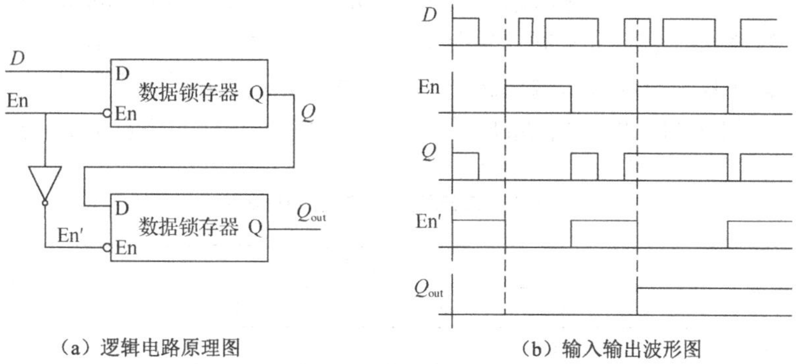

图 1-9　上升沿触发器逻辑电路原理图及输入输出波形图

一般来讲，在触发器电路中，使用一个时钟信号来控制触发器的状态翻转。这样，整个电路的状态都仅在时钟信号的统一控制下（上升沿或下降沿）发生变化。由于发生状态变化只在某一时刻，而不是某段时间，所以电路的稳定性和可靠性得以大大提高。对于图 1-8、图 1-9 所示的电路来讲，输出状态在使能信号 En 的控制下随输入信号 *D* 的状态发生改变，通常将这种电路称为 D 触发器，使能信号通常用时钟信号 clk 代替。图 1-10 给出了上升沿触发器的工作波形图，更好地展示了 D 触发器的工作过程。

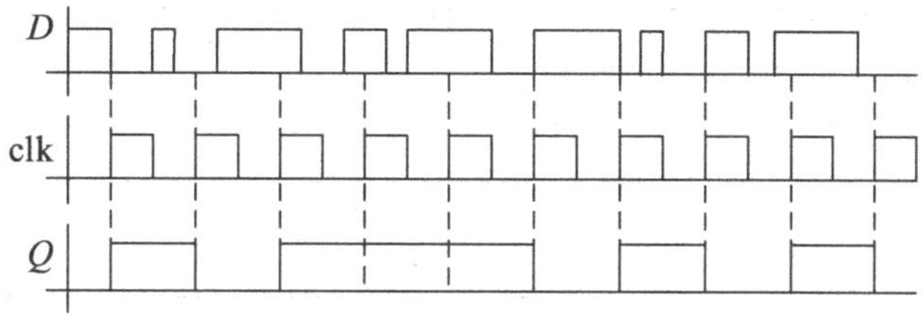

图 1-10　在时钟信号控制下的上升沿触发器的工作波形图

D 触发器的特性方程与数据锁存器相同，只不过数据变化只发生在时钟的边沿，而不是控制信号的某一电平状态。

1.4.3　计数器与寄存器电路

一些稍微复杂的电路都会采用时序逻辑电路设计。时序逻辑电路的功能器件种类繁多，我们只介绍计数器和寄存器，以加深读者对采用基本触发器构成更为复杂电路的理解。

1. 计数器

计数器是数字系统中用得十分普遍的基本逻辑器件。它不仅能够记录输入时钟脉冲的个数，还可以实现分频、定时、产生节拍脉冲和脉冲序列等。计数器的种类很多，按时钟脉冲输入方式的不同，可分为同步计数器和异步计数器；按进位制的不同，可分为二进制计数器和非二进制计数器；按计数过程中数字增减趋势的不同，可分为加计数器、减计数器和可逆计数器。

数字电路技术课程中讨论的计数器是采用多个触发器级联而成的，需要详细分析每个触发器在计数脉冲控制下的工作状态。对于 FPGA 设计来讲，采用 Verilog HDL 编写的代码所形成的计数器结构已完全不同，实际上由一个加法器和一个触发器组合而成。因此，我们仅需要了解计数功能及输入输出波形即可。表 1-4 是二进制加计数器的状态表。

图 1-11 是二进制同步加计数器的工作波形图。读者可自行对照表 1-4 分析信号的波形。

表 1-4　二进制加计数器的状态表

计数脉冲的顺序	电路状态				等效十进制数
	Q_3	Q_2	Q_1	Q_0	
0	0	0	0	0	0
1	0	0	0	1	1
2	0	0	1	0	2
3	0	0	1	1	3
4	0	1	0	0	4
5	0	1	0	1	5
6	0	1	1	0	6
7	0	1	1	1	7
8	1	0	0	0	8
9	1	0	0	1	9
10	1	0	1	0	10
11	1	0	1	1	11
12	1	1	0	0	12
13	1	1	0	1	13
14	1	1	1	0	14
15	1	1	1	1	15
16	0	0	0	0	0

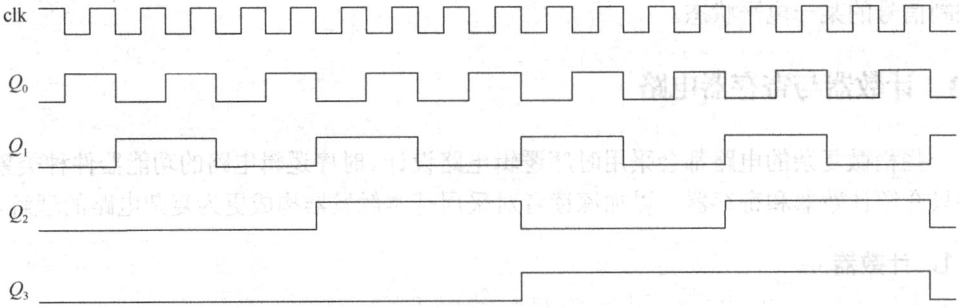

图 1-11　二进制同步加计数器的工作波形图

2. 寄存器与移位寄存器

寄存器是计算机和其他数字电路系统中用来存储代码或逻辑数据的逻辑部件。它的主要组成部分是触发器。一个触发器能存储 1 位二进制代码，存储 n 位二进制代码的寄存器就要由 n 个触发器组成。

一个 4 位的集成寄存器 74LS175 的逻辑电路原理图如图 1-12 所示，其中，R_D 是异步清零控制端，CP 为时钟信号端。在往寄存器中寄存数据或代码之前，必须先将寄存器清零，否则有可能出错。D_1～D_4 是数据输入端，在 clk 脉冲上升沿作用下，D_1～D_4 端的数据被并行地存入寄存器。输出数据可以并行从 Q_1～Q_4 端引出，也可以并行从 Q_1'～Q_4' 端引出反码输出。

寄存器 74LS175 只有寄存数据或代码的功能。有时为了处理数据，需要将寄存器中的各位数据在移位控制信号作用下，依次向高位或低位移动 1 位。具有移位功能的寄存器称为移位寄存器。

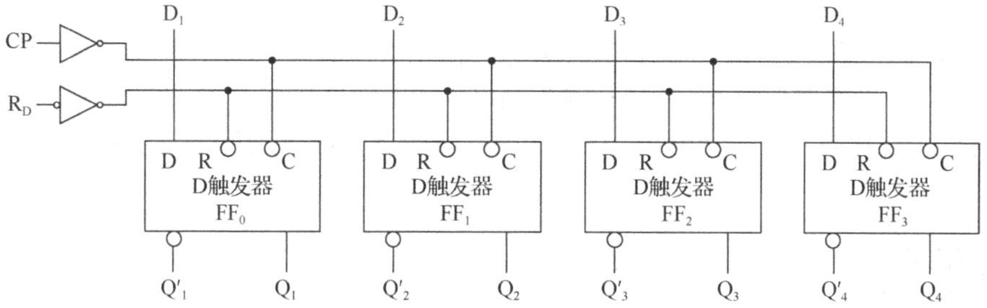

图 1-12　集成寄存器 74LS175 逻辑电路原理图

把若干触发器串接起来，就可以构成一个移位寄存器。由 4 个边沿 D 触发器构成的 4 位移位寄存器逻辑电路原理图如图 1-13 所示。数据从串行输入端 D_1 输入，左边触发器的输出作为右邻触发器的数据输入。

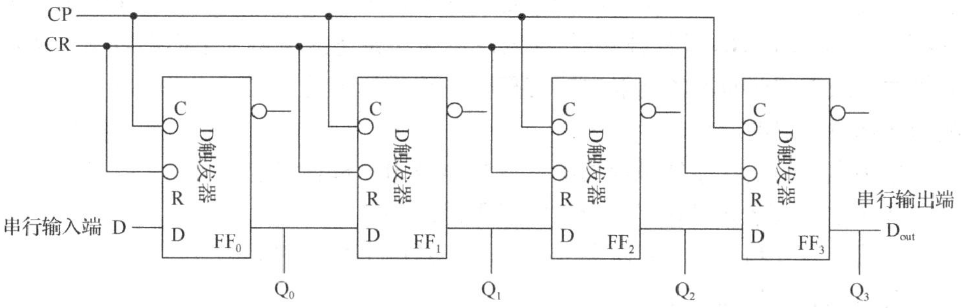

图 1-13　4 位移位寄存器逻辑电路原理图

假设移位寄存器的初始状态为 0000，现将数码 $D_3D_2D_1D_0$(1101) 从高位（D_3）至低位依次送入 D 端，经过第一个时钟脉冲后，$Q_0 = D_3$。由于跟随数码 D_3 后的数码是 D_2，则经过第二个时钟脉冲后，触发器 FF_0 的状态移入触发器 FF_1，而 FF_0 变为新的状态，即 $Q_1 = D_3$，$Q_0 = D_2$。依此类推，可得 4 位右向移位寄存器的状态。

输入数码依次由低位触发器移到高位触发器，做右向移动，经过 4 个时钟脉冲后，4 个

触发器的输出状态 $Q_3Q_2Q_1Q_0$ 与输入数码 $D_3D_2D_1D_0$ 相对应。为了加深理解，图 1-14 画出了数码 $D_3D_2D_1D_0$(1101) 在寄存器中移位的波形。经过 4 个时钟脉冲后，1101 出现在寄存器的输出端 Q_3、Q_2、Q_1、Q_0。这样，就可将从 D 端串行输入的数码转换为 Q_3、Q_2、Q_1、Q_0 端的并行输出。

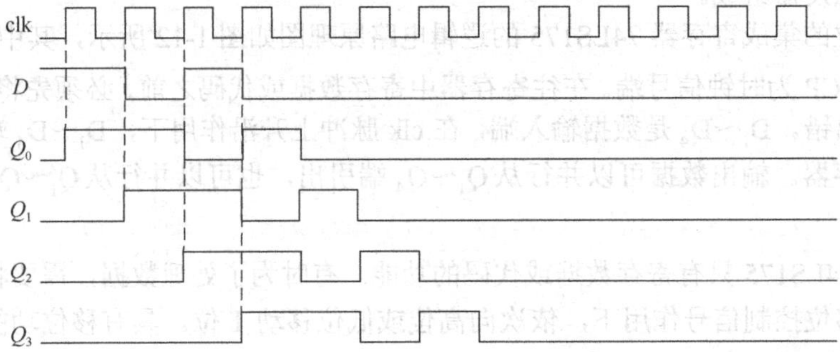

图 1-14　4 位移位寄存器时序图

图 1-14 中还画出了第 5 到第 8 个时钟脉冲作用下，输入数码在寄存器中移位的波形，由图可见，在第 8 个时钟脉冲作用后，数码从 Q_3 端全部移出寄存器。这说明存入该寄存器中的数码也可以从 D_{out} 端串行输出，只不过相对输入信号延时了 4 个时钟周期。

1.5 小结

本章回顾了数字逻辑电路基础知识，只简单地将一些最基本的概念进行了讲解。这些知识也是作者在学习 FPGA 之初，尤其是在学习 HDL（Hardware Description Language，硬件描述语言）一段时间后，又回过头来复习数字逻辑电路时感觉需要掌握和理解的知识。这些基本的反相器、加法器、D 触发器等功能器件虽然并不复杂，但深入理解其工作特点仍然需要花费一点时间，但这点时间一定是值得的，因为它们是后续学习 FPGA 设计的基础。当我们熟练掌握 FPGA 设计技能后，会发现本章所讲述的电路几乎都可以用一两句 HDL 代码来描述，或者这些基本的功能电路在整个电路设计中几乎可以忽略不计。

我们将本章学习的要点总结如下：

（1）数字电路的基本器件是反相器，反相器是由三极管组成的。

（2）现实中的数字波形具有上升时间和下降时间。

（3）逻辑符号 0 和 1 只表示两种状态，不表示两个数值的大小。

（4）布尔代数的基础是非门、与门、或门。

（5）组合电路可能产生竞争冒险现象，这是电路中各条信号路径的传输时延不一致造成的。

（6）时序逻辑电路的基础是触发器。时序逻辑电路就是由组合逻辑电路和触发器组成的电路。

第 2 章

可编程逻辑器件基础

我们学习 FPGA 设计知识，应先了解其发展历程，这样可以提高我们对这门技术的学习兴趣。然而掌握一门技术或技能，光有兴趣是远远不够的，还需要找到正确的方法并经过艰苦的练习。在了解 FPGA 的历史之后，本章进一步了解其基本结构及工作原理，进而加深对 FPGA 的认识。

2.1 可编程逻辑器件的历史

2.1.1 PROM 是可编程逻辑器件

如今电子技术的发展日新月异，电子器件的发展不仅推动设计手段不断更新，甚至推动了设计理念的更新。

1947 年美国新泽西州贝尔实验室里诞生了第一个晶体管，电子管在很短的时间里就失去了存在的意义。20 世纪 60 年代中期，TI（Texas Instruments，德州仪器）公司设计制造出具有一定功能的组件 IC（Integrated Circuit，集成电路），此后集成电路开始飞速发展。

我们在数字电路技术课程中学习了数字逻辑电路知识，其中的编码器、译码器、计数器、寄存器等数字逻辑器件的功能是固定的，工程师只能利用器件的固定功能进行设计。这种具有固定功能的逻辑器件称为固定逻辑器件。随着技术的发展，固定逻辑器件很快就无法满足设计的需要了。稍微复杂一点的逻辑电路就需要十几只甚至上百只逻辑芯片来组合实现，不仅增加了设计的难度，电路的稳定性随着规模的增大也越来越难以保证。笔者还能够清楚地记得上大学时，完成数字电路技术这门课的课程作业——设计一个红绿灯系统，感觉有相当的难度。首先要查阅所需用到的每种芯片的使用说明，还要有一定创造性地将这些芯片有机地连接起来，然后用实验电路板安装、调试。当时笔者用了一周的时间，仍未能完成所有的功能。

采用固定逻辑器件设计逻辑电路系统的辛苦，现在的大部分工程师已经无法体会了。时代呼唤更灵活高效的器件，于是 1970 年，第一个可编程只读存储器（Programmable Read

Only Memory，PROM）诞生了，它开启了可编程器件的大门。

有人说可编程逻辑器件的产生是必然的，是不以人的意志为转移的，因为固定逻辑器件或通用集成电路在电路设计中存在两个突出的矛盾：一是大规模、高集成度、高性能的电路无法使用分立器件实现，或实现成本过高；二是复杂集成电路的生产成本较高，不能满足各种低端需求。在这个追求成本和效益的商业社会，有了这两个突出矛盾，可编程逻辑器件的产生就成为必然。

可编程逻辑器件（Programmable Logic Device，PLD），是作为一种通用集成电路产生的，它的逻辑功能按照用户对器件的编程来确定。根据可编程逻辑器件的定义，其核心在于器件的功能可以根据需要由用户编程确定。

虽然 PROM 与本书要讨论的 FPGA 之间还存在巨大的差异，但从可编程逻辑器件的定义可知，它们都是可编程逻辑器件。接下来我们看看 PROM 如何根据用户需求实现逻辑功能。

只读存储器（ROM）可以存储二进制信息，用户将要存储的信息写入存储器中，信息一经写入，即使掉电后信息也不会丢失。读取信息时，只要控制相应的地址值，存储器即可将指定地址空间的值输出。

ROM 如何与逻辑电路联系起来？我们回过头来看看第 1 章讨论的半加器真值表及逻辑结构原理图，如图 2-1 所示。

输入		输出	
A	B	C_OUT	SUM
0	0	0	0
0	1	0	1
1	0	0	1
1	1	1	0

（a）真值表

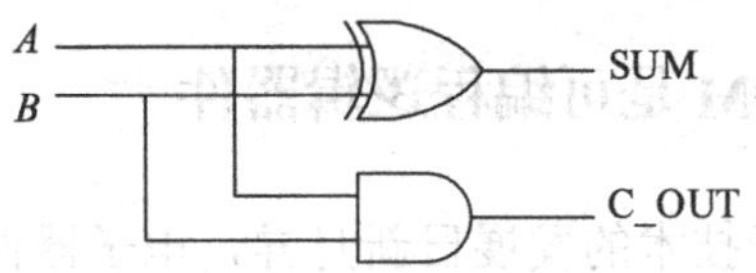

（b）逻辑结构原理图

图 2-1 半加器真值表及逻辑结构原理图

将真值表的输入看作 ROM 的地址，真值表的输出看作存储空间的数据，半加器正好是一个深度为 4、位宽为 2bit 的 ROM。只要按半加器真值表的顺序设置 ROM 存储空间的值，就可以完全实现双输入半加器的逻辑电路功能。推而广之，对于有 n 个输入信号的组合逻辑电路，我们用深度为 2^n 的存储器就可以实现任意的组合逻辑电路。我们所要做的是预先根据逻辑电路的真值表，设置 ROM 存储空间的值，且 ROM 的存储数据位宽表示可以实现的组合逻辑电路的输出个数。存储空间具备可编程能力的 ROM 称为 PROM（Programmable ROM）。

由以上分析可知，我们将 PROM 看作可编程逻辑器件，是因为它能利用函数输入所指示的存储器位置上存储的函数值执行组合逻辑。如果有必要，就会实现函数的全部真值表。由于实现函数真值表时没有进行化简，器件资源未必能够得到充分利用，所以存储器执行组合逻辑的效率较低。接下来我们了解一下从 PROM 到 FPGA 的发展过程。

2.1.2 从 PROM 到 GAL

PROM 的可编程性在于可以对存储空间的数据进行编程。为了理解可编程逻辑器件的发展，有必要了解 PROM 的结构，如图 2-2（a）所示。

图中的“•”表示连接状态，“×”表示可编程状态，“+”表示未连接状态。为简化图形表示，每条连接线的多个连接点和与门及或门之间采用单线表示多输入状态，比如图 2-2（a）中从上至下第一个与门输入为 $A' B'$。

由于 PROM 只是对存储空间的数据进行编程，图 2-2（a）中左侧的与门阵列表示逻辑输入（构成 PROM 的存储空间地址）是固定的，在制造芯片时已设置好，用户无法更改。根据逻辑电路的功能，图 2-2（a）中左侧从上至下的与门输入分别为 $A'B'$、$A'B$、AB'、AB，正好对应 0（00）、1（01）、2（10）、3（11）这 4 个地址。图 2-2（a）中的右侧用或门阵列存储数据，是可以由用户编程设置的。对于半加器来讲，我们根据半加器真值表将或门阵列中的相应位置通过编程器连通，形成图 2-2（a）所示的结构。对于 F_1 来讲，对应地址为 1（01）、2（10）的位置均为 1，即 $F_1 = A'B + AB'$。同样，对于 F_2 来讲，对应地址为 3（11）的位置为 1，即 $F_2 = AB$。对比图 2-1 所示的半加器结构，可知 F_1 为半加器的 SUM 输出信号，F_2 为半加器的 C_OUT 输出信号。

在继续讨论其他可编程逻辑器件之前，先考虑一下为什么图 2-2（a）所示的与-或门阵列结构可以实现任何功能的组合逻辑电路？这个问题并不难，从数学角度出发，任何一个逻辑都能由多项式表示。多项式中无非两种运算，即乘法运算和加法运算，而逻辑门中的与门符合乘法运算规则，或门符合加法运算规则。这就是任何一个组合逻辑电路都可以用与门阵列和或门阵列实现的原因。

我们知道，PROM 最初是作为计算机存储器来设计的，虽然可以用来实现简单的逻辑功能，但随着应用范围越来越广，它的问题就暴露出来了。对于同样多的输入，PROM 的与门阵列是固定的，所以要考虑所有可能的输入乘积项，但真正使用的乘积项可能只是其中的小部分，这样将浪费大量的与门阵列。因此，1975 年基于与门阵列、或门阵列都可编程的 PLA（Programmable Logic Array，可编程逻辑阵列）开始投入使用。PLA 的结构如图 2-2（b）所示。

PLA 是简单可编程器件中用户可配置度最好的器件，因为它的与门阵列和或门阵列都是可配置的。但 PLA 也有一个明显的缺点：通过编程连线传输信号需要花费很长的时间。这样一来，PLA 的速度就没法做得很高，从而限制了它的应用。为此，20 世纪 70 年代末，速度更快的 PAL（Programmable Array Logic，可编程阵列逻辑）被发明了出来。PAL 的结构如图 2-2（c）所示。PAL 是与门阵列可编程的，或门阵列固定。图 2-2（c）表示了通过编程实现半加器功能的方法。与 PROM、PLA 相比，PAL 的速度要高很多，但它只允许对有限数量的乘积项做或运算。为了进一步提高速度，于是更大规模的 GAL（Generic Array Logic，通用阵列逻辑）被发明了出来。

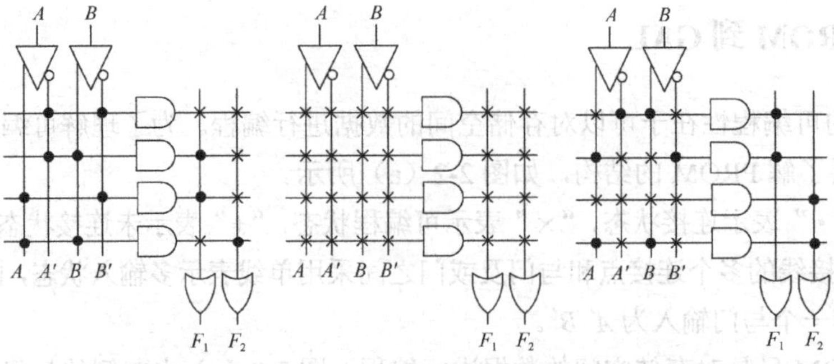

（a）PROM 的结构 （b）PLA 的结构 （c）PAL 的结构

图 2-2 PROM、PLA、PAL 结构图

GAL 是在 PAL 的基础上发展起来的增强型器件，它直接继承了 PAL 器件的与-或门阵列结构，利用灵活的输出逻辑宏单元（Output Logic Macro Cell，OLMC）结构来增强输出功能，同时采用新工艺，使 GAL 器件具有可擦除、可重编程和可重配置其结构等功能。GAL 的型号表示了其输入、输出规模，如 GAL16V8 表示该芯片输入信号最多可达 16 个，输出端数为 8 个，V 表示输出方式可编程，其内部结构如图 2-3 所示。

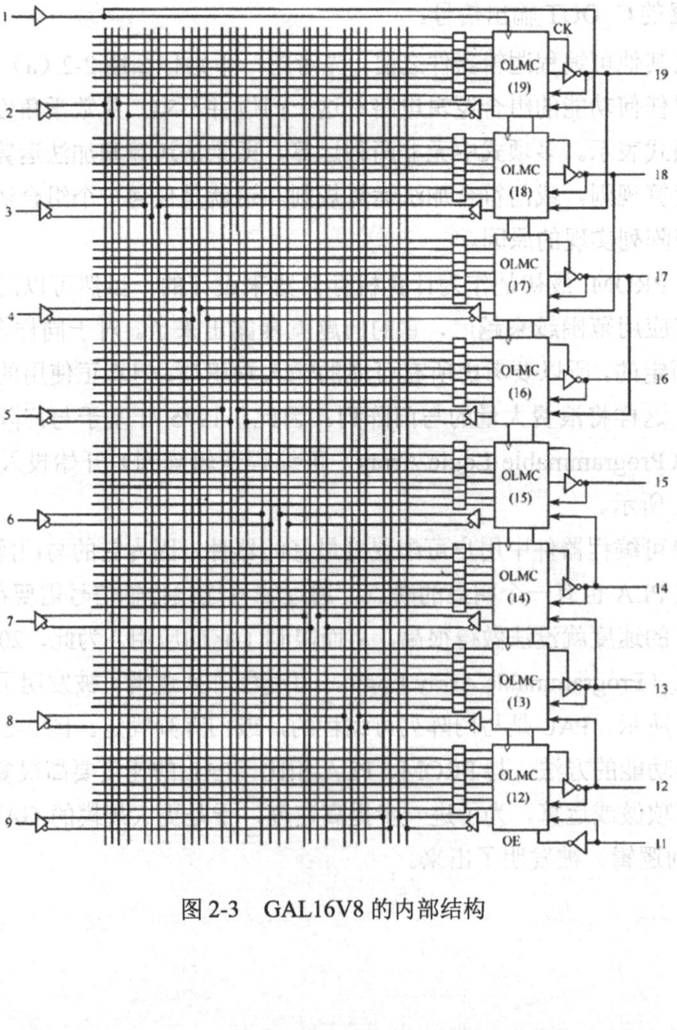

图 2-3 GAL16V8 的内部结构

2.1.3　从 SPLD 到 CPLD

可编程逻辑器件从 PROM、PLA、PAL，发展到 GAL，已初具现代可编程逻辑器件的雏形。之所以说是雏形，是因为无论从器件可编程的灵活性，还是从器件的规模看，这些可编程逻辑器件都比较简单，功能比较单一，主要用于实现组合逻辑电路。因此，业界一般将这些器件统称为简单可编程逻辑器件（Simple Programmable Logic Device，SPLD），且将具备几百个逻辑门的 GAL22V10 作为简单可编程逻辑器件与复杂可编程逻辑器件的分水岭。

随着技术的发展，SPLD 的集成度和灵活性逐渐不能满足各种电子设计需求。到了 1983 年，美国的 Altera 公司（Intel 于 2015 年收购了 Altera）发明了具有更高集成度和灵活性的复杂可编程逻辑器件（Complex Programmable Logic Device，CPLD）。

典型的 CPLD 是由 PLD（可编程逻辑器件）模块阵列组成的，它们之间有可编程的片内集成互连结构。除性能提高外，它们的结构突破了传统 SPLD 的限制，不再只有相对较少的几个输入。CPLD 有大量的输入输出端口，但并不以面积的惊人增加为代价。CPLD 的每个 PLD 模块都有一个类似 PAL 的内部结构，它完成输入的组合逻辑功能。PLD 中的宏单元输出可通过编程连接到其他模块的输入，从而形成复杂的多层逻辑，超出了单个逻辑模块的限制。

图 2-4 是 Altera 的 MAX7000 系列器件的内部结构图。MAX7000 系列 CPLD 的内部结构包括逻辑阵列模块（Logic Array Block，LAB）组成的阵列、可编程互连阵列（Programmable Interconnect Array，PIA）和可编程 I/O 控制模块（I/O Control Block）。每个 LAB 包括 36 个输入端、16 个输出端及 16 个宏单元（Macrocell），每个宏单元包括处理组合或时序运算的组合逻辑模块和触发器。PIA 作为全局总线提供了多重 LAB、专用输入端和 I/O 引脚之间的连接。

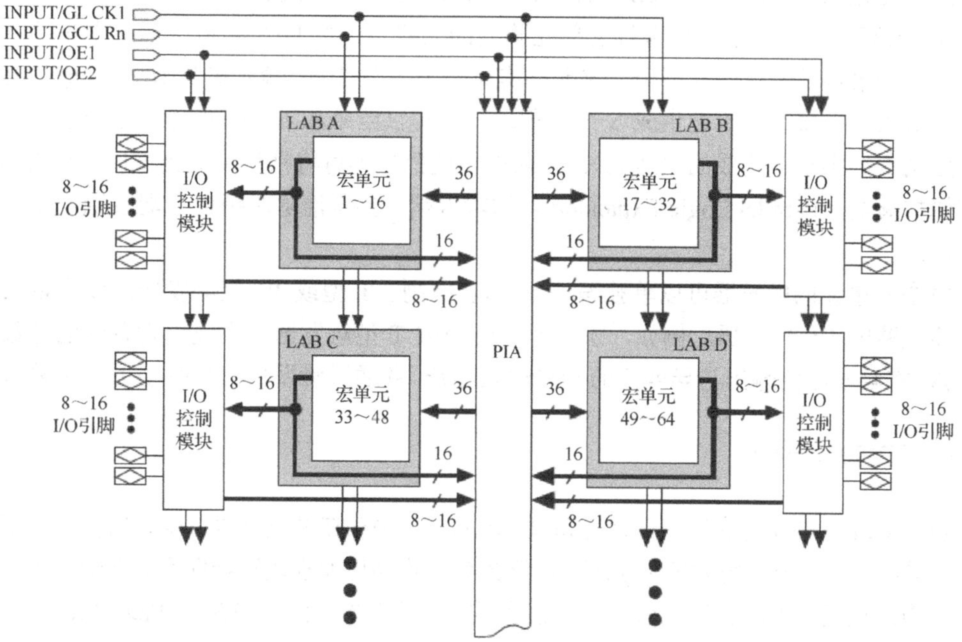

图 2-4　MAX7000 系列器件的内部结构图

I/O 控制模块在 I/O 引脚、PIA 和 LAB 之间建立起连接。专用全局输入时钟信号（GCLK）端和低电平有效清除信号（GCLRn）端与所有宏单元连接。所有与 I/O 控制模块相连的输出端由低电平有效信号 OE1 和 OE2 使能。对 LAB 的输出引脚 8～16，可以通过编程将其连接到 I/O 引脚，而对 I/O 引脚 8～16，可以通过编程经由 I/O 控制模块将其连接到 PIA。每个 LAB 包括具有相同基本结构的可编程宏单元阵列，如图 2-5 所示。

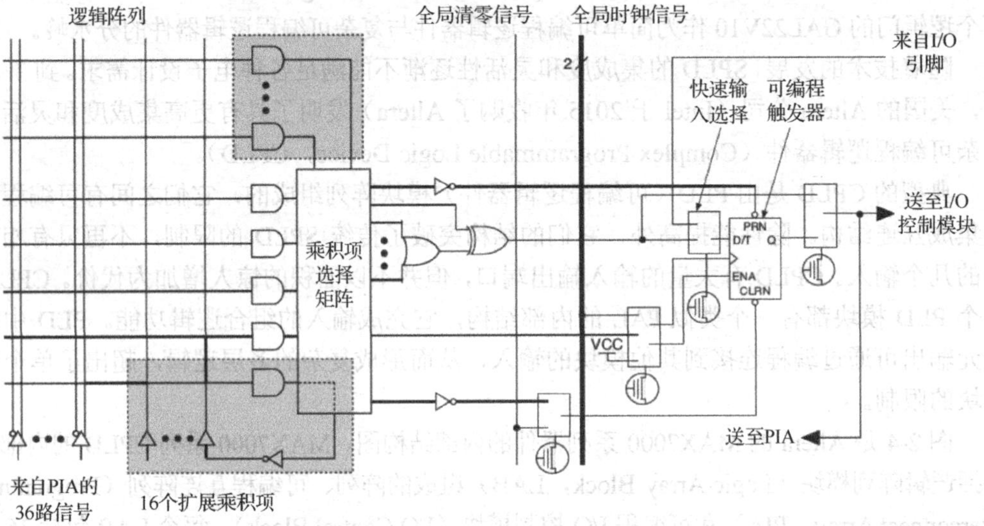

图 2-5　MAX7000 器件的宏单元结构图

宏单元包括逻辑阵列（Logic Array）、驱动或门的乘积项选择矩阵（Product-Term Select Matrix）及可编程触发器。可编程宏单元阵列的功能与小型 PAL 类似，形成乘积项并通过或运算得到最终的表达式。每个宏单元拥有来自 PIA 的 36 个输入端及 16 个形成扩展信号的附加输入端。每个宏单元生成 5 个乘积项，并提供给乘积项选择矩阵（每个宏单元可单独形成由 5 个乘积项构成的表达式）。由乘积项选择矩阵可将乘积项送到或门、异或门、并行逻辑扩展器（Parallel Logic Expanders）的输入端、预置清除时钟信号端或触发器的使能输入端。

每个宏单元的触发器可以单独编程以实现 D 型、T 型或 JK 型触发器，或用以实现用于时序电路的 RS 锁存器。例如，宏单元可转换成 T 型触发器，实现更为有效的计数器和加法器（将触发器的输出与异或门的一个输入相连，并通过触发器信号驱动另一个输入端）。

2.1.4　FPGA 的时代

虽然 CPLD 的功能和性能已远远超过 SPLD，但仍存在触发器数量少、器件规模较小、功耗大等缺点。需要采用大量时序逻辑电路的设计推动可编程逻辑器件不断向前发展。每一个新事物，从诞生到发展壮大都不可避免地要经历艰难的过程，FPGA（Field Programmable Gate Array，现场可编程门阵列）也不例外。

在 20 世纪 80 年代早期，晶体管非常宝贵，芯片设计者一直试图发挥电路中每个晶体管的功效。不过，Ross Freeman 的想法与此不同。他设计了一块满是晶体管的芯片——FPGA，这些晶体管（有时候，一些晶体管没有被使用）被松散地组织成逻辑单元。这些逻辑单元可被轮流配置。工程师可以根据需要对该芯片进行编程，添加新的功能，满足不断发展的标准或规范要求，并可在设计的最后阶段进行修改。Freeman 按照摩尔定律（晶体管数量每两年翻一番）推测，晶体管成本将随时间推移逐步下降，低成本、高度灵活的 FPGA 将成为各种应用中定制芯片的替代品。

为了销售 FPGA 芯片，Freeman 与他人共同创办了 Xilinx（赛灵思）公司（2022 年被 AMD 公司收购）。该公司的第一款产品 XC2064 在 1985 年被推出。

2009 年 2 月 18 日，Xilinx 公司宣布，Xilinx 公司共同创始人之一 Ross Freeman（见图 2-6）因发明 FPGA 荣登 2009 年美国发明家名人堂。美国发明家名人堂评选副主席 Fred Allen 表示："我们非常高兴 Freeman 能在 2009 年入选名人堂。他的远见卓识和创造热情催生了可编程芯片。这项技术不仅影响了之后 25 年的电子产业发展，还推动 Xilinx 公司的客户不断设计出创造型终端产品，从而让我们的生活质量不断提高。"

图 2-6　Ross Freeman

Xilinx 公司推出的全球第一款 FPGA 产品 XC2064 怎么看都像是一只"丑小鸭"——采用 2μm 工艺，包含 64 个逻辑模块和 85000 个晶体管，门数量不超过 1000 个。22 年后的 2007 年，FPGA 业界双雄——Xilinx 公司和 Altera 公司纷纷推出了采用最新 65nm 工艺的 FPGA 产品，其门数量已经达到千万级，晶体管个数更是超过 10 亿个。

在 20 世纪 80 年代中期，可编程器件从任何意义上来讲都不是当时的主流。PLA 在 1970 年左右就出现了，但是一直被认为速度慢，难以使用。然而，FPGA 的发明者 Freeman 认为，对于许多应用来说，如果实施得当的话，其灵活性和可定制能力都是具有吸引力的特性。也许最初其只能用于原型设计，但是未来可能代替更广泛意义上的定制芯片。FPGA 走过了从初期开发应用到限量生产应用，再到大批量生产应用的发展历程。从技术上来说，FPGA 最初只是逻辑器件，现在强调平台概念，加入了数字信号处理、嵌入式处理、高速串行和其他高端技术，从而被应用到更多的领域。

当 1991 年 Xilinx 公司推出其第三代 FPGA 产品——XC4000 系列时，人们开始认真考虑可编程技术了。XC4003 包含 44 万个晶体管，采用 0.7μm 工艺，FPGA 开始被制造商认为是可以用于制造工艺开发测试过程的良好工具。事实证明，FPGA 可为制造工业提供优异的测试功能，FPGA 开始代替存储器来验证新工艺。新工艺的采用为 FPGA 产业的发展提供了机遇。

FPGA 及可编程逻辑器件产业发展的最大机遇是替代 ASIC（Application Specific Integrated Circuit，专用集成电路）和专用标准件（Application Specific Standard Parts，ASSP），

主要由 ASIC 和 ASSP 构成的数字逻辑市场规模大约为数百亿美元。由于用户可以迅速对可编程逻辑器件进行编程，按照需求实现特殊功能，与 ASIC 和 ASSP 相比，可编程逻辑器件在灵活性、开发成本以及产品及时面市方面更具优势。然而，可编程逻辑器件通常比这些替代方案成本更高。因此，可编程逻辑器件更适合对产品及时面市有较大需求的应用，以及产量较低的最终应用。可编程逻辑器件制造技术和半导体制造技术的进步，从总体上缩小了可编程逻辑器件和固定芯片方案的相对成本差。在曾经由 ASIC 和 ASSP 占据的市场上，Intel 公司已经成功地提高了可编程逻辑器件的销售份额。

“FPGA 非常适用于原型设计，但对于批量 DSP 系统应用来说，成本太高，功耗太大。”这是业界此前的普遍观点，很长时间以来也为 FPGA 进入 DSP 领域设置了观念上的障碍。而如今，随着 AMD 公司和 Intel 公司相关产品的推出，DSP 领域已经不再是 FPGA 的禁区，而是成了 FPGA 未来的希望所在。

2.2 FPGA 的发展趋势

自 1985 年 Xilinx 公司推出第一个 FPGA 产品至今，FPGA 已经历了 30 多年的历史。在这 30 多年的发展过程中，以 FPGA 为代表的数字系统现场集成技术取得了惊人的发展。FPGA 产品从最初的 1200 个可利用门，发展到 20 世纪 90 年代的 25 万个可利用门。21 世纪初，著名厂商 Altera 公司、Xilinx 公司又陆续推出了数百万个门的单个 FPGA 芯片，将 FPGA 产品的集成度提高到一个新的水平。FPGA 技术正处于高速发展时期，新型芯片的规模越来越大，成本也越来越低，低端的 FPGA 已逐步取代了传统的数字元器件，高端的 FPGA 正在争夺专用集成电路（Application Specific Integrated Circuit，ASIC）、数字信号处理器（Digital Signal Processor，DSP）的市场份额。特别是随着 ARM、FPGA、DSP 技术的相互融合，在 FPGA 芯片中集成专用的 ARM 及 DSP 核的方式已将 FPGA 技术的应用推到了一个前所未有的高度。

纵观 FPGA 的发展历史，其之所以具有巨大的市场吸引力，根本在于：FPGA 不仅可以解决电子系统小型化、低功耗、高可靠性等问题，而且其开发周期短、开发软件投入少、芯片价格不断降低。FPGA 越来越多地取代了 ASIC、DSP，特别是在小批量、多品种的生产场合。

目前，FPGA 的主要发展动向是：随着大规模 FPGA 产品的发展，系统设计进入片上可编程系统（System on a Programmable Chip，SoPC）的新纪元；芯片朝着高密度、低电压、低功耗方向挺进；国际各大公司都在积极扩充其 IP 库，以优化的资源更好地满足用户的需求，扩大市场；特别引人注目的是，FPGA 与 ARM、DSP 等技术的相互融合，推动了多种芯片的融合式发展，从而极大地扩展了 FPGA 的性能和应用范围。

1．大容量、低电压、低功耗 FPGA

大容量 FPGA 是市场发展的焦点。FPGA 产业中的两大霸主——Altera 公司（现被 Intel 公司收购）和 Xilinx 公司（现被 AMD 公司收购）在超大容量 FPGA 上展开了激烈的竞争。

2011 年，Altera 公司率先推出了 Stratix V、Arria V 与 Cyclone V 三大系列的 28 nm FPGA 芯片。Xilinx 公司随即推出了自己的 28 nm FPGA 芯片，也包括三大系列——Artix-7、Kintex-7、Virtex-7，其中 Virtex-7000T 这款包含 68 亿个晶体管的 FPGA，具有 1954560 个逻辑单元。这是 Xilinx 公司采用台积电（TSMC）28 nm 的 HPL 工艺推出的第三款 FPGA，也是世界上第一个采用堆叠硅片互联（SSI）技术的商用 FPGA。目前，AMD（Xilinx）公司宣称采用台积电的 16nm FinFET 工艺与全新 UltraRAM 和 SmartConnect 技术相结合，为市场提供更加智能、更高集成度、更高带宽的高端产品。

采用深亚微米（DSM）的半导体工艺后，器件在性能提高的同时，其价格在逐步降低。随着便携式应用产品的发展，人们对 FPGA 的低电压、低功耗的要求日益迫切，因此，无论哪个厂家、哪种类型的产品，都在朝着这个方向发展。

2. 系统级高密度 FPGA

随着生产规模的提高，产品应用成本的下降，FPGA 已经不仅仅适用于系统接口部件的现场集成，而且可灵活地应用于系统级（包括其核心功能芯片）设计之中。在这样的背景下，国际主要 FPGA 厂家在系统级高密度 FPGA 的技术发展上，主要强调了两个方面：FPGA 的 IP（Intellectual Property，知识产权）硬核和 IP 软核。当前具有 IP 内核的系统级 FPGA 的开发主要体现在两个方面：一方面是 FPGA 厂商将 IP 硬核（指完成版图设计的功能单元模块）嵌入 FPGA 器件中；另一方面是大力扩充优化的 IP 软核（指利用 HDL 语言设计并经过综合验证的功能单元模块），用户可以直接利用这些预定义的、经过测试和验证的 IP 核资源，有效地完成复杂的片上系统设计。

3. 硅片融合的趋势

2011 年以后，整个半导体业界芯片融合的趋势越来越明显。例如，以 DSP 见长的德州仪器（Texas Instruments，TI）、美国模拟器件公司（Analog Device Inc.，ADI）相继推出将 DSP 与 MCU（Micro Control Unit，微控制单元）集成在一起的芯片平台，而以做 MCU 平台为主的厂商也推出了在 MCU 平台上集成 DSP 核的方案。在 FPGA 业界，这个趋势更加明显，除 DSP 核和处理器 IP 核早已集成在 FPGA 芯片上外，FPGA 厂商开始积极与处理器（核）厂商合作推出集成了 FPGA 的处理器平台产品。

这种融合趋势出现的根本原因是什么呢？这还要从 CPU、DSP、FPGA 和 ASIC 各自的优缺点说起。通用的 CPU 和 DSP 软件可编程、灵活性高，但功耗较高；FPGA 具有硬件可编程的特点，非常灵活，功耗较低；ASIC 是针对特定应用固化的，不可编程，不灵活，但功耗很低。这就涉及一个矛盾，即灵活性和效率的矛盾。随着电子产品推陈出新速度不断加快，对产品设计的灵活性和效率要求越来越高，怎样才能兼顾灵活性和效率，这是一个巨大的挑战。半导体业内最终认可的解决方案是芯片的融合，即将不同特点的芯片集成在一起，发挥它们的优点，避免它们的缺点。因此，“微处理器+DSP+专用 IP 核+可编程”架构成为芯片融合的主要架构。

在芯片融合方面，FPGA 具有优势：①FPGA 本身架构非常清晰，其生态系统经过多年的培育发展，非常完善，软硬件和第三方合作伙伴都非常成熟；②其自身在发展过程中已经进行了与 CPU、DSP 和硬 IP 核的集成，因此，在与其他处理器融合时，具有成熟的环境和丰富的经验。Intel 公司已经和业内各个 CPU 厂商展开了合作，如 MIPS、Freescale、ARM，推出了混合系统架构的产品。AMD 公司和 ARM 公司联合发布了基于 28 nm 工艺的全新的可扩展式处理平台（Extensible Processing Platform）架构。这款基于双核 ARM Cortex-A9 MPCore 的处理器平台同时拥有串行和并行处理能力，它可为各种嵌入式系统提供强大的系统性能、灵活性和集成度。

4．FPGA 与 CPU 的深度融合

2015 年 6 月，Intel 公司宣布以 167 亿美元的价格收购 Altera 公司，一时业界针对此事的评论铺天盖地。Intel+FPGA 会得出什么样的结果？一时让人们对 FPGA 的发展有了无穷的想象。

2022 年 2 月 14 日晚，美国 AMD 公司宣布以全股份交易方式完成对 Xilinx 公司的收购，总交易额达 350 亿美元。AMD 公司总裁兼首席执行官苏姿丰表示：“对 Xilinx 的收购可将一系列高度互补的产品、客户和市场，以及差异化的 IP 和世界一流的人才汇集在一起，把 Xilinx 打造成为行业高性能和自适应计算的领导者。Xilinx 领先的 FPGA、自适应 SoC、人工智能引擎和软件专业知识将赋能 AMD，带来超强的高性能和自适应计算解决方案，并帮助我们在可预见的约 1350 亿美元的云计算、边缘计算和智能设备市场中占据更大份额。”

2.3 FPGA 的结构

目前主流的 FPGA 仍是基于查找表技术（Look up Table，LUT）的，但已经远远超过了先前版本的基本性能，并且整合了常用功能（如 RAM、时钟管理和 DSP）的硬核模块。各大厂商的 FPGA 架构基本类似，FPGA 的基本结构主要包括逻辑单元阵列、输入输出模块、内部存储器模块、数字信号处理（乘法器）模块、时钟管理模块，以及专用的高速接口等硬核模块，高端的 FPGA 芯片还集成了 ARM 处理器硬核模块。各厂商对功能模块的命名有一定差异，如 Intel 公司 FPGA 中的逻辑元件阵列称为逻辑单元，AMD 公司 FPGA 中的逻辑元件阵列称为可配置逻辑块（Configurable Logic Block，CLB），广东高云半导体公司推出的 FPGA 中的逻辑元件阵列称为可配置功能单元（Configurable Function Unit，CFU）。

图 2-7 为广东高云半导体公司推出的 GW1N 系列 FPGA 器件结构示意图。器件内部是可配置功能单元（CFU），外围是输入输出模块（IOB），器件内嵌了静态随机存储器模块（Block SRAM）、时钟锁相环（PLL）、片内晶振（OSC）和用户闪存（User Flash），支持瞬时启动功能，同时器件内嵌了 MIPI D-PHY RX 硬核模块（一种高速串行传输接口）。

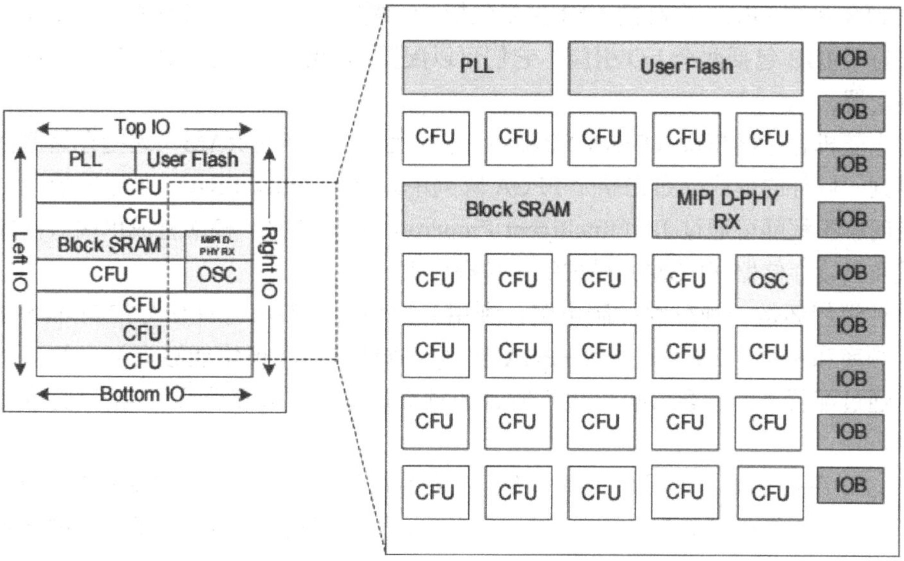

图 2-7　GW1N 系列 FPGA 器件结构示意图

CFU 是构成高云半导体 FPGA 产品内核的基本单元，每个基本单元可由四个可配置逻辑块（CLS）及相应的可配置布线单元（CRU）组成，其中每个可配置逻辑块均包含两个四输入查找表（LUT）和两个寄存器（REG），如图 2-8 所示。

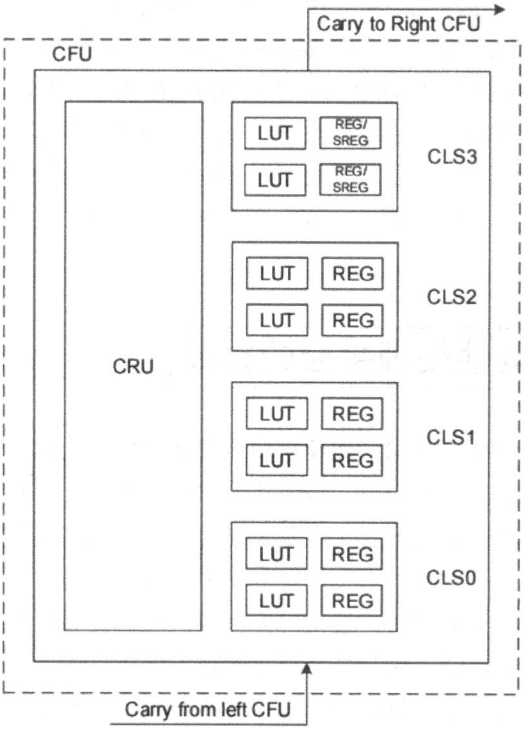

图 2-8　可配置功能单元（CFU）结构示意图

GW1N 系列 FPGA 产品的 IOB 主要包括 I/O 缓冲区、I/O 逻辑及相应的布线单元三个部分。每个 IOB 包括两个 I/O 引脚，它们可以配置成一组差分信号对，也可以作为单端信号分别配置。

静态随机存储器模块（Block SRAM）可以理解为内嵌的 RAM，这些存储器资源按照模块排列，以行的形式分布在整个 FPGA 阵列中。每个 Block SRAM 可配置最高 18kbit 的存储空间。工程师可通过 IP（Intelligent Property，知识产权）核配置成单端口模式、双端口模式及只读存储器（ROM）模式等多种操作模式。

时钟锁相环是一种反馈控制电路，利用外部输入的参考时钟信号控制环路内部振荡信号的频率和相位。GW1N 系列 FPGA 器件的时钟锁相环模块能够提供多种频率的时钟信号，通过配置不同的参数可以进行时钟的频率调整（倍频和分频）、相位调整、占空比调整等。

GW1N 系列 FPGA 产品内嵌了一个可编程片内晶振，支持 2.5MHz～125MHz 的时钟频率。片内晶振提供可编程的用户时钟，可以为用户的设计提供时钟源，通过配置工作参数，可以获得多达 64 种时钟频率。

GW1N 系列 FPGA 器件提供用户闪存（User Flash）资源，可直接存储 FPGA 程序，不需要单独为 FPGA 外接一块 Flash 芯片。

布线资源连通 FPGA 内部的所有单元，而连线的长度和工艺决定着信号在连线上的驱动能力和传输速度。FPGA 芯片内部有着丰富的布线资源，根据工艺、长度、宽度和分布位置的不同，布线资源划分为四类：第一类是全局布线资源，用于芯片内部全局时钟信号和全局复位/置位信号的布线；第二类是长线资源，用以完成芯片 Bank 间的高速信号和第二全局时钟信号的布线；第三类是短线资源，用于完成基本逻辑单元之间的逻辑互连和布线；第四类是分布式的布线资源，用于专有时钟、复位等控制信号线。在实际工程设计中，设计者不需要直接选择布线资源，布局布线器可自动根据输入逻辑网表的拓扑结构和约束条件选择布线资源来连通各个模块单元。从本质上来讲，布线资源的使用方法和设计的结果有密切、直接的关系。

2.4 FPGA 与其他处理平台的比较

目前，现代数字信号处理技术的实现平台主要有 ASIC、DSP、ARM 及 FPGA 四种。随着半导体芯片生产工艺的不断发展，四种平台的应用领域已出现相互融合的趋势，但因各自的侧重点不同，依然有各自的优势及鲜明特点。关于对四者的性能、特点、应用领域等方面的比较分析一直是广大技术人员及专业杂志讨论的热点之一。相对而言，ASIC 只提供可以接受的可编程性和集成水平，通常可为指定的功能提供最佳解决方案；DSP 可为涉及复杂分析或决策分析的功能提供最佳可编程解决方案；ARM 则在嵌入式操作系统、可视化显示等领域得到广泛的应用；FPGA 可为高度并行或涉及线性处理的高速信号处理功能提供最佳的可编程解决方案。接下来对这几种数字信号处理平台的特点进行简要介绍。

2.4.1 ASIC、DSP、ARM 的特点

ASIC 是一种为专门目的而设计的集成电路。ASIC 设计主要有全定制设计方法和半定制设计方法。半定制设计又可分为门阵列设计、标准单元设计、可编程逻辑设计等。全定制设计完全由设计工程师根据工艺，以尽可能高的速度和尽可能小的面积，独立地进行芯片设计。这种方法虽然灵活性高，且可以实现最优的设计性能，但是需要花费大量的时间与人力来进行人工的布局布线，而且一旦需要修改内部设计，将会影响其他部分的布局，所以它的设计成本相对较高，适合于大批量的 ASIC 芯片设计，如存储芯片的设计等。相比之下，半定制设计是一种基于库元件的约束性设计。约束的主要目的是简化设计、缩短设计周期，并提高芯片的成品率。它更多地利用了 EDA 系统来完成布局布线工作，可以大大减少设计工程师的工作量，因此它比较适合于小批量的 ASIC 芯片设计。

DSP 有自己的完整指令系统，是以数字信号来处理大量信息的器件。一个 DSP 芯片包括控制单元、运算单元、各种寄存器，以及一定数量的存储单元等，在其外围还可以连接若干存储器，并可以与一定数量的外部设备互相通信，有软、硬件的全面功能，本身就是一个微型计算机。DSP 采用哈佛结构设计，即数据总线和地址总线分开，使程序和数据分别存储在两个分开的空间，即取指令和执行指令可同步完成。也就是说，在执行上一条指令的同时就可取出下一条指令，并进行译码，这大大提高了其处理速度。另外，DSP 允许在程序空间和数据空间之间进行传输，增加了器件的灵活性。其工作原理是接收模拟信号，将其转换为 0 或 1 的数字信号，再对数字信号进行修改、删除、强化，并在其他系统芯片中把数字数据解译为模拟数据或实际环境格式数据。它不仅具有可编程性，而且其实时运行速度可达每秒数以千万条复杂指令，远远超过通用微处理器，是数字化电子世界中日益重要的处理器芯片。它的强大数据处理能力和高运行速度，是最值得称道的两大特色。它运算能力很强，运行速度很快，体积很小，而且可采用软件编程，具有高度的灵活性，为各种复杂的应用提供了一条有效途径。当然，与通用微处理器相比，DSP 芯片的其他通用功能相对较弱。

ARM 嵌入式处理器是一种 32 位高性能、低功耗的精简指令集计算（Reduced Instruction Set Computing，RISC）芯片，它由英国 ARM 公司设计。世界上几乎所有的半导体厂商都生产基于 ARM 体系结构的通用芯片，或在其专用芯片中嵌入 ARM 的相关技术，如 TI、Motorola、Intel、Atmel、Samsung、Philips、NEC、Sharp、NS 等公司都有相应的产品。ARM 只是一个核，ARM 公司自己不生产芯片，通常授权给半导体厂商生产。目前，全球几乎所有的半导体厂商都向 ARM 公司购买了 ARM 核，配上多种不同的控制器（如 LCD 控制器、SDRAM 控制器、DMA 控制器等）和外设、接口，生产各种基于 ARM 核的芯片。目前，基于 ARM 核的处理器型号有几百种，在国内市场上，常见的有 ST、TI、NXP、Atmel、Samsung、OKI、Sharp、Hynix、Crystal 等厂商的芯片。用户可以根据自己的应用需求，从性能、功能等方面考察，在众多型号的芯片中选择最合适的芯片来设计自己的应用系统。由于 ARM 核采用向上兼容的指令系统，用户开发的软件可以非常方便地移植到更高的 ARM 平台。ARM 微处理器一般具有体积小、功耗低、成本低、性能高、速度快的特点，目前 ARM 芯片广泛应用于工业控制、无线通信、网络产品、消费类电子产品、安全产品等

领域，如交换机、路由器、数控设备、机顶盒、STB 及智能卡都采用了 ARM 芯片。可以预见，ARM 芯片将在未来的电子信息领域中获得越来越广泛的应用。

2.4.2 FPGA 的特点及优势

作为 ASIC 领域中的一种半定制电路，FPGA 克服了原有可编程器件门电路数有限的缺点。可以毫不夸张地讲，FPGA 能完成任何数字器件的功能。上至高性能 CPU，下至简单的 74 电路，都可以用 FPGA 来实现。FPGA 如同一张白纸或一堆积木，设计工程师可以通过传统的原理图输入法或硬件描述语言（HDL）自由设计一个数字系统。通过软件仿真，我们可以事先验证设计的正确性。在完成 PCB 以后，还可以利用 FPGA 的在线修改功能，随时修改设计而不必改动硬件电路。使用 FPGA 来开发数字电路，可以大大缩短设计时间，减少 PCB 的面积，提高系统的可靠性。FPGA 是由存放在片内 RAM 中的程序来设置其工作状态的，因此工作时需要对片内 RAM 进行编程。用户可以根据不同的配置模式，采用不同的编程方式。加电时，FPGA 芯片将 Flash 中的数据读入片内 RAM，完成配置后，FPGA 进入工作状态。掉电后，FPGA 恢复成空白芯片，内部逻辑关系消失，因此，FPGA 能够反复使用。FPGA 的编程无须专用的编程器，只需使用通用的 Flash 编程器即可。当需要修改 FPGA 的功能时，只需更换 Flash 中的程序数据即可。这样，同一片 FPGA，不同的程序数据，可以产生不同的电路功能，因此，FPGA 的使用非常灵活。可以说，FPGA 芯片是小批量系统提高系统集成度、可靠性的极佳选择。

它们的区别是什么呢？DSP 主要是用来计算的，如进行加密解密、调制解调等，其优势是强大的数据处理功能和较高的运行速度。ARM 具有比较强的事务管理功能，可以用来运行界面和应用程序等，其优势主要体现在控制方面。FPGA 可以用 VHDL 或 Verilog HDL 来编程，灵活性强，由于能够进行编程、除错、再编程和重复操作，因此可以充分地进行设计开发和验证。当电路有少量改动时，更能显示出 FPGA 的优势，其现场编程功能可以延长产品在市场上的寿命，因为这种功能可以用来进行系统升级或除错。

对信号处理器件性能的鉴定必须衡量该器件是否能在指定的时间内完成所需的功能，通常要对多个乘加运算处理时间进行测量。考虑一个具有 16 个抽头的简单 FIR 滤波器，该滤波器要求在每次采样中完成 16 次乘积累加（MAC）操作。德州仪器公司的 TMS320C6203 DSP 具有 300 MHz 的时钟频率，在合理的优化设计中，每秒可完成大约 4 亿至 5 亿次 MAC 操作。这意味着 C6203 系列器件的 FIR 滤波器具有 3100 万次/秒的最大输入采样速率。但在 FPGA 中，所有 16 次 MAC 操作均可并行执行，FPGA 可轻松地实现上述配置，并允许 FIR 滤波器工作在 1 亿个样本/秒的输入采样速率下。

目前，无线通信技术的发展十分迅速，无线通信技术的理论基础之一是软件无线电技术，而数字信号处理技术无疑是实现软件无线电技术的基础。无线通信一方面正向语音和数据综合的方向发展；另一方面，在手持 PDA 产品中越来越多地需要综合移动技术。这对应用于无线通信的 FPGA 芯片提出了严峻的挑战，其中很重要的三个方面是功耗、性能和成本。为适应无线通信的发展，FPGA 系统芯片（System on a Chip，SoC）的概念、技术应运而生。利用系统芯片技术将尽可能多的功能集成在一片 FPGA 芯片上，使其具有速率高、功耗低的特点，不仅价格低廉，还可以降低复杂性，便于使用。

实际上，FPGA 器件的功能早已超越了传统意义上的胶合逻辑功能。随着各种技术的相互融合，为了同时满足运算速度、复杂度，以及降低开发难度的需求，目前在数字信号处理领域及嵌入式技术领域，“FPGA+DSP+ARM”的配置模式已浮出水面，并逐渐成为标准的配置模式。

2.4.3　FPGA 与 CPLD 的区别

前面介绍了 CPLD 和 FPGA 的基本结构。从可编程发展历程来讲，FPGA 可以说是在 CPLD 的基础上发展起来的。本书主要讨论 FPGA 的设计问题，从设计的流程及硬件设计语言（HDL）的设计方法来讲，CPLD 和 FPGA 没有本质的区别，但由于 CPLD 和 FPGA 的结构有较大的差异，因而它们具有不同的特点和应用范围。下面简要介绍一下 CPLD 和 FPGA 的特点及差异，便于工程设计时有针对性地选择合适的器件。

（1）FPGA 的集成度比 CPLD 高，具有更复杂的布线结构和逻辑实现。

（2）CPLD 更适合触发器有限而乘积项丰富的结构，适合完成复杂的组合逻辑；FPGA 更适合触发器丰富的结构，适合完成时序逻辑。

（3）CPLD 的连续式布线结构决定了它的时序延迟是均匀的、可预测的，而 FPGA 的分段式布线结构决定了其时序延迟的不可预测性。CPLD 的速度比 FPGA 快。

（4）在编程上，FPGA 比 CPLD 具有更大的灵活性。CPLD 通过修改固定的内部电路的逻辑功能来编程，FPGA 主要通过改变内部连线的布线来编程。

（5）一般情况下，CPLD 的功耗比 FPGA 大，且集成度越高越明显。

2.5　工程中如何选择 FPGA 器件

FPGA 具备设计灵活、可以重复编程的优点，因此在电子产品设计领域得到了越来越广泛的应用。在工程项目或者产品设计中，选择 FPGA 芯片可以参考以下几点原则。

1）尽可能选择成熟的产品系列

FPGA 芯片的工艺一直走在芯片设计领域的前列，产品更新换代速度非常快。稳定性和可靠性是产品设计需要考虑的关键因素。厂家最新推出的 FPGA 系列产品一般都没有经过大批量应用的验证，选择这样的芯片会增加设计风险。而且，最新推出的 FPGA 芯片因为产量比较小，一般供货情况都不会很理想，价格也偏高一些。如果成熟的产品能满足设计指标要求，那么最好选这样的芯片来完成设计。

2）尽量选择兼容性好的封装

FPGA 设计一般采用硬件描述语言（HDL）来完成。这与基于 CPU 的软件开发有很大不同。特别是算法实现的时候，在设计之前，很难估算这个算法需要占用多少 FPGA 的逻辑资源。作为代码设计者，希望算法实现之后再选择 FPGA 的型号。但是，现在的设计流程一般都是软件和硬件并行设计。也就是说，在完成 HDL 代码设计之前，就开始硬件板卡的设计。这就要求硬件板卡具备一定的兼容性，可以兼容不同规模的 FPGA 芯片。幸运的是，FPGA 芯片厂家已经考虑到这一点。目前，同系列的 FPGA 芯片一般可以做到相同物理封装兼容不同规模的器件。正是因为这一点，将来的产品会具备非常好的扩展性，可以不断地增加新的功能或者提高性能，而不需要修改电路板的设计文件。

3）尽量选择同一个公司的产品

如果在整个电子系统中需要多个 FPGA 器件，那么尽量选择同一个公司的产品。这样不仅可以降低采购成本，还可降低开发难度。因为同一个公司的产品的开发环境和开发工具是一致的，芯片接口电平和特性也一致，便于互连。

2.6 小结

本章的主要内容是追溯 FPGA 器件的历史足迹，了解 FPGA 器件的未来。FPGA 器件目前的全球市场相比 CPU、ASIC 等产业虽然仍有一定差距，但从其迅猛的发展势头来看，与其他传统半导体产业分庭抗礼，继而傲视群雄的时代已为时不远。可以说，学习 FPGA 就是学习电子技术的现在和未来。

本章的很多内容都只是概念性的介绍，对于 FPGA 工程师来讲，基本不需要花费过多的时间深入掌握，只需知其然即可。

我们将本章学习的要点总结如下：

（1）可编程存储器（PROM）可以实现组合逻辑功能，属于可编程逻辑器件。

（2）PROM、PLA、PAL、GAL 都属于 SPLD，一般将 GAL22V10 作为 SPLD 与 CPLD 的分水岭。

（3）Intel 公司在 1983 年发明了 CPLD，AMD 公司在 1985 年发明了世界上第一个 FPGA 产品 XC2064。

（4）CPLD 主要采用乘积项结构实现逻辑功能，FPGA 器件主要采用查找表结构实现逻辑功能。

（5）FPGA 器件的功能已远远超出了胶合逻辑的范畴，随着与 ARM、CPU 等技术的融合，FPGA 器件已迎来了片上系统（SoPC）的发展盛世。

（6）通常按照成熟、兼容的原则选择 FPGA 器件作为工程开发的目标器件。

第3章

准备好开发环境

工欲善其事，必先利其器。学习 FPGA 设计，首先需要正确安装开发环境。综合考虑国际国内 FPGA 技术的发展现状、FPGA 芯片的供货情况、开发板生产成本、开发环境的易用性等因素，本书选用广东高云半导体公司推出的 FPGA 为开发平台。为完成 FPGA 入门设计，需要安装高云云源软件 GOWIN FPGA Designer 及 ModelSim 软件。GOWIN FPGA Designer 用于设计输入、逻辑综合及实现，ModelSim 用于代码的仿真测试。

为使读者尽快掌握 FPGA 设计流程，本书还配套了一款低成本的 FPGA 开发板 CGD100，用于验证书中几乎所有的实例程序。本书的实例都相对简单，主要涉及按键、LED 灯、数码管、蜂鸣器、串口通信接口。读者也可以选购其他型号的开发板，只要具有相应的硬件接口，在修改程序的目标 FPGA 器件型号及约束引脚之后，均可验证书中实例。

学习 FPGA 设计离不开设计语言，由于 Verilog HDL 设计语言的语法相对于 C 语言等来讲要简洁得多，为便于读者快速掌握 FPGA 设计，本章仅对 Verilog HDL 的基本语法进行简要介绍，后续讨论 FPGA 设计实例时，再对 Verilog HDL 语法进行详细讨论。读者也可以快速浏览 Verilog HDL 语法，对硬件语法只需有一个基本的概念，随着学习的深入，再逐渐理解 Verilog HDL 的硬件编程思想。

3.1 安装 FPGA 开发环境

3.1.1 安装高云云源软件

用户可直接在高云官方网站（http://www.gowinsemi.com.cn/）的开发者专区下载最新版本的云源软件 GOWIN FPGA Designer，云源软件支持 Windows 系统和 Linux 系统两个版本。在网站可下载教育版和全功能版，教育版不需要 License 即可使用，全功能版需在官网申请 License 方可使用。申请 License 时需要填写用户计算机的 MAC 地址，即一个 Licence 只能用于一台计算机。全功能版与教育版的主要区别在于支持的器件型号不同，教育版仅支持较小规模的器件，全功能版支持高云的所有 FPGA 器件。

双击高云云源软件安装程序，在打开的界面中依次单击“Next”“I Agree”按钮，进入云源软件安装组件选择对话框，如图 3-1 所示。

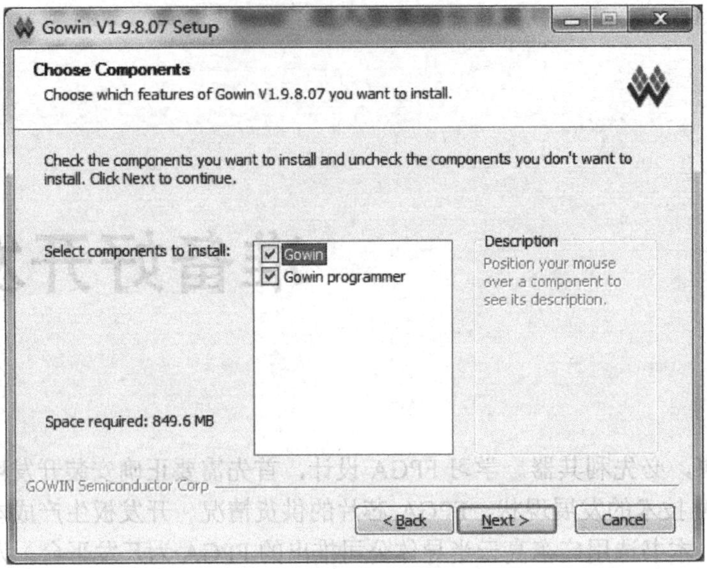

图 3-1　云源软件安装组件选择对话框

图 3-1 中的组件主要包括 Gowin 开发环境和程序下载组件 Gowin Programmer，默认全选择即可，单击“Next”按钮进入安装路径设置对话框，如图 3-2 所示。用户可以选择软件安装的路径。

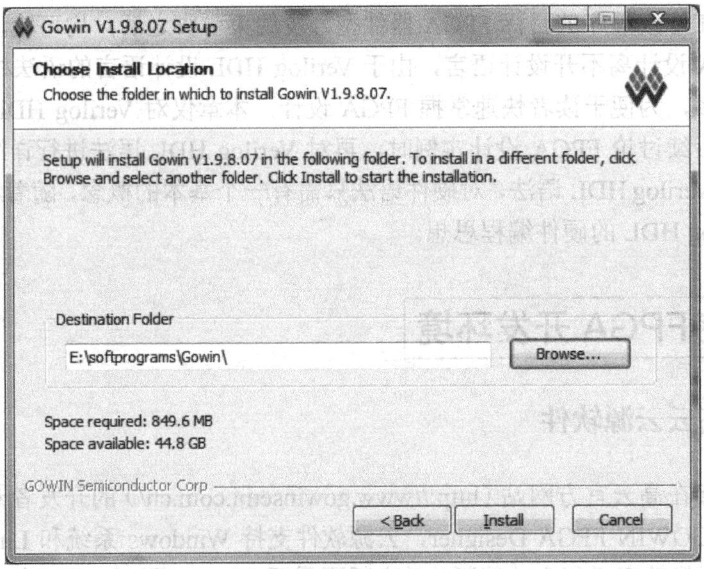

图 3-2　安装路径设置对话框

单击“Install”按钮即可开始软件安装。由于云源软件的功能比较简单，软件安装十分迅速。完成 Gowin 和 Gowin Programmer 组件安装后，自动弹出 USB 转 JTAG 驱动安装对话框，如图 3-3 所示。

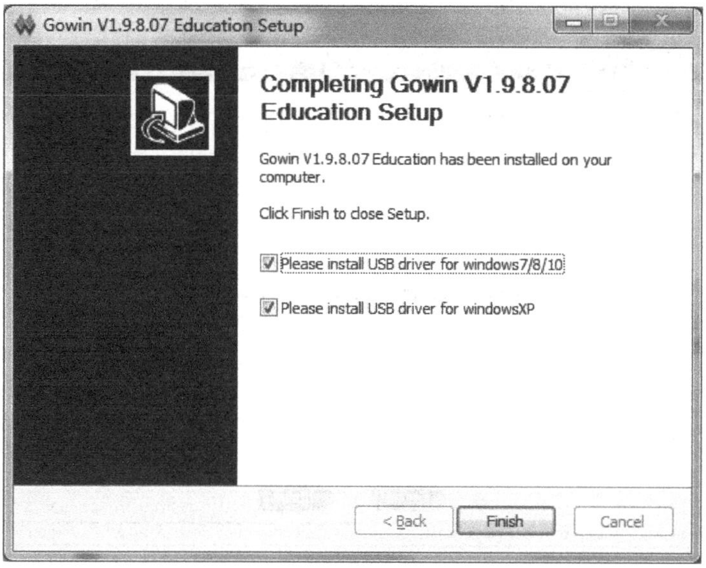

图 3-3 USB 转 JTAG 驱动安装对话框

云源软件集成了 USB 转 JTAG（边界扫描）驱动，便于通过 USB 接口完成 FPGA 程序的下载，使用非常方便。

依次单击“Next”按钮，即可顺利完成 FTDI 公司的 USB 转串口芯片 FT232HQ 的驱动安装。本书配套开发板 CGD100 上集成了由 FT232HQ 转接的 USB 转 JTAG 下载的电路模块。

3.1.2 安装 ModelSim 软件

Mentor 公司的 ModelSim 是业界非常优秀的 HDL 语言仿真软件，它能提供友好的仿真环境，是业界唯一的单内核支持 VHDL 和 Verilog HDL 混合仿真的仿真器。ModelSim 采用直接优化的编译技术、单一内核仿真技术，编译仿真速度快，编译的代码与平台无关，便于保护 IP 核。个性化的图形界面和用户接口，为用户加快调试进程提供了强有力的手段，是 FPGA 的首选仿真软件。

ModelSim 可以独立完成 HDL 代码的仿真测试。AMD、Intel 这两家公司的 FPGA 开发环境自带了 HDL 仿真工具，同时提供了与 ModelSim 软件连接的功能接口，可以将 ModelSim 软件嵌入公司的 FPGA 开发环境中。云源软件本身没有自带的 HDL 仿真工具，也没有提供与 ModelSim 连接的功能接口，因此只能独立运行 ModelSim 软件完成 HDL 仿真。同时，ModelSim 可以编译高云 FPGA 的 IP 核，完成 IP 核的仿真库编译后，即可利用 ModelSim 完整仿真包含高云 FPGA IP 核的 HDL 文件，应用起来十分方便。

接下来首先介绍 ModelSim 软件的安装步骤。

双击 ModelSim 安装程序，打开软件安装界面，单击“Next”按钮进入安装路径设置界面，设置好安装路径后依次单击“Next”“Agree”按钮进入安装界面，如图 3-4 所示。

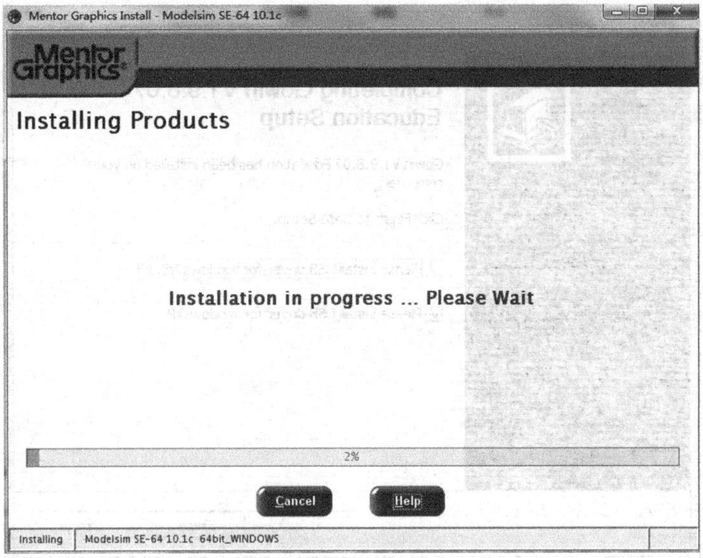

图 3-4 安装界面

安装完成后，进入硬件安全密钥驱动器（Hardware Security Key Driver）安装界面，单击“Yes”按钮完成安装即可，如图 3-5 所示。硬件安全密钥驱动器实际上是安装 ModelSim 软件的 License 文件的工具。

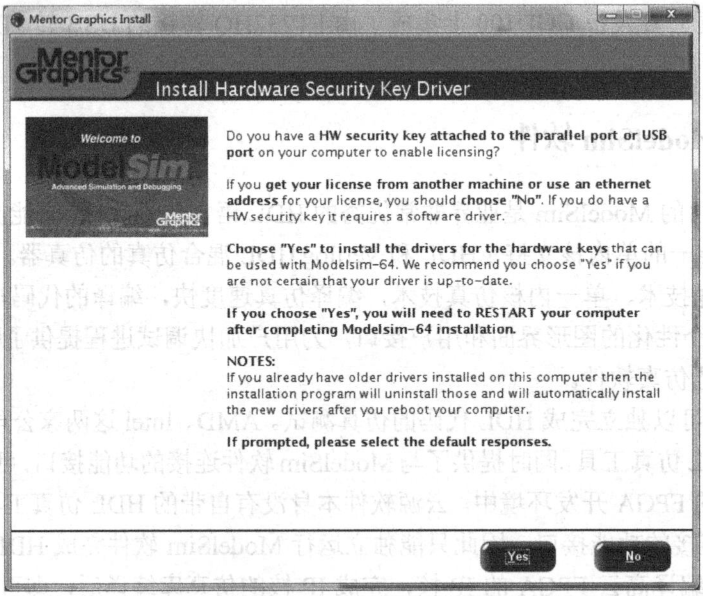

图 3-5 硬件安全密钥驱动器安装界面

如果 HDL 文件中不包括任何 IP 核，则可直接使用 ModelSim 进行仿真；如果 HDL 文件中包含了例化的 IP 核，由于 ModelSim 是第三方软件，本身没有集成高云 FPGA 的 IP 核信息，因此需要在 ModelSim 中完成高云 FPGA 的 IP 核编译，才能进行仿真。

首先在 ModelSim 安装目录下新建“gowin\gw1n”文件夹，用于存放编译后的小蜜蜂系列 FPGA 器件库文件（本书配套开发板的 FPGA 芯片为小蜜蜂家族的 GW1N-UV4LQ144）。建好文件夹后，打开 ModelSim 软件，依次单击“File”→“Change Directory”，打开修改目录对话框，将当前目录修改为新建的“gowin\gw1n”路径。依次单击“File”→“New”→“Library”，打开新建库对话框，将库名称（Library Name）修改为 prim_sim，如图 3-6 所示。

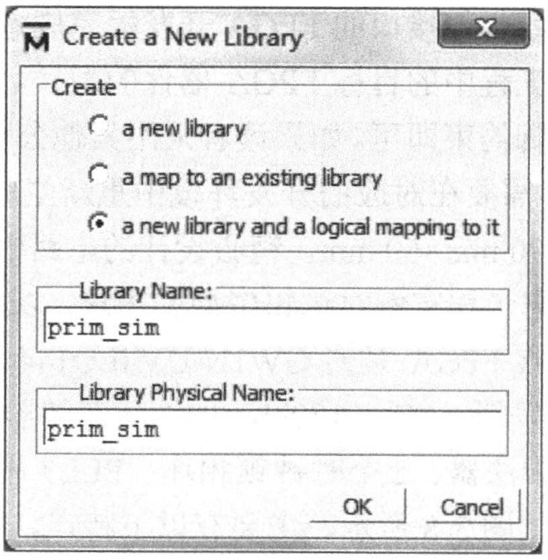

图 3-6 新建库对话框

单击“OK”按钮完成仿真库的建立。依次单击“Compile”→“Compile”，打开编译源文件对话框，选择“Library”为“prim_sim”，将文件路径设置为云源软件安装目录下的“IDE\simlib\gowin\gwln\prim_sim.v”，单击“Compile”按钮，即可完成高云小蜜蜂家族 FPGA 器件的 IP 库编译，如图 3-7 所示。

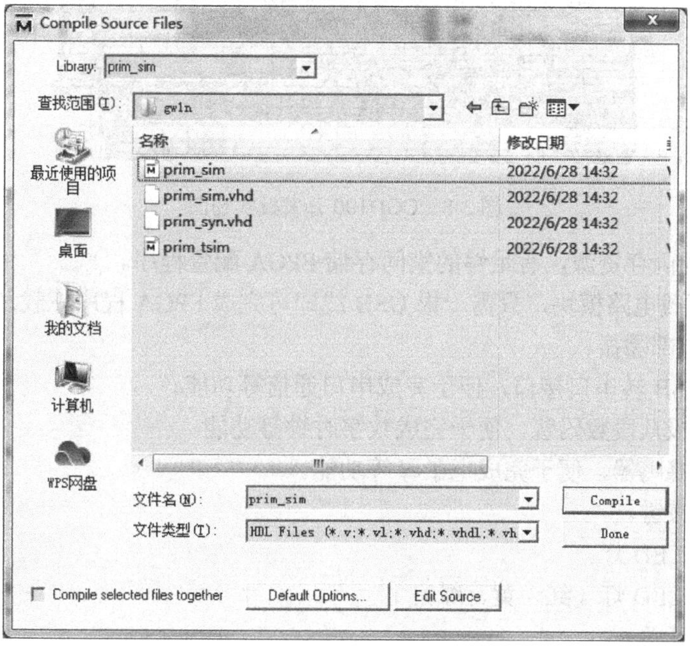

图 3-7　编译源文件对话框

3.2 开发平台 CGD100 简介

CGD100 是专为本书设计的一块低成本入门级 FPGA 开发板。本书中的实例主要涉及按键、LED 灯、数码管、蜂鸣器、串口通信接口，CGD100 具备这些功能接口。书中绝大多数实例均可在该开发板上验证。由于本书的实例较为简单，对芯片的逻辑资源需求量较少，读者也可以选购其他具备类似接口的 FPGA 开发板完成本书的实例。利用其他开发板完成本书实例时，只需修改工程中的目标 FPGA 器件的型号，并根据开发板用户手册修改程序顶层端口信号对应的引脚约束即可。如果读者采用其他公司的 FPGA 器件为开发平台，对于涉及 IP 核的程序实例，需要在对应的开发环境中重新生成所需功能的 IP 核。

CGD100 的外观尺寸为 90 mm×60 mm，精心设计的电路板结构紧凑、布局美观且具备良好的工作稳定性。综合考虑工程实例对逻辑资源的需求，以及产品价格等因素，CGD100 开发板采用高云的小蜜蜂家族 FPGA 系列 GW1N-UV4LQ144 为主芯片。该芯片包含 4608 个 4 输入 LUT4、3456 个触发器（FF）、180kbit 的块状存储器（SSRAM）、256kbit 的用户闪存、16 个位宽为 18bit 的乘法器、2 个时钟锁相环（PLL）和 125 个用户 I/O 模块。

CGD100 开发板的实物如图 3-8 所示，主要有以下特点。

图 3-8 CGD100 开发板实物图

- 256kbit 的闪存资源，有足够的空间存储 FPGA 配置程序。
- 集成了下载电路模块，只需一根 USB 线即可完成 FPGA 程序下载及调试。
- 50MHz 外部晶振。
- 独立的 USB 转串口接口，便于完成串口通信等功能。
- 4 个共阳极八段数码管，便于完成数字时钟等功能。
- 1 个无源蜂鸣器，便于完成电子琴等功能。
- 8 个独立按键。
- 8 个单色 LED 灯。
- 4 个三色 LED 灯（红、黄、绿）。
- 4 位拨码开关。
- 80 针扩展接口，扩展输出独立的 FPGA 用户引脚。

3.3 Verilog HDL 基本语法

3.3.1 Verilog HDL 的程序结构

Verilog HDL 的基本设计单元是模块。一个模块由两部分组成，一部分用于描述接口，另一部分用于描述逻辑功能，即定义输入是如何影响输出的。下面是一段完整的 Verilog HDL 程序代码。

```
module exam01(           //第 1 行
   input a,              //第 2 行
   input b,              //第 3 行
   output c,             //第 4 行
   output d);            //第 5 行

   assign c= a & b;      //第 7 行
   assign d= a | b;      //第 8 行

endmodule                //第 10 行
```

上面的 Verilog HDL 程序代码描述了一个 2 输入的与门电路，输入信号为 a、b，输出信号为 c。程序的第 1 行表明模块的名称为 exam01；第 2～5 行说明了接口的信号流向；第 7、8 行说明了模块的逻辑功能；第 10 行是模块的结束语句。以上就是一个简单的 Verilog HDL 模块的全部内容。从这个例子可以看出，Verilog HDL 程序完全嵌在 module 和 endmodule 声明语句之间。每个 Verilog HDL 程序一般包括三个部分：模块及端口定义、内部信号声明（非必需）和程序功能定义。

图 3-9 所示为上述 Verilog HDL 程序生成的电路原理图。

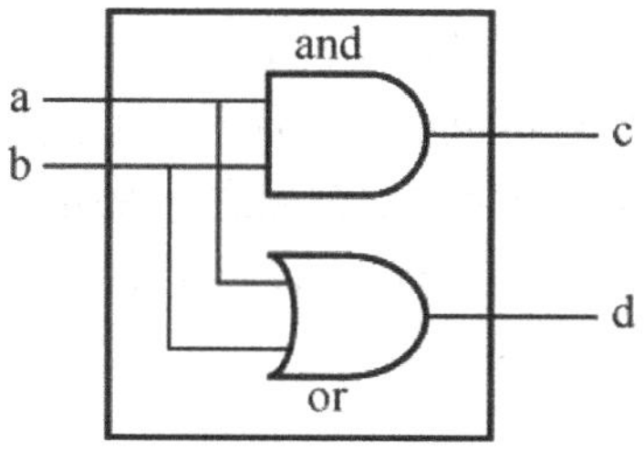

图 3-9　模块 exam01 程序生成的电路原理图

1）模块及端口的定义

当使用 Verilog HDL 程序来描述电路模块时，使用关键字 module 来定义模块名称，即 module 后空一格字符，接着是模块名称，如“module exam01”表示模块名称为 exam01。模块名称要与 Verilog HDL 程序的文件名完全一致。

模块名称后用一对括号来说明模块的输入/输出端口信号，input 表示输入端口信号，output 表示输出端口信号。端口信号之间用“,”分隔。Verilog HDL 用“;”表示一条语句的结束，因此“);”表示完成了整个端口信号的说明。

下面的例子表示声明了一个名为 exam02 的模块，该模块包括 2 路位宽为 4 bit 的输入信号 din1 和 din2，1 路位宽为 5 bit 的输出信号 dout。

```
module exam02(
    input [3:0] din1,
    input [3:0 ] din2,
    output [4:0] dout);

    //内部信号，以及电路功能说明语句

endmodule
```

除了可以采用上面的方法来描述模块端口，还可以采用下面的这种方法。

```
module exam02(din1,din2,dout);
    input [3:0] din1;
    input [3:0 ] din2;
    output [4:0] dout;

    //内部信号，以及电路功能说明语句

endmodule
```

采用这种方法描述模块端口时，首先将所有的端口名写在一对括号中，然后对每个端口的位宽、输入/输出方向进行说明。由于每个端口信号都要书写两次，这种方法相对而言要烦琐一些。因此推荐采用第一种方法，它也是本书所采用的方法。

2）内部信号的说明

Verilog HDL 有两种基本的信号类型，即 wire（线网）和 reg（寄存器）。在模块的端口声明中，如果对信号类型不做说明，则默认为 wire 类型。

在 module 内部描述电路功能时，Verilog HDL 规定，在使用某个 reg 类型信号时，必须先进行说明，但 wire 类型的信号可以不进行说明。为了使代码更加规范，在设计程序时，无论什么类型的信号，强烈建议在使用之前都先进行说明。例如，下面的 Verilog HDL 程序说明了 1 个位宽为 1 bit 的 wire 类型信号 ce，以及 1 个位宽为 5 bit 的 reg 类型信号 data5。

```
wire ce;
reg [4:0] data5;
```

3）程序功能的定义

在 Verilog HDL 中，描述电路功能的方法主要有以下三种。

第 1 种方法是通过关键字 assign 来描述电路功能，如“assign c=a&b;”表示一个 2 输入的与门电路。其中，assign 是关键字，表示把“=”右侧的逻辑运算结果赋给“=”左侧的信号。

第 2 种方法是通过元件描述电路功能，如“and u1(c,a,b);”表示一个 2 输入的与门电路。这种方法类似于调用一个库元件，根据元件的引脚定义，为引脚指定对应的信号即可。“and u1(c,a,b);”表示调用一个名为 and 的元件，调用时声明这个元件在文件中的名称为 u1，其输入引脚分别输入信号 a、b，输出引脚输出信号 c。由于一个文件中可以有多个相同的元件，因此每个元件的名称必须是唯一的，以避免与其他的元件相混淆。

第 3 种方法是通过 always 来描述电路功能，例如：

```
always @(posedge clk or posedge rst)
   begin
     if(rst) q<=0;
     else q <= d;
   end
```

上面的代码描述了一个具有异步清零功能的 D 触发器，清零信号为 rst，输入信号为 d，输出信号为 q，时钟信号为 clk。在 Verilog HDL 中，assign 模块主要用于描述组合逻辑电路的功能；always 模块既可以描述组合逻辑电路的功能，也可以描述时序逻辑电路的功能，是最常用的电路功能描述语句，有多种描述逻辑关系的方式。上面的程序采用 if…else 语句来表达逻辑关系。需要说明的是，在 always 模块中描述电路功能时，被赋值的信号必须声明为 reg 类型。

下面再看一段采用 3 种方法描述电路功能的程序。

```
module exam03(                                        //第 1 行
   input a,
   input b,
   input rst,
   input clk,
   output c,
   output d,
   output q);
   reg f;                                             //第 9 行
   always @(posedge clk or posedge rst)
      begin
         if(rst) f<=0;
         else f <= a;
      end
   assign q = f;                                      //第 15 行
   assign c = !a;                                     //第 16 行
   and u1(d,a,b);                                     //第 17 行
endmodule
```

上面这段程序描述了以下 3 个电路的功能：采用 always 描述具有异步清零功能的 D 触发器的功能（第 9～15 行）、采用 assign 描述非门电路的功能（第 16 行）、采用元件描述与门电路的功能（第 17 行）。

需要注意的是，如果用 Verilog HDL 实现一定的逻辑功能，首先要清楚哪些功能是同时执行的，哪些功能是顺序执行的。上面的程序描述的 3 个电路的功能是同时执行的（并发的），也就是说，即使将这 3 个电路功能的描述程序放到一个 Verilog HDL 文件中，每个电路功能对应描述程序的次序并不会影响电路功能的实现。

在 always 模块内，逻辑是按照指定的顺序执行的。always 模块中的语句是顺序语句，

因为这些语句是顺序执行的。请注意，多个 always 模块是同时执行的，但是模块内部的语句是顺序执行的。看一下 always 模块内的语句，就会明白电路功能是如何实现的。if…else…if 是顺序执行的，否则其功能就没有任何意义。如果 else 语句在 if 语句之前执行，电路功能就不符合要求。

3.3.2 数据类型及基本运算符

（1）数据类型。

Verilog HDL 的数据类型较多，典型的有 wire、reg、integer、real、realtime、memory、time、parameter、large、medium、scalared、small、supply0、supply1、tri、tri0、tri1、triand、trior、trireg、vectored、wand、wor。虽然数据类型很多，但在进行逻辑设计时常用的数据类型只有几种，其他数据类型主要用于基本逻辑单元的建库，属于门级电路原理图和开关级的 Verilog HDL 语法，系统级的设计不需要关心这些语法。

本书中涉及的数据类型主要有 wire、reg、time、parameter 等。

wire 为线网，表示组合逻辑电路的信号。在 Verilog HDL 中，输入信号和输出信号的默认类型是 wire 类型。wire 类型的信号可以作为任何电路的输入，也可以作为 assign 语句或元件的输出。

reg 是寄存器数据类型，在 Verilog HDL 中，always 模块内的信号都必须定义为 reg 类型。需要说明的是，虽然 reg 类型的信号通常是寄存器或触发器的输出，但并非 reg 类型的信号一定是寄存器或触发器的输出，具体由 always 模块的代码决定，理解这一点很重要，后面还会举例说明。

time 是时间数据类型，用于定义时间信号，仅在测试激励文件中使用，具体用法将在介绍 FPGA 设计实例时讨论。

parameter 是定义参数类型，用来定义常量，可以通过 parameter 定义一个标识符来表示一个常量，称为符号常量，这样可以提高程序的可读性和可维护性。

（2）常量与变量。

在程序运行过程中，值不能被改变的量称为常量，常量的值为某个数字，下面是 Verilog HDL 中定义常量及数字的几种常用方法。

```
parameter data0=8'b10101100;      //定义常量 data0，值为 8 bit 的二进制数 10101100
parameter data1=8'b1010_1100;     //定义常量 data1，值为 8 bit 的二进制数 10101100
parameter data2=16'ha2b3;         //定义常量 data2，值为 16 bit 的十六进制数 a2b3
parameter data3=8'd5;             //定义常量 data3，值为 8 bit 的十进制数 5
parameter data3=-8'd15;           //定义常量 data3，值为 8 bit 的十进制数-15
parameter data3=-8'd15;           //定义常量 data3，值为 8 bit 的十进制数-15
```

变量是一种在程序运行过程中可以改变其值的量，Verilog HDL 有多种变量，最重要的是 wire 和 reg。在定义这两种类型的变量时，均可以直接赋初值，如下所示：

```
wire [3:0] cn4=0;                 //定义位宽为 4 bit 的 wire 型变量 cn4，且赋初值为 0
reg [4:0] cn5=10;                 //定义位宽为 5 bit 的 reg 型变量 cn5，且赋初值为 10
```

（3）运算符与表达式。

Verilog HDL 的运算符较多，按功能可分为算术运算符、条件运算符、位运算符、关系运算符、逻辑运算符、移位运算符、位拼接运算符、缩减运算符等。下面对每种运算符进行简要的介绍。

① 算术运算符。算术运算符主要有“+”（加法）、“-”（减法）、“*”（乘法）、“/”（除法）、“%”（模运算）。算术运算符都是双目运算符，带两个操作数，如“assign c = a + b;”表示将信号 a 与 b 的和赋给 c。在 Verilog HDL 中，加法和减法运算直接使用运算符“+”“-”即可。虽然乘法运算可以直接使用运算符“*”，但更常用的方法是采用开发工具提供的乘法器 IP 核进行运算，以提高运算速度，相关内容将在本书后续章节专门讨论。在 FPGA 中，除法运算比较复杂，一般仅在测试激励文件中使用运算符“/”，这是因为测试激励文件中的代码仅进行理论计算，不综合成电路。在可综合成电路的 Verilog HDL 程序中，一般不使用运算符“/”，而使用专用的除法器 IP 核。模运算符“%”仅用在测试激励文件中，用于完成两个操作数的模运算。

② 条件运算符。条件运算符是三目运算符，如“assign d =(a) ? b,c;”表示根据 a 的值（也可以是表达式）对信号 d 进行赋值，如果 a 为真（逻辑 1），则将 b 的值赋给 d，否则将 c 的值赋给 d。

③ 位运算符。位运算符主要有“~”（取反）、“&”（按位与）、“|”（按位或）、“^”（按位异或）、“^~”（按位同或）。除了“~”是单目运算符，其他的位运算符均为双目运算符，且运算规则相似。例如，按位与就是对两个操作数的对应位进行与运算。假设 a=4'b1101，b=4'b0100，c=a&b 的值为 4'b0100，d=a^b 的值为 4'b1001。

④ 关系运算符。关系运算符主要有“<”（小于）、“>”（大于）、“<=”（小于或等于）、“>=”（大于或等于）、“==”（等于）、“!=”（不等于）、“===”（严格等于）、“!==”（严格不等于）。关系运算符都是双目运算符，用于比较两个操作数的大小。其中，使用“===”“!==”对操作数进行比较时，会对某些位的不定值和高阻值进行比较，这两种关系运算符在 FPGA 设计时使用得较少。

⑤ 逻辑运算符。逻辑运算符主要有“&&”（逻辑与）、“!”（逻辑非）、“||”（逻辑或）。“&&”和“||”是双目运算符，运算的结果只有真（用逻辑 1 表示）和假（用逻辑 0 表示）两种状态，如“(a>b) &&(b>c)”“(a<b)||(b<c)”。“!”是单目运算符，如“!(a>b)”。

⑥ 移位运算符。移位运算符主要有“<<”（左移位）、“>>”（右移位）。移位运算符是双目运算符，如“a>>n”，a 代表要进行移位的操作数，n 代表要移几位。在进行这两种移位操作时，移出的空位用 0 来填补。

⑦ 位拼接运算符。位拼接运算符是“{}”，用于把两个或多个信号的某些位拼接起来进行运算操作，如 a=4'b1100、b=4'b0011，则“c={a[3:2],b}”的值为 6'b110011。

⑧ 缩减运算符。缩减运算符是单目运算符，也有与、或、非运算。其中，与、或、非运算的规则类似于位运算中的与、或、非运算，但其运算过程不同。位运算是对操作数的相应位进行与、或、非运算，操作数是几位数，其运算结果也是几位数。缩减运算是对单个操作数进行与、或、非递推运算，最后的运算结果是 1 位二进制数。具体运算规则为：第一步将数的第 1 位与第 2 位进行与、或、非运算；第二步将运算的结果与第 3 位进行相

应的运算，依此类推，直到最后一位为止。例如，B 为位宽为 3 bit 的信号，则&B 运算相当于“((B[0]&B[1])&B[2])&B[3])”。

3.3.3 运算符优先级及关键词

Verilog HDL 的运算符有一定的优先级关系，为便于查阅参考，表 3-1 对 Verilog HDL 运算符的优先级进行了总结。

表 3-1 Verilog HDL 运算符的优先级

运 算 符	优 先 级
!、~	最高优先级
*、/、%	↓
+、-	
<<、>>	
<、<=、>、>=	
==、!=、===、!==	
&	
^、^~	
|	
&&	
||	
?:	最低优先级

为提高程序的可读性，建议使用括号明确表达各运算符之间的优先关系。

在 Verilog HDL 中，所有关键词是事先定义好的，关键词采用小写字母（Verilog HDL 中语句是大小写敏感的）。Verilog HDL 的常用关键词有 always、and、assign、begin、buf、bufif0、bufif1、case、casex、casez、cmos、deassign、default、defparam、disable、edge、else、end、endcase、endmodule、endfunction、endprimitive、endspecify、endtable、endtask、event、for、force、forever、fork、function、highz0、highz1、if、initial、inout、input、integer、join、large、macromodule、medium、module、nand、negedge、nmos、nor、not、notrifo、notrif1、or、output、parameter、pmos、posedge、primitive、pullup、pulldown、rcmos、reg、repeat、release、repeat、rpmos、rtran、tri、tri0、tri1、vectored、wait、wand、weak0、weak1、while、wire、wor、xnor、xor。

在编写 Verilog HDL 程序时，变量的名称不能与这些关键词冲突。

3.3.4 赋值语句与块语句

1. 赋值语句

Verilog HDL 有两种赋值方式：阻塞赋值（=）和非阻塞赋值（<=）。

对于非阻塞赋值（<=）来讲，上一条语句所赋值的变量不能立即被下一条语句使用，

块语句结束后才能完成这次赋值操作，被赋值变量的值是上一次赋值语句的结果；对于阻塞赋值（=）来讲，赋值语句执行完成后变量的值会立刻改变。

上面对两种赋值方式的描述是教科书中的常见描述，实际上，我们可以从语句所描述的电路功能来理解。

（1）“=”可以用在 assign 语句和 always 块语句中。“=”用在 assign 语句中描述的是组合逻辑电路，用在 always 块语句中描述的是组合逻辑电路和时序逻辑电路。

（2）“<=”只能用在 always、initial 块语句中，其中 initial 只在测试激励文件中使用。

（3）为了进一步简化并规范设计，强烈建议在 always 块语句中仅使用“<=”。

assign 语句描述的组合逻辑电路，比较容易理解。接下来简单讨论 always 块语句描述的组合逻辑电路和时序逻辑电路。关于 always 的语法将在后续章节中通过具体的应用实例详细讨论。下面举例说明。

```
always @(*)                          //这是推荐的写法，括号里的*号表示语句描述的是组合逻辑电路
begin
    b<=a;
    c<=b;
end

always @(a,b)                        //这是另一种写法，括号里的 a 和 b 表示块语句的敏感信号
begin
    b<=a;
    c<=b;
end
```

上面的程序用两种方式描述了相同的电路功能，即输入信号节点 a 直接与节点 b 连接，以及输入信号节点 b 与节点 c 连接，在电路上就相当于 a、b、c 三个信号节点处于短路状态，相当于一个节点。

再来看一个用 always 块语句描述时序逻辑电路的例子。

```
always @(posedge clk)          //第 1 行，注意括号里的关键词 posedge
begin
    b<=a;                      //第 3 行
    c<=b;                      //第 4 行
end
```

从语法的角度来讲，上面的程序功能是当 clk 信号的上升沿到来时，首先将 a 的值赋给 b，然后将 b 的值赋给 c。回忆一下 D 触发器的工作原理，就可以很容易明白这段代码描述的是两个级联的触发器，其电路如图 3-10 所示。

在上面的程序中，第 3 行描述的是图 3-10 左侧的 D 触发器，第 4 行描述的是图 3-10 右侧的 D 触发器。两个 D 触发器之间虽然由 b 信号线连接，但相互之间并不存在逻辑先后关系，因此，即使调换第 3、4 行代码的顺序，所描述的电路功能也没有任何改变。后面将会继续讨论顺序语句与并行语句的内容。

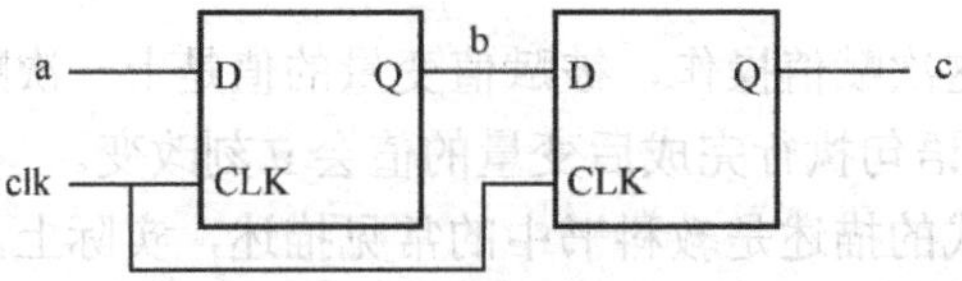

图 3-10 采用 always 块语句描述两个级联的触发器

上面从语法的角度分析了 D 触发器的描述方法。我们可以直接从电路功能的角度来理解上面的程序，即将每行程序与电路结构对应起来，这样更易于形成采用硬件思维编写 FPGA 程序的习惯。

2. 块语句

块语句通常用来将两条或多条语句组合在一起，使其在格式上看起来更像一条语句。Verilog HDL 有两种块语句：begin…end（顺序块）和 fork…join（并行块）。其中，begin…end 可用在 Verilog HDL 可综合的程序中，也可用在测试激励文件中；fork…join 只能用在测试激励文件中。

顺序块中的语句是按顺序执行的，即只有上面一条语句执行完后，下面的语句才能执行；并行块中的语句是并行执行的，即各条语句无论书写的顺序如何，均是同时执行的。

虽然从语法上来讲，顺序块中的语句是按顺序执行的，但我们从语句所描述的电路角度，更容易把握语句的执行结构。如果顺序块中用到了 if…else 语句，则由于 if…else 本身就具备严格的先后顺序，语句按顺序执行。如果顺序块中的几条语句本身没有直接的逻辑关系，则各语句仍然是并行执行的。下面是一个程序实例。

```
always @(posedge clk)               //第 1 行
begin
   b<=a;                            //第 3 行
   c<=b;                            //第 4 行
   if(ce) d <= a + b;               //第 5 行
   else d<=a-b;                     //第 6 行
end
```

第 3～6 行均在 begin…end 中，其中第 5 行和第 6 行组成 if…else 语句，这两条语句不能交换，需要按顺序执行。第 3 行、第 4 行及第 5～6 行，这 3 段程序之间并没有先后关系，是并行执行的。也就是说，将上面的程序修改成下面的程序，两者综合后的电路完全相同。

```
always @(posedge clk)               //第 1 行
begin
   if(ce) d <= a + b;               //原程序的第 5 行
   else d<=a-b;                     //原程序的第 6 行
   b<=a;                            //原程序的第 3 行
   c<=b;                            //原程序的第 4 行
end
```

接下来介绍测试激励文件中顺序块与并行块的执行差别。下面是一段利用顺序块生成测试信号 clr 的程序代码。

```
initial
begin
    clr = 0;                            //第 3 行
    #10  clr = 1;                       //第 4 行
    #20  clr = 0;                       //第 5 行
    #30  clr = 1;                       //第 6 行
end
```

上面的程序表示：在上电时，从起始时刻算起，clr 的初值为 0，10 个时间单位后为 1，30 个时间单位后为 0，60 个时间单位后为 1。

下面是一段利用并行块生成测试信号 clr 的程序代码。

```
initial
fork
    clr = 0;                            //第 3 行
    #10  clr = 1;                       //第 4 行
    #20  clr = 0;                       //第 5 行
    #30  clr = 1;                       //第 6 行
join
```

由于 fork…join 内部的语句是并行执行的，因此上面的程序表示：在上电时，从起始时刻算起，clr 的初值为 0，10 个时间单位后为 1，20 个时间单位后为 0，30 个时间单位后为 1。

3.3.5　条件语句和分支语句

Verilog HDL 的主要语句有条件语句、分支语句、循环语句这几类。在实际设计过程中，应用最为广泛的是条件语句和分支语句。本书中的实例所使用的语法很少，限于篇幅，下面仅介绍条件语句和分支语句。

1. 条件语句

条件语句（if…else）用来判断所给定的条件是否能得到满足，并根据判断结果决定执行给定的两种操作之一。if…else 语句只能用在 always 或 initial 块语句中。if…else 语句是 Verilog HDL 中常见的语句，下面举例说明它的三种用法。

```
//第一种用法，只有 if 语句
if(a>b)
    dout <= din;

//第二种用法，完整的 if…else 语句
if(a>b)
    dout <= din1;
else
    dout <= din2;
```

```
//第三种用法，具有嵌套结构的 if…else 语句
if(a>b)
   dout <= din1;
else
   if(cn>10)  dout <= din2;
   else  dout <= 0;
```

上面的例子很容易理解，第一种用法只有 if 语句；第二种用法是有两个分支结构的完整 if…else 语句；第三种用法表示 if…else 语句可以嵌套使用。

2. 分支语句

分支语句（case）是一种多分支选择语句。条件语句可以理解为带有优先级的选择语句。分支语句可以提供多个分支，且各个分支之间没有优先级别的区别。同 if…else 语句一样，case 语句也只能用在 always 或 initial 块语句中。下面举例说明它的用法。

```
wire [2:0] sel;            //定义 3 bit 的信号 sel
always @(*)
reg [7:0] result;          //定义 8 bit 的信号 result
case(sel)
   4'd0:  result <= 8'b00000001;
   4'd1:  result <= 8'b00000011;
   4'd2:  result <= 8'b00000111;
   4'd3:  result <= 8'b00001111;
   4'd4:  result <= 8'b00011111;
   4'd5:  result <= 8'b00111111;
   default: result <= 8'b11111111;
endcase
```

上面程序的功能是：根据信号 sel 的值，使 result 输出不同的数据。例如，当 sel 为 3 时，result 输出 8'b00001111。default 表示在 sel 为其他值时需要执行的语句。由于 result 是 always 块语句中被赋值的信号，因此必须声明为 reg 类型。sel 不是 always 块语句内被赋值的信号，可以声明为 wire 类型。

3.4 小结

本章主要介绍了 FPGA 开发环境的安装方法，以及 Verilog HDL 的基本语法。Verilog HDL 的完整语法十分丰富，但应用于逻辑设计的语法只有很少的几条，如 assign、always、if…else、case 等。语法的规则是固定的，经过一段时间自己动手编写并调试程序后，掌握这些基本的语法并不困难。FPGA 工程师的主要工作在于根据用户需求，形成完整的硬件设计思想，并采用这些固定的语法将设计思想表达出来，形成满足用户需求的功能电路。如果读者在阅读完本章后，对 Verilog HDL 语法仍然理解不透，也不必着急，接下来读者可在具体的设计实例中慢慢理解这些基本语法的本质——形成特定的基本电路。

初识篇 02

初识篇以经典的 LED 流水灯为实例，从组合逻辑电路开始介绍，使读者感受通过 Verilog HDL“绘制”电路的设计思想。正如纷繁复杂的数字产品在本质上都是由“0”和“1”组成的一样，掌握 FPGA 的灵魂和精华，就打开了绚烂至极的 FPGA 设计技术之门。D 触发器就是 FPGA 的灵魂，计数器就是 FPGA 的精华。本篇还详细阐述了 Verilog HDL“并行语句”的概念，帮助读者悟透 Verilog HDL 与 C 语言之间的本质区别。

第 4 章

FPGA 设计流程——LED 流水灯电路

了解了基本的数字电路、可编程逻辑电路知识，准备好软硬件开发环境后，接下来开始 FPGA 设计。第一个 FPGA 程序实例总是比较简单，好比学习 C 语言时，通常第一个程序是在屏幕上输出“Hello World!”信息。FPGA 的开发过程要比 C 语言等常规软件语言略显复杂，但开发步骤毕竟是固定不变的，当熟悉这些步骤之后，工程师只需要按部就班地将自己的设计呈现出来即可。与其他软件设计一样，完整的 FPGA 开发过程包含了大量的调试仿真过程，为使读者尽快体验 FPGA 设计流程，本章以经典的流水灯程序为例，略去了仿真调试步骤，讨论从读电路图到完成 FPGA 程序下载及板载测试的全过程。关于仿真及调试的方法、步骤、技巧，将在后续章节的实例中逐步展开讨论。

4.1 FPGA 设计流程

本章首先介绍 FPGA 设计流程的主要步骤，然后通过流水灯设计实例来详细介绍完整的 FPGA 设计流程。大多数介绍 FPGA 开发的图书均会讲述 FPGA 设计流程，其内容大同小异。FPGA 设计流程和使用 Altium Designer 设计 PCB 的流程类似，如图 4-1 所示，图中的实线框步骤为 FPGA 设计的必要步骤，虚线框步骤为可选步骤。

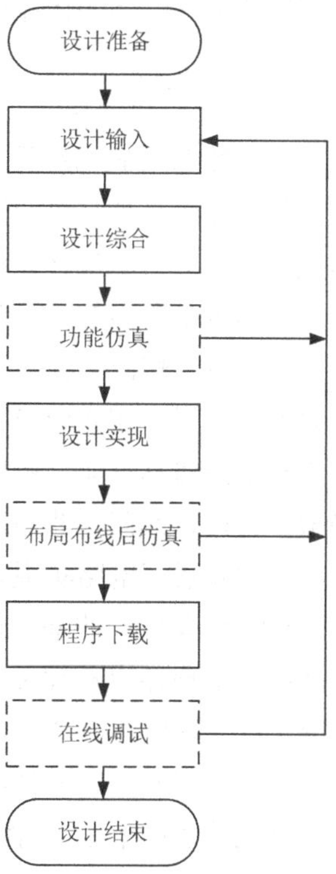

图 4-1　FPGA 设计流程

1. 设计准备

在进行任何一个设计之前，总要进行一些准备工作。例如，进行 VC 开发前需要先进行需求分析，进行 PCB 设计前需要先明确 PCB 的功能及接口。设计 FPGA 和设计 PCB 类似，只是设计的对象是一块芯片的内部功能结构。从本质上讲，FPGA 的设计就是 IC 的设计，在动手进行代码输入前必须明确 IC 的功能及对外接口。PCB 的接口是一些接口插座及信号线，IC 的对外接口反映在其引脚上。FPGA 灵活性的最直接体现，就在于用户引脚均可自定义。也就是说，在没有下载程序前，FPGA 的用户引脚均没有任何功能，用户引脚的功能是输入还是输出，是复位信号还是 LED 输出信号，这些完全由程序确定，这对于传统的专用芯片来说是无法想象的。

2. 设计输入

明确了设计功能及对外接口后就可以开始设计输入了。所谓设计输入，就是编写代码、绘制原理图、设计状态机等一系列工作。对于复杂的设计，在动手编写代码前还需进行顶层设计、模块功能设计等一系列工作；对于简单的设计来讲，一个文件就可以解决所有的问题。设计输入的方式有多种，如原理图输入方式、状态机输入方式、HDL 代码输入方式、IP 核输入方式及 DSP 输入方式等，其中 IP 核输入方式是一种高效率的输入方式，使用经过测试的 IP 核，可确保设计的性能并提高设计的效率。

3. 设计综合

大多数介绍 FPGA 设计的图书在讲解设计流程时，均把设计综合放在功能仿真之后，原因是功能仿真是对设计输入的语法进行检查及仿真，不涉及电路综合及实现。换句话说，即使你写出的代码最终无法综合成具体的电路，功能仿真也可能正确无误。但作者认为，如果辛辛苦苦写出的代码最终无法综合成电路，就是一个不可能实现的设计，这种情况下不尽早检查并修改设计，而是费尽心思地追求功能仿真的正确性，岂不是在浪费自己的宝贵时间？所以，在完成设计输入后，先进行设计综合，看看自己的设计是否能形成电路，再进行功能仿真可能会更好一些。所谓设计综合，就是将 HDL 代码、原理图等设计输入翻译成由与门、或门、非门、触发器等基本逻辑单元组成的逻辑连接，并形成网表文件，供布局布线器进行电路实现。

FPGA 是由一些基本逻辑单元和存储器组成的，电路综合的过程也就是将通过语言或绘图描述的电路自动编译成基本逻辑单元组合的过程。这好比使用 Altium Designer 设计 PCB，设计好电路原理图后，要将原理图转换成网表文件，如果没有为每个原理图中的元件指定元件封装，或元件库中没有指定的元件封装，在转换成网表文件并进行后期布局布线时就无法进行下去。同样，如果 HDL 的输入语句本身没有与之相对应的硬件实现，自然也就无法将设计综合成电路（无法进行电路综合）。即使设计在功能、语法上是正确的，但在硬件上却无法找到与之相对应的逻辑单元来实现。

4．功能仿真

功能仿真又称为行为仿真，顾名思义，即功能性仿真，用于检查设计输入语法是否正确，功能是否满足要求。由于功能仿真仅关注语法的正确性，因此，即使通过了功能仿真，也无法保证最后设计的正确性。实际上，对于高速或复杂的设计来讲，在通过功能仿真后，要做的工作可能仍然十分繁杂，原因是功能仿真没有用到实现设计的时序信息，仿真延时基本忽略不计，处于理想状态。对于高速或复杂的设计来说，基本器件的延时正是制约设计的瓶颈。尽管如此，功能仿真在设计初期仍然是十分重要的，一个功能仿真都不能通过的设计，一般来讲是不可能通过布局布线仿真的，也不可能实现设计者的设计意图。功能仿真可以对设计中的每一个模块单独进行仿真，这也是程序调试的基本方法，先对底层模块分别进行仿真调试，再对顶层模块进行综合调试。

5．设计实现

设计实现是指根据选定的 FPGA 型号，以及综合后生成的网表文件，将设计配置到具体 FPGA 上。由于涉及具体的 FPGA 型号，所以实现工具只能选用 FPGA 厂商提供的软件。高云公司的 GOWIN FPGA Designer 实现过程比较简单，可分为综合、布局布线两个步骤。在具体设计时，直接单击云源软件中的布局布线条目，即可自动完成所有实现步骤。设计实现的过程就好比 Altium Designer 软件根据原理图生成的网表文件绘制 PCB 的过程。绘制 PCB 可以采用自动布局布线和手动布局布线两种方式。对于 FPGA 设计来讲，手动布局布线的难度太大，一般直接由 FPGA 开发工具完成自动布局布线功能。

6．布局布线后仿真

一般来说，无论软件工程师还是硬件工程师都更愿意在设计过程中充分展示自己的创造才华，而不太愿意花过多时间去做测试或仿真工作。对一个具体的设计来讲，工程师愿意更多地关注设计功能的实现，只要功能正确，工作差不多就完成了。由于目前设计工具的快速发展，尤其仿真工具的功能日益强大，这种观念恐怕需要改变了。对于 FPGA 设计来说，布局布线后仿真，也称为后仿真或时序仿真，ModelSim 提供的时序仿真称为门级仿真，这种仿真模式具有十分精确的逻辑器件延时模型，只要约束条件设计正确合理，仿真通过了，程序下载到具体器件后基本上就不用担心会出现什么问题。在介绍功能仿真时说过，即使功能仿真通过了，设计离成功还较远，但只要布局布线后仿真通过了，设计离成功就很近了。对于功能比较简单的电路，或者时钟处理速度不高的电路，由于 FPGA 芯片的本身性能较好，一般不需要进行布局布线后仿真。

7．程序下载

布局布线后仿真正确就可以将设计生成的程序写入器件中进行最后的硬件调试，如果硬件电路板没有问题的话，就可以看到自己的设计已经在正确地工作了。

对于高云 FPGA 来说，程序下载常用的方式主要有两种：SRAM 模式和 Embedded Flash

模式。其中使用 SRAM 模式下载后程序直接运行，但掉电后程序丢失；Embedded Flash 模式是将程序下载到 FPGA 芯片内的非易失性存储器 Flash 中，掉电后程序不丢失。正因为如此，只要将不同的程序文件下载到 FPGA 和 Flash 中，当电路板上电后，FPGA 即可实现不同的功能。高云 FPGA 芯片内嵌了 Flash，用于存储 FPGA 程序文件。AMD 及 Intel 等厂商的 FPGA 芯片一般都需要外接 Flash 芯片，用于存储 FPGA 程序文件。

8. 在线调试

虽然程序在下载之前进行了仿真测试，程序本身运行正确，但在下载到器件中后，仍需要进行软/硬件的联合调试，以确保系统能正常工作。因此，通常先将程序文件下载到 FPGA 上，并使用 FPGA 开发环境提供的在线调试工具进行调试。云源软件提供的在线调试工具为 Gowin Analyzer Oscilloscope。Gowin Analyzer Oscilloscope 可以实时抓取程序中的接口信号及各种内部信号并显示，便于测试程序和硬件的功能。

4.2 流水灯设计实例要求

实例 4-1：流水灯电路设计

完成流水灯电路设计，将程序下载到 CGD100 开发板上验证流水灯功能。

在做任何设计之前，首先要明确项目的需求。对于简单的项目，一两句话就能说清楚项目需求；对于复杂的项目，需要反复与客户沟通，详细地分析项目需求，尽量弄清楚详细的技术指标及性能，为后续的项目设计打好基础。

流水灯设计实例的项目需求比较简单，需要使用 CGD100 上的 8 个 LED 实现流水灯效果，如图 4-2 所示。

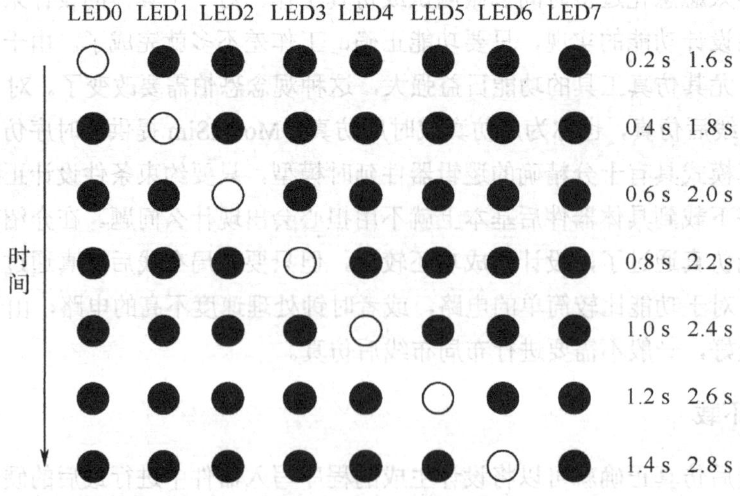

图 4-2 使用 CGD100 上的 8 个 LED 实现流水灯效果

CGD100 上的 8 个 LED（LED0～LED7）排成一行，即随着时间的推移，8 个 LED 依次循环点亮，呈现出“流水”的效果。设定每个 LED 的点亮时长为 0.2 s，从上电时刻开始，0～0.2 s LED0 点亮，0.2～0.4 s LED1 点亮，依此类推，1.2～1.4 s LED7 点亮，完成一个 LED 依次点亮的完整周期，即一个周期为 1.4 s。下一个 0.2 s 的时间段，即 1.4～1.6 s LED0 重新点亮，并依次循环。

4.3 读懂电路原理图

FPGA 设计最终要在电路板上运行，因此 FPGA 工程师需要具备一定的电路图读图知识，以便和硬件工程师或项目总体方案设计人员进行交流沟通。对于 FPGA 设计项目来讲，必须明确知道所有输入/输出信号的硬件连接情况。对于流水灯实例来讲，输入信号有时钟信号、复位信号、8 个 LED 的输出信号。

时钟信号的电路原理图和引脚连接如图 4-3 所示，图中 X2 为 50 MHz 的晶振，由 3.3 V 电源供电，生成的时钟信号由 X2 的引脚 3 输出，图中时钟信号的网络标号为 CLK_50MHz。图 4-3 下半部分为 FPGA 芯片的引脚连接图，CLK_50MHz 与引脚 11 相连，因此 FPGA 的时钟信号从 FPGA 的引脚 11 输入。

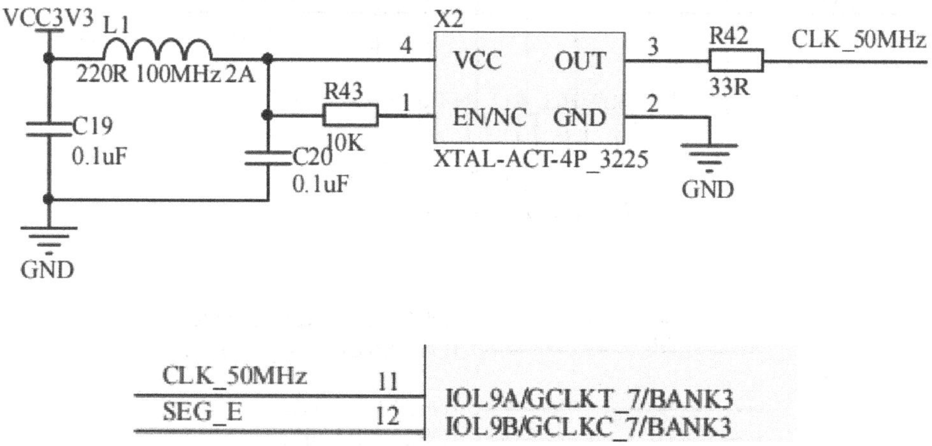

图 4-3　时钟信号的电路原理图和引脚连接

按键信号的电路原理图和引脚连接如图 4-4 所示，图中上半部分为按键信号的电路原理图，当按键未按下时，左侧的 KEY1～KEY8 信号线为高电平；当按下按键时，KEY1～KEY8 信号线为低电平。图 4-4 下半部分为 FPGA 芯片的引脚连接图，KEY1～KEY8 信号分别从 FPGA 的引脚 58～65 输出。流水灯实例只需采用一个按键 KEY8 作为复位输入按键，故只用到引脚 65。

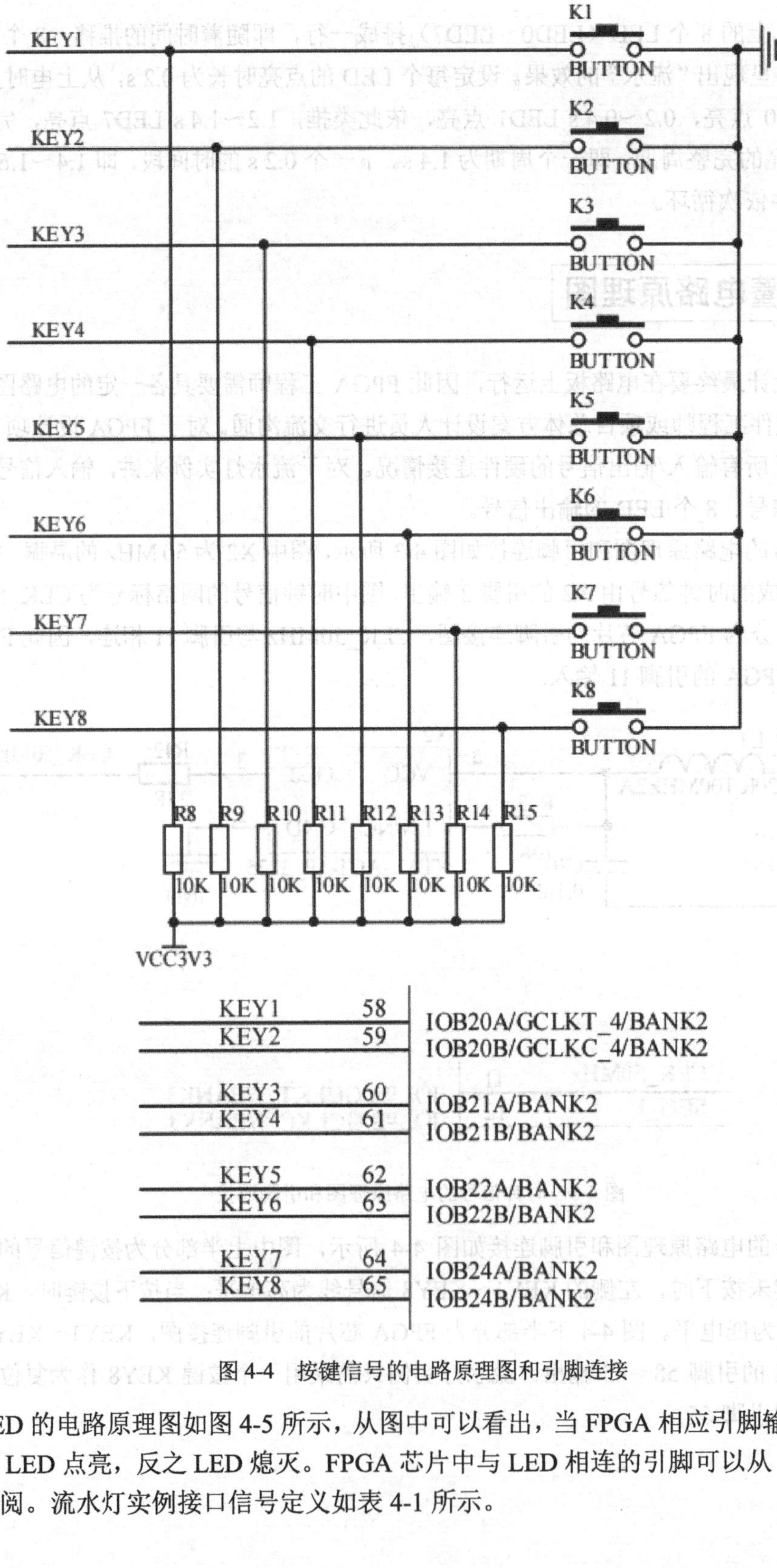

图 4-4 按键信号的电路原理图和引脚连接

LED 的电路原理图如图 4-5 所示，从图中可以看出，当 FPGA 相应引脚输出高电平时，对应的 LED 点亮，反之 LED 熄灭。FPGA 芯片中与 LED 相连的引脚可以从 CGD100 原理图中查阅。流水灯实例接口信号定义如表 4-1 所示。

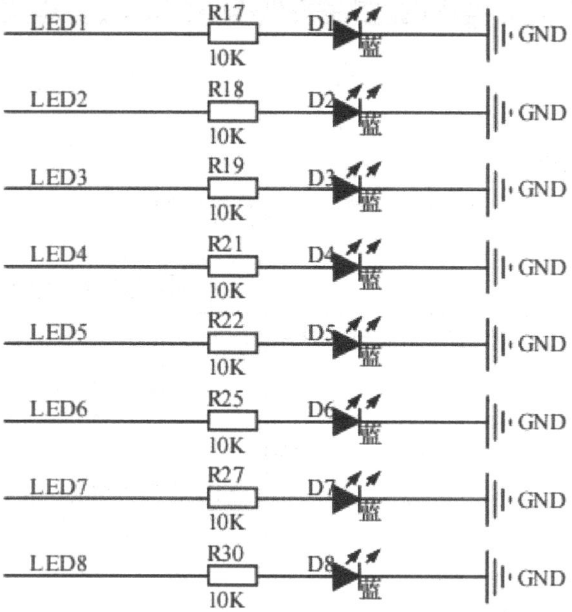

图 4-5　LED 的电路原理图

表 4-1　流水灯实例接口信号定义

程序中的信号名称	FPGA 引脚	传输方向	功能说明
rst_n	65	→FPGA	低电平有效的复位信号
clk50m	11	→FPGA	50 MHz 的时钟信号
led[0]	23	FPGA→	当输出为高电平时，点亮 LED
led[1]	24	FPGA→	当输出为高电平时，点亮 LED
led[2]	25	FPGA→	当输出为高电平时，点亮 LED
led[3]	26	FPGA→	当输出为高电平时，点亮 LED
led[4]	27	FPGA→	当输出为高电平时，点亮 LED
led[5]	28	FPGA→	当输出为高电平时，点亮 LED
led[6]	29	FPGA→	当输出为高电平时，点亮 LED
led[7]	30	FPGA→	当输出为高电平时，点亮 LED

4.4 流水灯的设计输入

4.4.1 建立 FPGA 工程

完成项目需求分析、电路图分析及方案设计后，接下来可以进行 FPGA 设计了。如果用户的计算机已安装云源软件 GOWIN FPGA Designer，那么双击桌面上的程序图标，即可打开 GOWIN FPGA Designer。在工作界面中依次单击“File”→“New”，可打开新建工程（Projects）或文件（Files）类型选择对话框，如图 4-6 所示。

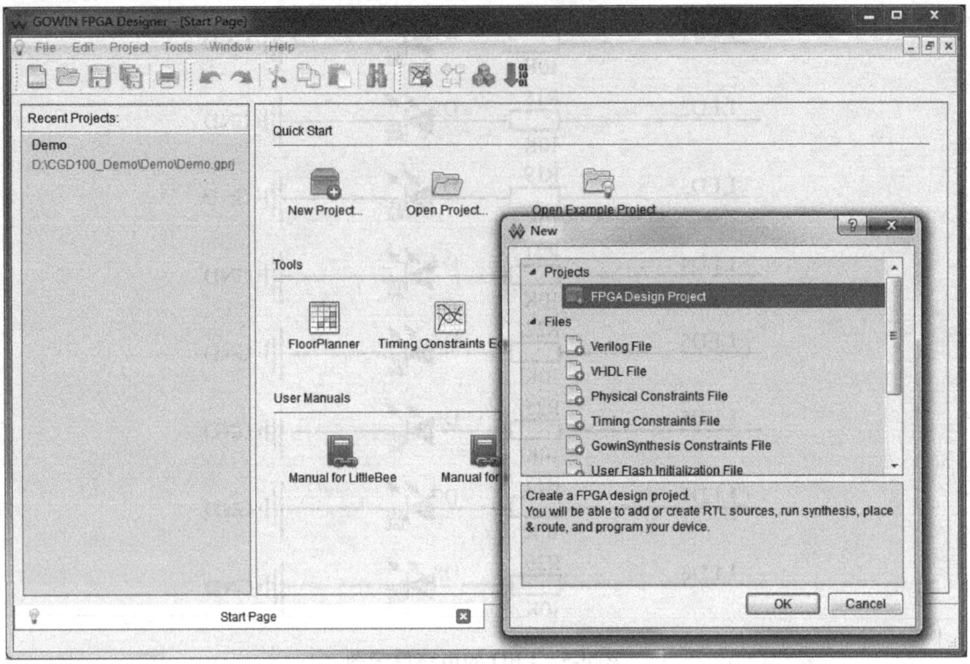

图 4-6 新建工程或文件类型选择对话框

选中“Projects”→“FPGA Design Project”条目，或直接单击主界面中的“Quick Start”→“New Project”图标，即可打开新建工程对话框，在对话框中设置工程的名称（waterlight）和存放路径，单击“Next”按钮，进入器件选择（Select Device）界面，如图 4-7 所示。

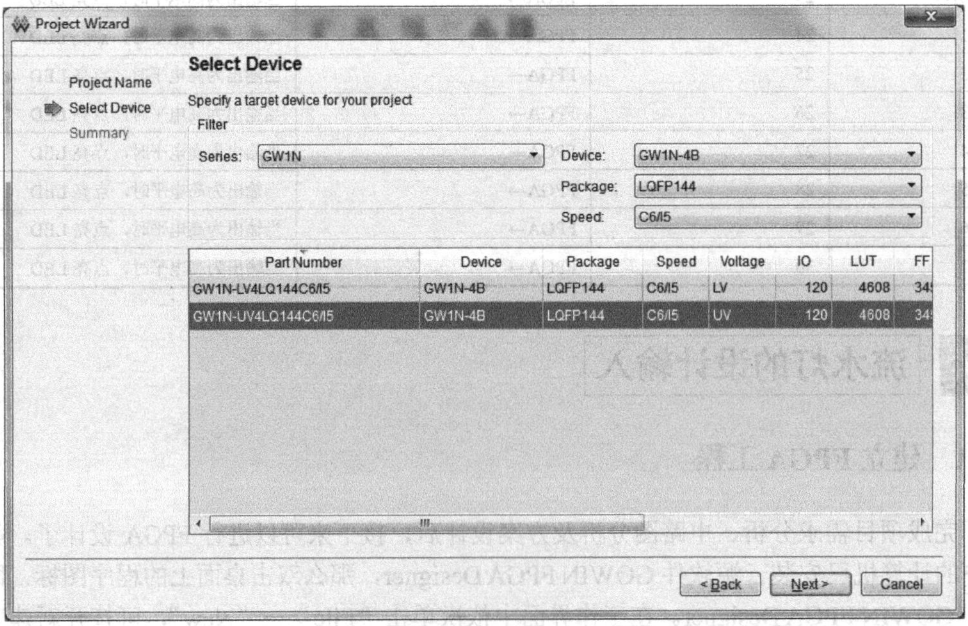

图 4-7 器件选择界面

根据 CGD100 开发板上的 FPGA 器件型号，在器件系列（Series）列表中选择 GW1N，在器件（Device）列表中选择 GW1N-4B，在封装（Package）列表中选择 LQFP144，在速度等级（Speed）列表中选择 C6/I5，图中的列表框中自动筛选出 CGD100 开发板对应的 FPGA 型号 GW1N-UV4LQ144C6/I5，选中该器件型号，依次单击“Next”“Finish”按钮完成工程的创建，且软件自动返回主界面。

此时打开工程路径所指向的文件夹，可以发现目录中出现了两个子文件夹“impl”“src”及 CPRJ 类型的工程文件 waterlight。其中，impl 文件夹用来存放工程编译后的一些过程文件，src 文件夹用来存放工程中新建的资源文件。可以双击 waterlight.gprj，直接启动云源软件并打开该 FPGA 工程。

完成工程创建后，如果需重新指定 FPGA 设计的目标器件，可以单击云源软件主界面中的目标器件名称，打开器件选择界面重新指定目标器件，如图 4-8 所示。

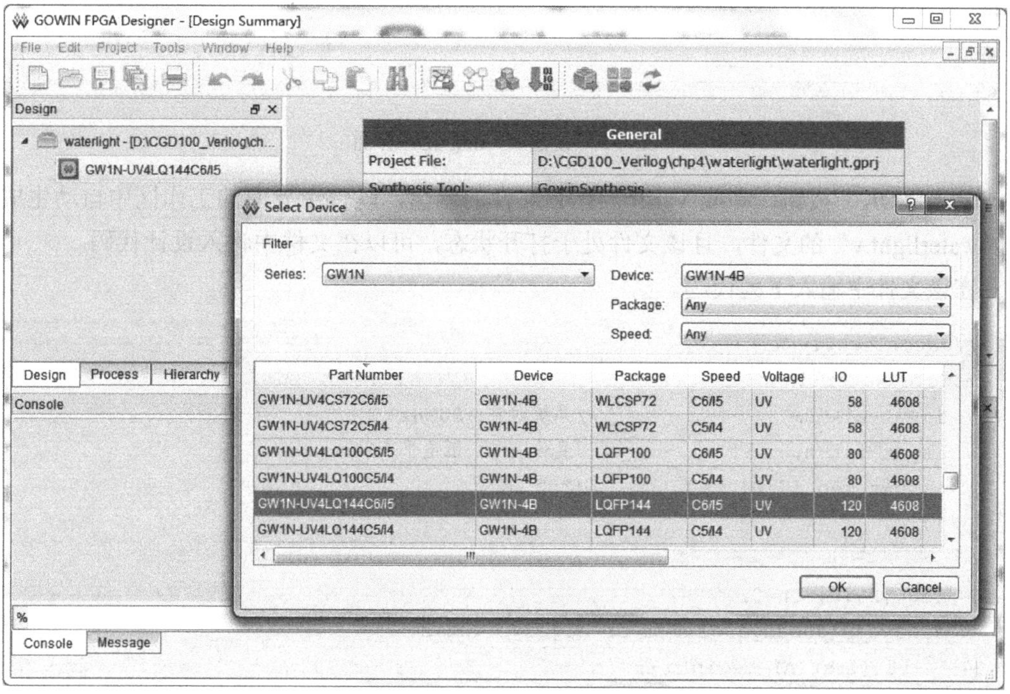

图 4-8 创建工程后重新指定目标器件

4.4.2 Verilog HDL 程序输入

完成 FPGA 工程建立后，开始编写 Verilog HDL 程序代码，进行 FPGA 设计。AMD、Intel 公司的 FPGA 开发环境均提供了原理图及 HDL 代码两种输入方式，云源软件仅提供 HDL 代码输入方式。原理图输入方式类似于绘制电路图的设计方式，虽然直观，但十分不便于程序移植和后期代码的维护修改，因此应用很少。本书均采用 HDL 代码输入方式进行 FPGA 设计。

在 GOWIN FPGA Designer 主界面中依次单击“File”→“New”，打开新建资源界面，单击“Files”→“Verilog File”，单击“OK”按钮，进入新建 Verilog 文件（New Verilog file）界面，在文件名（Name）编辑框中输入 Verilog HDL 文件名 waterlight，在文件存放目录（Create in）编辑框中自动填入当前工程目录下的 src 文件夹，如图 4-9 所示。

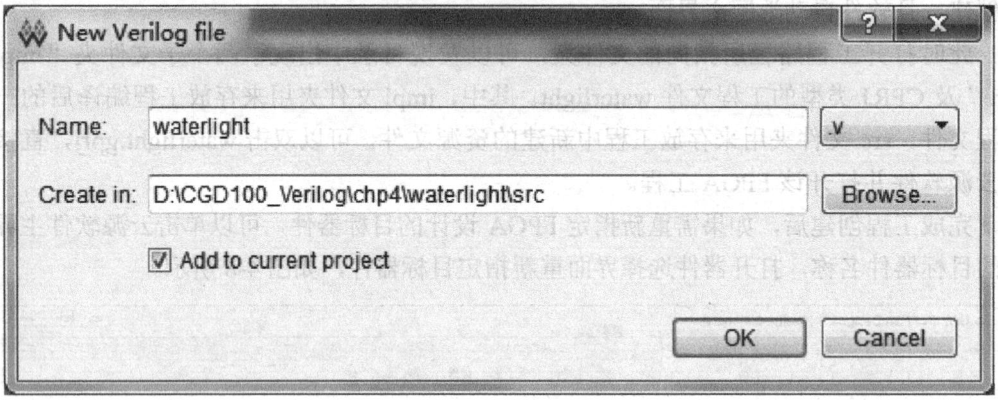

图 4-9　新建 Verilog 文件界面

单击“OK”按钮，完成 Verilog HDL 文件的创建，软件主界面的工作区中自动生成名为“waterlight.v”的文件，且该文件处于打开状态，可以在文件中输入设计代码。

在该文件中输入下列代码。

```
//waterlight.v 文件
module waterlight(
  input clk50m,                //系统时钟：50MHz
  input rst_n,                 //复位信号：低电平有效
  output reg [7:0] led         //8 个 LED
  );

  reg [29:0] cn=0;
  always @(posedge clk50m or negedge rst_n)
    if (!rst_n) begin
       cn <= 0;
        led <= 8'hff;
        end
    else begin
       if (cn>30'd8000_0000) cn <=0;
       else cn <= cn + 1;
       if (cn<30'd1000_0000) led <=8'b0000_0001;
       else if (cn<30'd2000_0000) led <=8'b0000_0010;
       else if (cn<30'd3000_0000) led <=8'b0000_0100;
       else if (cn<30'd4000_0000) led <=8'b0000_1000;
```

```
            else if (cn<30'd5000_0000) led <=8'b0001_0000;
            else if (cn<30'd6000_0000) led <=8'b0010_0000;
            else if (cn<30'd7000_0000) led <=8'b0100_0000;
            else led <=8'b1000_0000;
            end
    endmodule
```

上述文件代码实现的是一个 8 位流水灯电路，每个灯点亮 0.2s 的时间，依次循环点亮，实现流水灯效果。本章仅关注 FPGA 的基本开发流程，关于流水灯的设计思路及 Verilog HDL 语法细节将在后续章节逐步展开讨论。

完成代码输入后保存文件。流水灯程序共有 10 个信号：时钟信号 clk50m、复位信号 rst_n，以及 8 个 LED 信号。要使设计的程序能够在 FPGA 开发板上正确运行，需要将程序的信号与 CGD100 电路板上的 FPGA 引脚关联起来。完成信号与引脚关联的过程称为物理引脚约束。

新建类型为"Physical Constraints File"的文件，在文件中输入下列代码。

```
//CGD100.cst 文件
IO_LOC "clk50m" 11;
IO_PORT "clk50m" IO_TYPE=LVCMOS33;
IO_LOC "rst_n" 65;    //k8
IO_PORT "rst_n" IO_TYPE=LVCMOS33;
IO_LOC "led[0]" 23;
IO_LOC "led[1]" 24;
IO_LOC "led[2]" 25;
IO_LOC "led[3]" 26;
IO_LOC "led[4]" 27;
IO_LOC "led[5]" 28;
IO_LOC "led[6]" 29;
IO_LOC "led[7]" 30;
IO_PORT "led[0]" IO_TYPE=LVCMOS33;
IO_PORT "led[1]" IO_TYPE=LVCMOS33;
IO_PORT "led[2]" IO_TYPE=LVCMOS33;
IO_PORT "led[3]" IO_TYPE=LVCMOS33;
IO_PORT "led[4]" IO_TYPE=LVCMOS33;
IO_PORT "led[5]" IO_TYPE=LVCMOS33;
IO_PORT "led[6]" IO_TYPE=LVCMOS33;
IO_PORT "led[7]" IO_TYPE=LVCMOS33;
```

至此，我们完成了流水灯实例的所有代码输入工作。双击 GOWIN FPGA Designer 主界面中的"Run All"按钮，软件自动完成程序的综合及布局布线工作。如果代码输入正确，则软件界面左侧"Process"窗口中的"Synthesize"和"Place & Route"条目前均会出现绿色的"√"，表示程序综合及布局布线正确，如图 4-10 所示。

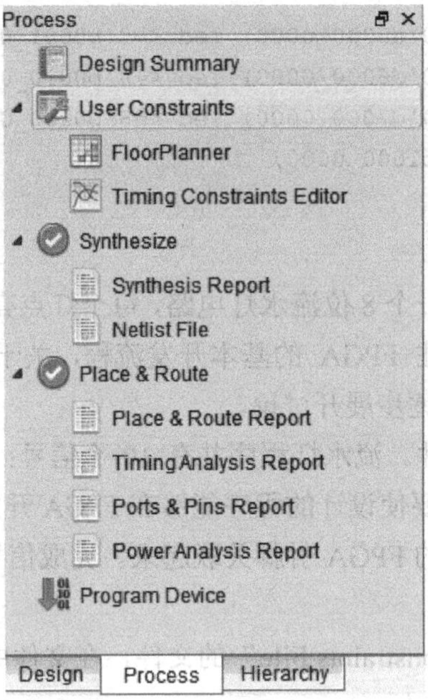

图 4-10 程序综合及布局布线成功后的界面

4.5 程序文件下载

布局布线成功后，在工程目录的“\impl\pnr”路径下会生成扩展名为 fs 的程序文件。对于流水灯实例来讲，生成的程序文件为 waterlight.fs。采用 USB 线连接 CGD100 开发板和计算机，双击“Program Device”条目，启动程序下载工具 Gowin Programmer，同时弹出下载线设置对话框，如图 4-11 所示。

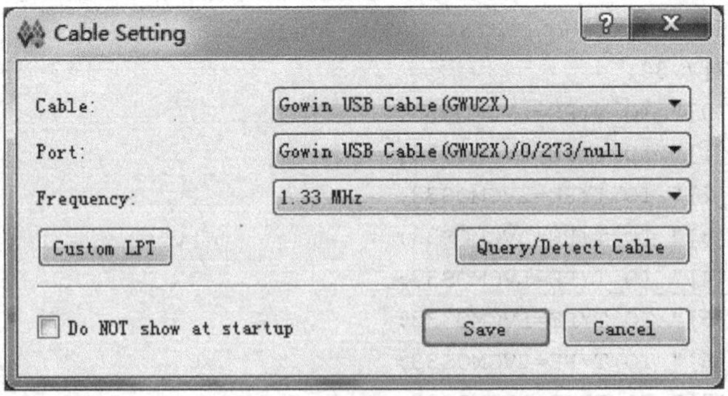

图 4-11 下载线设置对话框

按图 4-11 设置下载线状态，单击“Save”按钮，返回 Gowin Programmer 界面。设置“Series”为 GW1N，“Device”为 GW1N-4B。单击“Operation”按钮，打开下载模式设置界面。FPGA 的程序下载模式主要有两种：SRAM 模式及 Embedded Flash 模式，前者在掉电后程序即丢失，后者在掉电后程序不丢失。对于 SRAM 模式来讲，在下载模式设置界面中，选择"Access Mode"为 SRAM Mode，选择"Operation"为"SRAM Program"；对于 Embedded Flash 模式，在下载模式设置界面中，选择"Access Mode"为 Embedded Flash Mode，选择"Operation"为"embFlash Erase,Program"。在"File name"编辑框中设置下载文件为布局布线后生成的 waterlight.fs。两种程序下载模式的设置界面如图 4-12、图 4-13 所示。

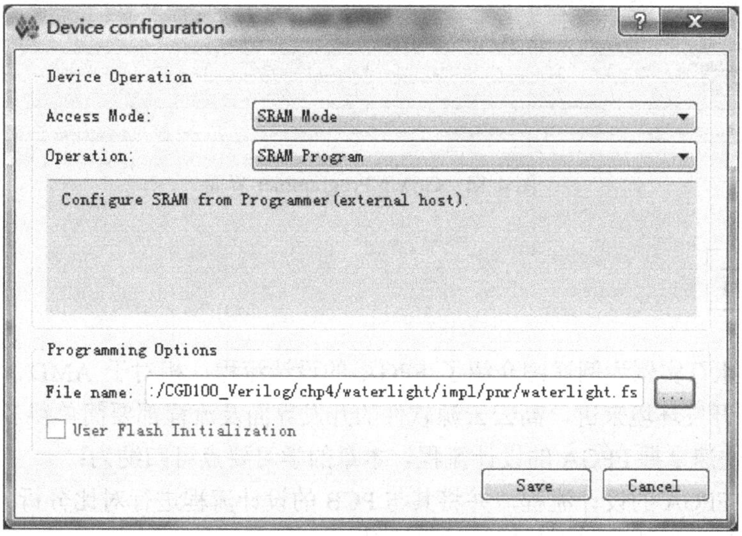

图 4-12　SRAM 模式设置界面

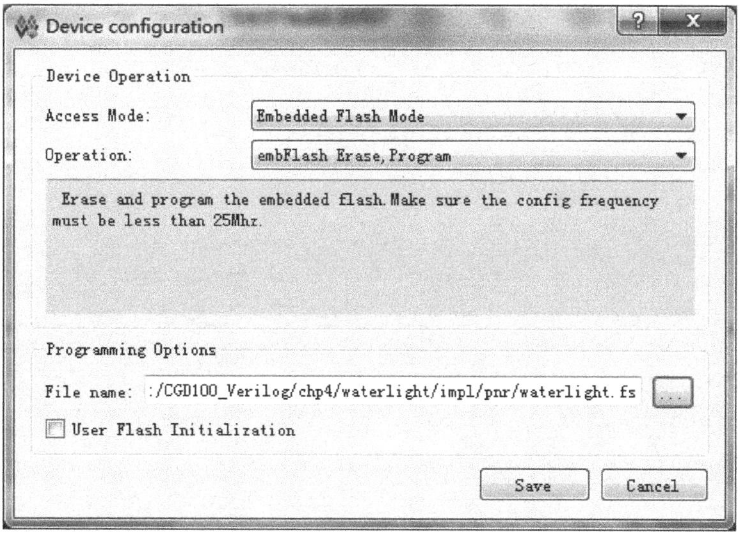

图 4-13　Embedded Flash 模式设置界面

完成设置后的 Gowin Programmer 界面如图 4-14 所示。单击"Program/Configure"按钮即可完成程序的下载。程序下载完成后，可以观察到 CGD100 的 8 个 LED 呈现流水灯效果。

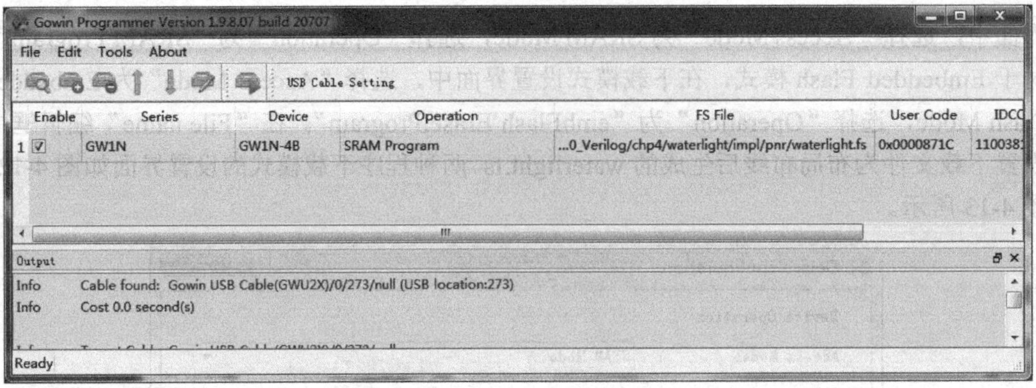

图 4-14 Gowin Programmer 界面

4.6 小结

本章以流水灯实例为例详细介绍了 FPGA 的设计流程。相对于 AMD、Intel 等 FPGA 厂商的 FPGA 开发环境来讲，高云云源软件的开发界面及流程都要简单得多，因此更适合 FPGA 初学者快速掌握 FPGA 的设计流程。本章的学习要点可归纳为：

（1）了解 FPGA 的设计流程，并将其与 PCB 的设计流程进行对比分析。

（2）掌握云源软件的基本使用方法及步骤。

（3）理解 SRAM 及 Embedded Flash 两种程序下载模式的特点。

第 5 章

从组合逻辑电路学起

组合逻辑电路的特点是输出的变化直接反映了输入的变化，其输出的状态仅取决于输入的当前状态，与输入、输出的原始状态无关。如果从电路结构上来讲，组合逻辑电路是没有触发器组件的电路。组合逻辑电路的输入输出关系比较简单，在数字电路技术课程中首先讨论的是组合逻辑电路。由于数字电路只有 0、1 两种状态，基本的逻辑门电路为与门、或门、非门等，输入输出关系很容易理解。正因为如此，不少同学初次接触数字电路技术时，都感觉理解起来毫无困难。本章讨论组合逻辑电路的 FPGA 设计，让读者逐步体会 Verilog HDL 设计的魅力。

5.1 从最简单的与非门电路开始

5.1.1 调用门级结构描述与非门

实例 5-1：与非门电路设计

采用云源软件提供的硬件原语（Primitives）实现与非门电路设计。

打开云源软件，新建 FPGA 工程 E5_1_nand，新建“Verilog File”类型的资源文件 E5_1_nand.v，在空白文件编辑区中编写 Verilog HDL 代码，实现与非门电路的功能，与非门电路的代码如下。

```
module E5_1_nand(              //第 1 行：模块名为 E5_1_nand
   input a,                    //第 2 行：定义 1bit 位宽的输入信号 a
   input b,                    //第 3 行：定义 1bit 位宽的输入信号 b
   output dout                 //第 4 行：定义 1bit 位宽的输出信号 dout
   );                          //第 5 行
   nand u1(dout,a,b);          //第 6 行：调用与非门结构模块 “nand”
endmodule                      //第 7 行
```

完成代码编辑后，保存文件。双击云源软件主界面工具栏中的“Run Synthesis”按钮完成代码综合。单击工具栏中的“Schematic Viewer”按钮，查看程序综合后的 RTL（Register

Transfer Level，寄存器传输级）原理图，如图 5-1 所示。

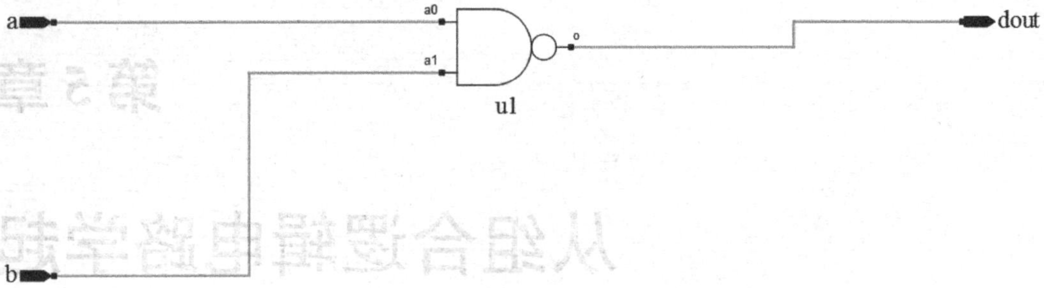

图 5-1　与非门的 RTL 原理图

对照 RTL 原理图来理解 Verilog HDL 代码，对于初学者来讲往往可以起到事半功倍的效果。与非门电路模块 E5_1_nand 描述的电路有 2 个位宽均为 1 bit 的输入信号 a、b，以及 1 个位宽为 1 bit 的输出信号 dout。信号 a、b 为与非门的输入，信号 dout 为 a、b 信号的与非门输出。实现与非门功能的代码为第 6 行：nand u1 (dout,a,b)。这行代码的功能是调用 FPGA 中的与非门电路模块 nand，“u1”是 nand 模块在 E5_1_nand 这个文件中的名称，是由用户设定的名称。nand 模块有 3 个端口，第 1 个端口为输出信号端口，第 2、3 个端口为输入信号端口。程序中第 1 个端口信号设置为 dout 时，表示名为 u1 的与非门的输出信号为 dout；第 2、3 个端口信号设置为 a、b 时，表示名为 u1 的与非门的输入信号分别为 a、b。

除与非门外，其他几个常用的门电路分别为：与门（and）、或非门（nor）、或门（or）、异或门（xor）、异或非门（xnor）、非门（not）。在调用门电路时，所有电路的第 1 个信号均为输出信号，其后的信号为输入信号。

一些著作中将信号称为“变量”“数据”，由于 Verilog HDL 描述的是硬件电路，而在电路中的端口或内部连线实际上都是某种形式的信号，因此本书统一称为“信号”。

5.1.2　二合一的命名原则

在继续讨论组合逻辑电路的代码设计之前，先讨论一下 FPGA 软件对 Verilog HDL 的文件及模块的命名规则。对于绝大多数程序设计来讲，一般要求程序名称、文件名称、模块名称、变量名称由英文字符、数字、下画线组成，且不能由数字打头，尤其注意命名时不要使用中文字符、空格字符。

在 FPGA 程序设计中，不同开发环境中 Verilog HDL 文件和文件中的模块（module）的命名规则稍有差异。例如，采用 Intel 公司的 Quartus II 软件设计 Verilog HDL 程序时，要求文件名和文件中的模块名保持一致。对于云源软件来讲，Verilog HDL 文件名与模块名可以不一致，虽然如此，仍强烈建议遵循 Verilog HDL 文件名和文件中的模块名保持一致的原则，以利于程序的阅读、维护和不同开发环境中的代码移植。

对于前文设计的与非门电路来讲，Verilog HDL 文件名为 E5_1_nand.v，文件中的模块名为 E5_1_nand。

5.1.3 用门级电路搭建一个投票电路

实例 5-2：3 人投票电路设计

利用门电路组件，完成 3 个评委的投票电路设计。

门电路只是基本的组件，FPGA 设计的过程是使用这些组件实现一些具体的电路功能。比如要实现一个简单的 3 人投票电路，即有 3 个评委投票，当有 2 个或 3 个评委投赞成票后，则表示通过，否则表示不通过。评委只能投赞成票或不赞成票，结果只有通过及不通过 2 种状态。

将评委投票电路用门级电路来实现，设置评委信号名称分别为 key1、key2、key3，当信号为“1”（高电平）时表示赞成，为“0”（低电平）时表示不赞成。输出信号为 led，当它为“1”（高电平）时表示通过，为“0”（低电平）时表示不通过。

如果采用 CGD100 电路板来模拟投票过程，可将 3 个按键信号分别作为 3 个评委的投票输入信号，按下时表示投赞成票，不按下时表示投不赞成票。led 作为投票结果的输出信号，通过时 LED 点亮，否则不点亮。

根据评委投票规则，得到输入输出信号的逻辑表达式为

$$led=(key1 \cdot key2)+(key1 \cdot key3)+(key2 \cdot key3)$$

因此，完成投票电路需要使用 3 个双输入与门电路和 1 个 3 输入或门电路。为便于理解，先给出投票电路的 RTL 原理图，如图 5-2 所示。

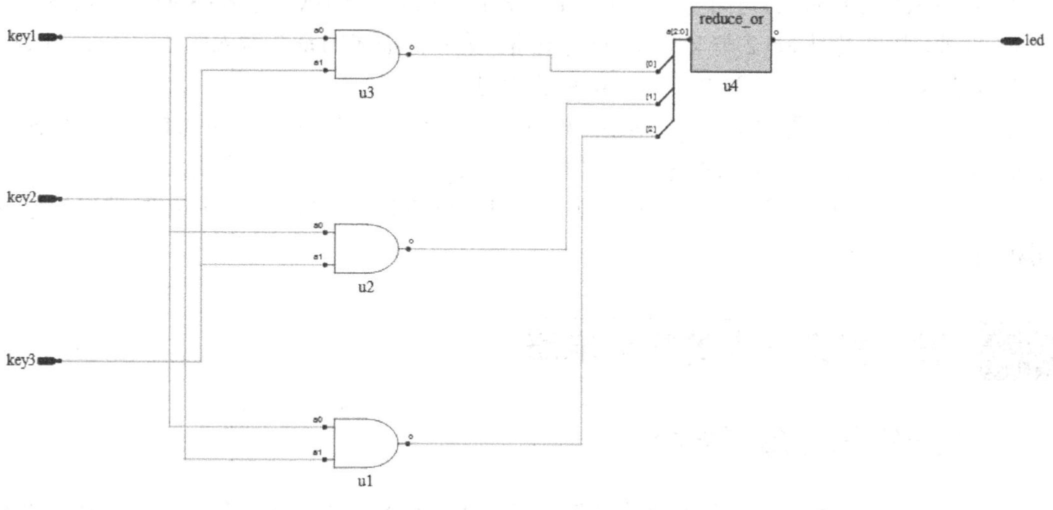

图 5-2 投票电路的 RTL 原理图

新建 FPGA 工程 E5_2_vote，并在工程中新建“Verilog File”类型的资源文件 E5_2_vote.v，在文件中编写如下代码，实现投票电路。

根据图 5-2 所示的电路结构，程序需要调用 3 个双输入与门（and）和一个 3 输入或门（or）。设置 3 个双输入与门的输出信号分别为 d1、d2、d3，程序代码如下。

```
module E5_2_vote(
   input key1,key2,key3,       //第 2 行
  output led
  );

  wire d1,d2,d3;               //第 5 行
   and u1(d1,key1,key2);       //第 6 行
   and u2(d2,key1,key3);       //第 7 行
   and u3(d3,key2,key3);       //第 8 行
   or  u4(led ,d1,d2,d3);      //第 9 行
endmodule
```

代码中，第 2 行定义模块的输入端口时，将 3 个均为 1bit 位宽的输入信号 key1、key2、key3 写在一行，且信号之间用逗号“，”隔开。当端口的位宽和类型（输入或输出）相同时，可以采用这种简化写法。

第 5 行声明了 3 个 wire 类型的变量 d1、d2、d3。“wire”表示线网类型，是 Verilog HDL 中常用的 2 种信号类型之一（另一种类型为 reg 类型）。Verilog HDL 中的信号类型，一般为 wire 和 reg 中的一种。vote 模块端口中的输入、输出信号均为 wire 类型，当程序中不对信号采用“wire”“reg”关键词进行声明时，默认为 wire 类型。

第 6～8 行依次调用了 3 个与门（and）电路，且在 E5_2_vote.v 文件中取名为 u1、u2、u3。与门电路的第一个信号为输出信号，第 2、3 个信号为输入信号。因此，对于 u1 来讲，描述的是 key1 与 key2 的与门电路；对于 u2 来讲，描述的是 key1 与 key3 的与门电路；对于 u3 来讲，描述的是 key2 与 key3 的与门电路。第 9 行描述的是 3 输入的或门（or）电路，输出信号为 led，输入信号为 3 个与门电路的输出。

对照图 5-2，很容易理解 E5_2_vote.v 的程序代码编写方法。需要说明的是，虽然 Verilog HDL 中 wire 类型的信号可以不进行声明即使用（reg 类型信号必须先声明后才能使用），仍强烈建议程序中的所有信号均先进行声明，再进行赋值等其他操作。程序中的端口信号说明相当于对信号的声明。

5.2 设计复杂一点的投票电路

5.2.1 门电路设计方法的短板

采用门电路描述 3 人投票电路的过程并不复杂，整个电路描述过程与手动绘制电路图的体验差不多，由于要使用 Verilog HDL 描述，读者可能觉得还不如直接绘制原理图来得方便。事实确实如此，前面的设计方法只不过是将手动绘图的过程，转换成用代码连线绘图而已。3 人投票的门电路数量不多，但如果是 4 人投票呢？比如有评委 4 人，仅当 3 人同时投赞成票时才通过，否则不通过，其电路的逻辑表达式如下。

$$\text{led}=(\text{key1}\cdot\text{key2}\cdot\text{key3})+(\text{key1}\cdot\text{key2}\cdot\text{key4})+(\text{key1}\cdot\text{key3}\cdot\text{key4})+(\text{key2}\cdot\text{key3}\cdot\text{key4})$$

这样，完成 4 人投票电路，需要 4 个 3 输入与门，以及 1 个 4 输入或门。采用门电路描述的工作量虽然稍微有点大，好像也能够承受。

实例 5-3：利用门电路完成 5 人投票电路设计

如果投票规则再复杂一点，评委数量再多一点，假设有 5 个评委，且设置一个评委会主席 m，另 4 个评委为 key1～key4。规则为，若评委主席投赞成票，且另有 2 个及以上评委投赞成票，则表示通过；若评委主席投不赞成票，而另 4 个评委均投赞成票，则表示通过。其他情况视为不通过。

此时，完成 5 人投票电路的逻辑表达式如下。

$$\text{led} = \text{m}\bullet(\text{key1}\bullet\text{key2}+\text{key1}\bullet\text{key3}+\text{key1}\bullet\text{key4}+\text{key2}\bullet\text{key3}+\text{key2}\bullet\text{key4}+\text{key3}\bullet\text{key4}) + \bar{m}\bullet\text{key1}\bullet\text{key2}\bullet\text{key3}\bullet\text{key4}$$

采用门电路描述上述逻辑表达式需要调用 7 个双输入与门电路，1 个非门电路，1 个 4 输入与门电路，以及 1 个双输入或门电路。虽然 FPGA 工程师的耐心都比较好，但编写这样的代码仍比较麻烦。

实际上，5 人投票电路仍然只是非常初级的逻辑电路。回想一下数字电路技术课程学习过的秒表电路实验，采用实验电路板、分立元件搭建一个用数码管显示的秒表电路是一件多么考验工程师耐心的事。如果采用调用门电路的模式来实现秒表电路功能，工作量可想而知。

所以，采用门电路描述电路的方法并不是 Verilog HDL 的常用设计方法。

正如前面讲过的，本书不推荐使用原理图的设计输入方法。采用门电路搭建电路，虽然是在编写 Verilog HDL 程序，但本质上还是在采用原理图的思维方式设计程序。

如果我们将一个门电路当作一个功能模块，利用门电路搭建功能电路，好比采用砖块构建房屋一样，我们把这种设计思路称为结构化建模。

采用门电路这样单一功能的模块建模虽然看起来比较费时费力，但如果将多个门电路先建成一个独立、功能完善、具备通用性的模块，再利用这个建好的模块去构建更复杂的模块，则结构化建模似乎也有固有的优势。实际上，后续我们讨论到的层次化设计方法，正是基于结构化建模的设计思想。

5.2.2　利用 assign 语句完成门电路功能

如前所述，采用门电路结构化建模的设计方法，有点类似于通用计算机语言中的机器代码，这些代码可以直接执行，不需编译，因为每行代码描述的电路模块都可以在 FPGA 器件中找到对应的元器件，如与门、非门等。这样编写的代码虽然执行效率高，但设计比较复杂。

比机器语言更高级一点的语言是汇编语言。对于 Verilog HDL 来讲，assign 语句就类似于汇编语言。对于 E5_1_nand.v 文件，采用 assign 语句实现与非门的语句如下。

```
assign dout = ~(a&b);
```

其中，assign 是 Verilog HDL 的关键词，中文意思是“分配、指定”，dout 是被赋值的对象，“=”右侧是一个逻辑表达式，“~”表示按位取反，也就是非门，“&”表示按位取与。注意这里的按位操作，是指对位的取反及取与操作。后面我们会讨论逻辑的取反及取与等操作。

采用上述的assign语句实现与非门，起码看起来要比调用“nand”门电路模块简单些。再来看看采用assign语句实现3人投票电路的代码。

```
//采用assign语句的3人投票电路代码
wire d1,d2,d3;
assign d1 = key1 & key2;
assign d2 = key1 & key3;
assign d3 = key2 & key3;
assign led = d1 | d2 | d3;
```

上述代码中，首先声明了3个wire类型的信号d1、d2、d3，而后采用assign语句实现了3个与门电路，最后采用assign语句实现3输入的或门电路。“|”表示按位或操作。

为了更为简洁地描述3人投票电路，我们还可以将上述代码写成一行，如下所示。

```
assign led = (key1 & key2) | (key1 & key3) | (key2 & key3);
```

当写成一行代码时，由于不再需要用到中间信号d1、d2、d3，也就不需要对这3个信号进行单独声明。

复习一下Verilog HDL的语法，除前面介绍的“&”“|”“~”外，位运算符还有“^”（按位异或）、“~^”（按位同或）。

采用assign语句设计电路，与采用门电路模块相比，感觉设计变得不那么枯燥了。现在再来设计带评委会主席的5人投票电路，好像也没有那么难。

在工程中新建“Verilog HDL File”类型的资源文件，并将其命名为“E5_3_mvote.v”，在文件中编写如下代码，实现投票电路。

```
module E5_3_mvote(
   input m,key1,key2,key3,key4,
   output led
     );
   wire d1,d2;
   assign d1 =   (key1&key2) | (key1&key3) | (key1&key4) | (key2&key3) |
(key2&key4) | (key3&key4);
   assign d2 =  key1&key2&key3&key4;
   assign led =  (m&d1) | ((~m)&d2);

endmodule
```

对程序文件进行编译后，查看RTL原理图，会发现原理图已经显示出一定的复杂度。采用assign语句描述要比调用门电路的描述方法更容易，这是因为assign语句类似于汇编语言层次，相比门电路描述方法更接近人类的交流方式。虽然如此，assign语句描述方法仍然采用的是基本的与门、或门、非门等门电路器件，与人类正常的交流方式还是有一些距离的。

事实上，采用 assign 语句描述电路的方法，称为数据流建模方式，即将“=”右侧的数据（信号）进行简单运算后赋值给“=”左侧的对象。assign 语句仅能描述组合逻辑电路。

接下来我们讨论 Verilog HDL 中更接近人类正常表达方式的 if…else 语句。这类语句类似于 C 语言，也称为高级语言。在 Verilog HDL 中，采用类似语句描述的建模方式称为行为级建模。

5.2.3 常用的 if…else 语句

如果满足什么条件，就执行什么样的操作。类似这样的表达方式才是人类容易理解的交流方式。C 语言等高级语言中都会有 if…else 语句，Verilog HDL 中同样具备这样的语句。“如果……就……”的表达方式，实际上是一个 2 选 1 的选择判断过程，而数字电路天生就擅长用逻辑“0”“1”两种状态来进行判断类型问题的描述。

对于与非门电路来讲，采用“如果……就……”的表达方式可以描述为：如果输入信号同时为 1，则输出为 0，否则输出为 1。修改后的与非门电路的 Verilog HDL 代码如下。

```
module E5_1_nand(
   input a,
   input b,
   output dout
     );

   reg dt;                                  //第 7 行
   always @(a or b)                         //第 8 行
        if ((a==1'b1)&&(b==1'b1))           //第 9 行
          dt <= 1'b0;                       //第 10 行
       else
          dt <= 1'b1;                       //第 12 行

     assign dout= dt;                       //第 14 行

endmodule
```

上面这段代码虽然描述的电路非常简单，但涉及很多 Verilog HDL 的语法，且这些语法与 C 语言中的语法概念有很大的差异。比如，reg 类型是什么意思？always 是什么语句？敏感信号如何确定？阻塞赋值“=”和非阻塞赋值“<=”有什么区别？为什么要定义数据的位宽？这些看似奇怪的语法知识，之所以与 C 语言明显不同，是因为 Verilog HDL 语法本质上是描述硬件电路的，当我们从硬件电路的角度去理解这些语法时，就会感觉到这些语法知识实际上再正常不过了，或者说这些语法知识会变得容易理解。

我们先讨论一下 if…else 的表述方法，后续再讨论上面提到的语法知识细节。

第 9 行表示“如果（if）”的条件：((a==1'b1)&&(b==1'b1))。这个条件是由两个条件（a==1'b1）、（b==1'b1）及逻辑与组成的。其中“1'b1”表示 1bit 位宽的数据值为 1，“&&”表示逻辑与。整个表达式的结果只有两种状态：真（1）或假（0）。需要注意的是，每个单独的条件都由小括号“()”括起来，整个表达式也要用小括号“()”括起来。

除了“&&”，常用的逻辑运算符还有逻辑或“||”、逻辑非“!”。前面讨论了位操作运算符“&”“~”“|”等。逻辑运算符的运算结果只有真、假两种状态，位操作运算的结果的位宽则与参与运算的信号（数据）位宽相同。比如两个位宽均为 3bit 的数据 a=3'b101、b=3'b110 进行位与操作（a&b），则运算结果为 3'b100，多 bit 位宽的信号不能直接进行逻辑运算，如 a&&b 是错误的 Verilog HDL 表达式。

当第 9 行的表达式成立后，执行第 10 行代码：dt<=1'b0。如果第 9 行的表达式不成立，则不执行第 10 行代码，转而直接执行第 12 行代码：dt<=1'b1，从而完美地描述了与非门的逻辑关系。

对程序进行编译，查看 RTL 原理图，可以发现原理图不再是一个简单的与非门，而是由与门、选择开关等基本元器件组成的电路。也就是可以由不同的结构实现相同功能的电路。

描述与非门功能，除采用“如果 2 个输入均为 1，则输出为 0，否则输出为 1”的表述方法外，还可以采用“如果 2 个输入有一个为 0，则输出为 1，否则输出为 0”的表达方法。采用 if…else 语句描述的 Verilog HDL 代码如下（替换第 9～12 行）。

```
always @(a or b )
    if ((a==1'b0)||(b==1'b0))
       dt <= 1'b1;
   else
       dt <= 1'b0;
```

代码中的“||”表示逻辑或。除以上的表达方式外，还可采用“如果 2 个输入组成的数据等于 2'b11，则输出为 0，否则输出为 1”，“如果 2 个输入组成的数据不等于 2'b11，则输出为 1，否则输出为 0”，相应的 Verilog HDL 代码如下。

```
//采用“=”描述的与非门电路
always @(*)
   if ({a,b}==2'b11)
 dt <= 1'b0;
   else
      dt <= 1'b1;

//采用“!=”描述的与非门电路
always @(a or b)
   if ({a,b}!=2'b11)
       dt <= 1'b1;
    else
       dt <= 1'b0;
```

上述代码中，“{}”是位拼接操作符，可以将多个信号拼接成一个更大位宽的信号。Verilog HDL 中除等于“==”、不等于“!=”外，还有大于“>”、小于“<”、大于等于“>=”、小于等于“<=”这几个用于比较判断的操作符。

仅仅是一个与非门电路，我们采用 if…else 语句来描述就可以写出很多种不同的代码，但描述的功能本质上是完全相同的。

对于一个与非门来讲，采用门电路实现的结构化建模或采用 assign 语句实现的数据流建模似乎更为简单，这是因为与非门实在是太简单了。当我们要描述一些复杂的电路时，行为级建模的优势就十分明显了。道理很简单，因为代码是由人来写的，而行为级建模更符合人的行为模式。在讨论用行为级建模设计 5 人投票电路之前，先介绍一下前面提出的几个 Verilog HDL 语法知识点。

5.2.4　reg 与 wire 的用法区别

上面这段代码出现了几个 Verilog HDL 语法，需要引起我们的注意。代码中声明了 reg 类型的 1bit 变量 dt。本章前面讨论的程序用到了 wire 类型的信号。

程序中的变量什么情况下应该声明为 wire 类型，什么情况下应该声明为 reg 类型？

规则很简单：如果信号是在 always 语句块中被赋值的，则声明为 reg 类型，否则声明为 wire 类型。

在 Verilog HDL 语言中，reg 是 register（寄存器）的缩写，但并不代表声明的变量就是寄存器，这点尤其要注意。上面这段代码描述的是一个与非门电路，显然没有寄存器组件。

程序中出现了 always 语句块，其中“always @()”是固定语法结构。“()”里是 always 语句块中由多个或单个信号组成的敏感信号表达式，多个敏感信号通过“or”组合成总的敏感信号表达式。当敏感信号表达式有变化时，将触发 always 语句块中的程序执行。所谓敏感信号，是指语句块中的所有输入信号。对于与非门电路来讲，输入信号为 a、b。

初学 Verilog HDL 时，我们常常纠结于在“()”中应该包含哪些信号。简单来讲，只需将语句块中的所有输入信号均采用“or”组合起来即可。然而，对于本章所讨论的组合逻辑电路来讲，有一个更为简便的方法，即采用“*”代替敏感信号表达式，也就是将“always @(a or b)”改写成“always @(*)”，即可确保语法不出问题。不仅如此，对于所有的组合逻辑电路，均可以采用“*”代替敏感信号表达式，从而不必纠结确定敏感信号的问题。

if…else 语句是一条完整的语句，且必须书写在 always 语句块中。也就是说，因为程序要使用 if…else 语句来描述电路，所以必须使用 always 语句块。由于 dt 在 always 语句块中被赋值，因此必须声明 dt 为 reg 类型。

前面讨论 wire 类型时讲过，wire 类型可以不进行声明直接使用。对于 reg 类型，程序中必须先声明 reg 类型的变量后，才能使用这个变量。因此，为规范 Verilog HDL 代码，强烈建议无论是 wire 类型还是 reg 类型，均先声明再使用。

如果 always 语句块中的被赋值信号（变量）没有预先声明，或错误地声明为 wire 类型，则程序无法正确地进行编译。在采用 if…else 语句编写的代码中，将“reg dt”修改成“wire dt”，重新编译程序，则出现如下的错误信息。

```
    Error (EX3900): Procedural assignment to a non-register 'dt' is not permitted
("D\CGD100_Verilog\chp5\E5_1_nand\src\E5_1_nand.v" :11)
```

上面这段提示信息表示在“E5_1_nand.v”文件的第 11 行，信号 dt 不能被赋值为 wire 类型，只能被赋值为 reg 类型。

5.2.5 记住“<=”与“=”赋值的规则

Verilog HDL 中有两种赋值操作：阻塞赋值“=”和非阻塞赋值“<=”。这两种赋值语句的使用规则如下：

（1）采用 assign 语句只能使用阻塞赋值“=”，“=”左侧是 wire 类型的信号，只能使用阻塞赋值“=”。

（2）always 语句块中可以同时使用阻塞赋值“=”和非阻塞赋值“<=”，但对同一个变量不能够同时使用这两种赋值操作。reg 类型变量可以同时使用阻塞赋值“=”和非阻塞赋值“<=”，但同一个变量不能够同时使用这两种赋值操作。

（3）对于组合逻辑电路来讲，当使用 always @(*)语句时，语句块中使用“=”和“<=”描述的电路完全相同。

（4）对于时序逻辑电路来讲，使用“=”和“<=”会产生不同的电路。

理解并探究这两种赋值操作的区别是一件比较复杂的事，下面这段内容是大多数教材或著作中对这两种赋值语句的辨析。

> 阻塞赋值操作符用等号(=)表示。为什么称这种赋值为阻塞赋值呢？因为在赋值时先计算等号右侧（RHS）部分的值，这时赋值语句不允许任何别的 Verilog HDL 语句的干扰，直到现行的赋值完成时刻，即把 RHS 赋值给 LHS 的时刻，它才允许别的赋值语句执行。一般可综合的阻塞赋值操作在 RHS 不能设定延迟（即使是零延迟也不允许）。从理论上讲，它与后面的赋值语句只有概念上的先后，而无实质上的延迟。若在 RHS 上加上延迟，则在延迟期间会阻止赋值语句的执行，延迟后才执行赋值，这种赋值语句是不可综合的，在需要综合的模块设计中不可使用这种风格的代码。
>
> 阻塞赋值的执行可以认为是只有一个步骤的操作：计算 RHS 并更新 LHS，此时不允许有来自任何其他 Verilog HDL 语句的干扰。所谓阻塞，是指在同一个 always 块中，其后面的赋值语句从概念上（即使不设定延迟）是在前一句赋值语句结束后再开始赋值的。如果在一个过程块中阻塞赋值的 RHS 变量正好是另一个过程块中阻塞赋值的 LHS 变量，这两个过程块又用同一个时钟沿触发，这时阻塞赋值操作会出现问题，即如果阻塞赋值的次序安排不好，就会出现竞争。若这两个阻塞赋值操作用同一个时钟沿触发，则执行的次序是无法确定的。
>
> 非阻塞赋值操作符用小于等于号（<=）表示。为什么称这种赋值为非阻塞赋值？因为在赋值操作时刻开始时计算非阻塞赋值操作符的 RHS 表达式，赋值操作结束时更新 LHS。在计算非阻塞赋值的 RHS 表达式和更新 LHS 期间，其他的 Verilog HDL 语句，包括其他的 Verilog HDL 非阻塞赋值语句都能同时计算 RHS 表达式和更新 LHS。非阻塞赋值允许其他的 Verilog HDL 语句同时进行操作。非阻塞赋值的操作可以看作两个步骤的过程：①在赋值开始时，计算非阻塞赋值操作符的 RHS 表达式；②在赋值结束时，更新非阻塞赋值操作符的 LHS 表达式。

上面这段对阻塞赋值语句与非阻塞赋值语句的描述实际上已经阐述得十分清楚了，但无论是对初学者来讲，还是对有丰富 Verilog HDL 设计经验的 FPGA 工程师来讲，理解起来仍然十分困难。而理解困难的根本原因是执着于从语法本身的语义上来理解，而 Verilog HDL 描述的是硬件电路，如果换个思路，从硬件电路的角度来理解这两种语句，一些理解上的困惑也就迎刃而解了。最能体现非阻塞赋值语句功能的是时序逻辑电路，因此本书在后续讨论时序逻辑电路时再深究这两种语句的区别。

为了不影响我们的学习，我们只需在设计中遵循以下两条简单的规则，即可确保设计的 Verilog HDL 代码正确、规范、简洁。

（1）assign 语句只能使用阻塞赋值“=”。

（2）always 块语句中一律使用非阻塞赋值“<=”。

一些课程会把非阻塞与阻塞赋值的符号名称作为一个考点，有网友总结出一个易于记忆的方法：“非阻塞”共 3 个汉字，“阻塞”只有 2 个汉字，“<=”比“=”多出一个“<”符号，所以“<=”为“非阻塞”，“=”为“阻塞”。

5.2.6 非常重要的概念——信号位宽

在 C 语言中，数据一般定义为 int、float 等类型，工程师不需要过多关注数据位宽的概念。在 Verilog HDL 中，描述的是数字硬件电路，信号的位宽显得尤为重要。上述代码中出现了类似“2'b10”的表述方法。其中“b”表示采用二进制信号，第 1 个数字“2”表示信号位宽为 2bit，最后两位数字从右到左依次表示最低位的值为“0”，高位的值为“1”。同理，“d=4'b1010”表示一个 4bit 位宽的信号，且最低位 d[0]的值为“0”，d[1]的值为“1”，d[2]的值为“0”，d[3]的值为“1”。

除二进制信号外，Verilog HDL 中还有八进制、十六进制、十进制这几种常用的表示方法。其中十六进制用“h”表示，八进制用“o”表示，十进制用“d”表示。比如，下列几组信号的值均为 Verilog HDL 中的信号表示形式，且值均为 129。

```
wire [7:0] a,b,c,d,e;                //声明 5 个位宽均为 8bit 的信号
assign a=8'b1000_0001;               //8bit 二进制信号
assign b=8'o201;                     //8bit 八进制信号
assign c=8'h81;                      //8bit 十六进信号
assign d=8'd129;                     //8bit 十进制信号
assign e=129;                        //十进制信号
```

对于信号的数值表达式来讲，有 3 点需要引起注意：①若不写位宽及进制符号，则 Verilog HDL 默认为十进制数据；②无论是什么进制数据，进制符号前的数字均表示信号的位宽；③为便于阅读，信号数值之间可以用下画线“_”隔开。

信号声明时未指定位宽，致使程序功能不符合预计的要求，这是初学者最易出现的问题。为有效避免与信号数据位宽相关的代码问题，强烈建议对信号赋值时，增加对数据位宽的描述。

5.2.7 行为级建模的 5 人投票电路

实例 5-4：行为级建模的 5 人投票电路设计

前面介绍 if…else 语句时，引出多个 Verilog HDL 的语法知识。采用 if…else 语句的描述方法更符合人类的交流方式，接下来我们采用这种方式描述 5 人投票电路。

描述简单的与非门电路，行为级建模可以有多种不同的描述方式。对于 5 人投票电路来讲，同样存在多种不同的描述方式，下面给出一种描述方式，读者可以自行采用其他描述方式建模。

“如果评委会主席赞成且有 2 个以上的其他评委赞成，或者评委会主席不赞成且其他 4 个评委均赞成，则投票通过，否则不通过”。行为级建模的 5 人投票电路的 Verilog HDL 代码如下。

```
module E5_4_mvote(
    input m,key1,key2,key3,key4,
     output led
     );

     reg ledt;
     wire [2:0] sum;                                    //第 7 行
     wire [4:0] judge;                                  //第 8 行

     assign sum = key1 + key2 + key3 + key4;            //第 9 行
     assign judge ={m,key4,key3,key2,key1};             //第 10 行

     always @(*)
        if ( (m&&(sum>1))||(judge==5'd15) )             //第 12 行，投票通过条件判断语句
            ledt <= 1'b1;
          else
            ledt <= 1'b0;

     assign led = ledt;

endmodule
```

经过前面对与非门电路的讨论，理解上面这段代码就容易多了。第 7 行声明了 3bit 位宽的 wire 信号 sum，用于存放 4 个评委的投票数量。由于 4 个评委最多投 4 票，需要用 3bit 位宽的信号来存放结果，因此 sum 的位宽为 3bit。第 8 行声明了 5bit 位宽的 wire 信号 judge，且将 5 个评委信号采用位拼接操作符“{}”组成一个信号 judge。第 12 行描述了投票通过条件，其中“judge==5'd15”，相当于“judge=5'b01111”，即评委主席投不赞成票，其他 4 个评委均投赞成票。

对比数据流建模和上面这段行为级建模的描述代码可以看出，行为级建模的描述方法更容易理解。

接下来我们再巩固一下前面的学习成果，将华中理工大学康华光编写的《电子技术基础——数字部分》教材中的几种常用组合逻辑电路用 Verilog HDL 描述来出。

5.3 ModelSim 仿真电路功能

对于功能简单的电路，查看 RTL 原理图就可以准确了解电路的结构及工作原理。对于功能稍微复杂的电路，在编写完成 Verilog HDL 程序后，RTL 原理图比较复杂，在下载到电路上板进行测试之前，一般需要通过仿真工具对电路功能进行仿真，验证设计的正确性。

虽然 AMD、Intel 等 FPGA 厂商推出的 FPGA 开发环境本身就集成了自己的仿真工具，但 ModelSim 因其准确的仿真模型、高效的仿真效率、友好的人机界面，在 FPGA 设计中得到十分广泛的应用。ModelSim 是独立于 FPGA 厂商的第三方 FPGA 仿真工具，支持 Verilog HDL、VHDL 以及两种语言的混合仿真，功能强大，且 AMD、Intel 的 FPGA 开发环境提供了与 ModelSim 的友好接口，可以直接调用 ModelSim。云源软件本身没有自带的仿真工具，也没有提供与 ModelSim 软件的接口，但这并不影响采用 ModelSim 对云源软件环境下设计的 FPGA 程序进行仿真。

本书第 3 章讨论了 ModelSim 编译高云 FPGA 仿真库的方法，在完成仿真库编译后，ModelSim 可以完成包含 IP 核功能模块的高云 FPGA 设计。关于 IP 设计的内容在本书后面章节再详细讨论，本章仅讨论简单的 ModelSim 仿真方法。

5.3.1　4 线-2 线编码器设计

实例 5-5：4 线-2 线编码器设计

4 线-2 线编码器的功能表如表 5-1 所示，编码器的输入输出关系比较简单，比如当输入为 1000 时，输出为 00。

表 5-1　4 线-2 线编码器的功能表

输　入				输　出	
I_3	I_2	I_1	I_0	Y_1	Y_0
1	0	0	0	0	0
0	1	0	0	0	1
0	0	1	0	1	0
0	0	0	1	1	1

表 5-1 中只列出了 4 种输入状态对应的输出值，而当输入为 4 个信号时，实际上共有 16 种状态，表 5-1 并没有列出其他 12 种状态，如 4'b1100 情况下的输出。也就是说，该编码器对其他 12 种状态没有要求，或者说使用该编码器时，未列出的 12 种状态是无效状态。

新建 code42 工程，新建 Verilog File 类型的资源文件 code42.v，编写如下代码。

```
module code42(
   input [3:0] I,                         //第 2 行
    output reg [1:0] Y                    //第 3 行
    );

    always @(*)
        if (I==4'b1000) Y <= 2'b00;       //第 7 行
         else if  (I==4'b0100) Y <= 2'b01;    //第 8 行
         else if  (I==4'b0010) Y <= 2'b10;    //第 9 行
         else if  (I==4'b0001) Y <= 2'b11;    //第 10 行

endmodule
```

对程序进行编译后，可通过云源软件查看综合后的 RTL 原理图。程序的第 2 行，输入端口 I 的位宽为 4bit，用于表示 4 个 1bit 输入信号，要注意位宽的表示方式在信号名称的左侧。第 3 行声明了 2bit 位宽的输出信号 Y，用于表示 2 个 1bit 输出信号，尤其在位宽左侧增加了信号类型关键字 reg，表示 Y 为 reg 类型的信号，这是因为第 7～10 行代码中，Y 为 always 语句块中被赋值的信号。

对于功能简单的电路，通过 RTL 原理图就可以了解是否符合设计要求。对于功能稍复杂的电路，综合出的 RTL 原理图已相当复杂，难以通过查看 RTL 原理图确认电路功能。接下来我们讨论如何采用 ModelSim 完成 code42.v 文件的仿真。

5.3.2 建立 ModelSim 工程

ModelSim 是与云源软件相互独立的第三方软件，本身具备编辑、编译 Verilog HDL 文件的功能。由于云源软件没有与 ModelSim 连接的接口，因此只能单独启用 ModelSim 对在云源软件开发环境下设计的 Verilog HDL 程序进行仿真测试。

打开 ModelSim 软件，依次单击“File”→“New”→“Project”，打开创建工程（Create Project）对话框，在“ProjectName”编辑框中输入新建的 ModelSim 工程名 ms_code42，在“Project Location”编辑框中设置工程目录，在“Default Library Name”编辑框中设置默认的库文件夹为 work，其他选项保持默认设置，单击“OK”按钮，完成 ModelSim 工程的创建，如图 5-3 所示。

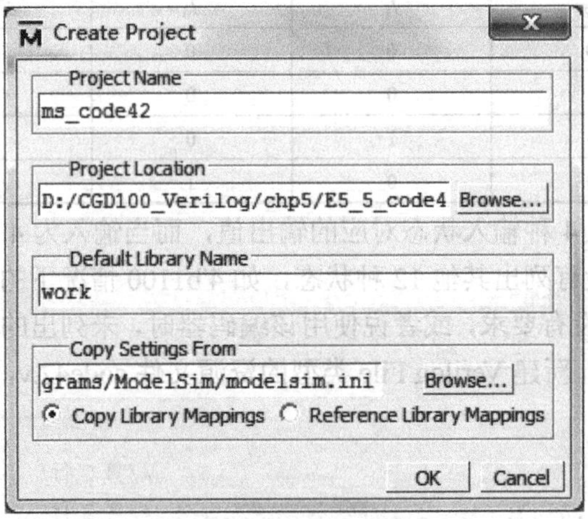

图 5-3 创建工程对话框

依次单击“Project”→“Add to Project”→“Existing File”，打开添加文件对话框，在“File Name”编辑框中选择 code42 工程中编辑的 code42.v 文件，选中“Copy to project directory”单选按钮（表示将 code42.v 文件复制到当前 ModelSim 工程目录中），单击“OK”按钮，添加需要仿真的目标文件，如图 5-4 所示。

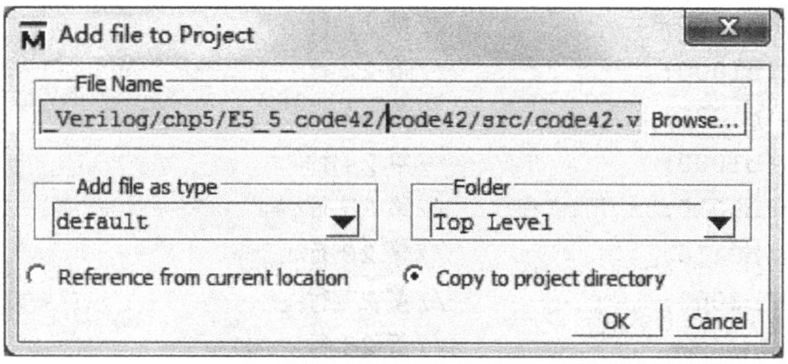

图 5-4　添加需要仿真的目标文件

5.3.3　设计测试激励文件

对目标文件进行仿真测试，若把目标文件看作一块芯片或一个电路，则测试的基本方法是根据电路的功能，将特定形式的信号送至电路的输入端，查看输出信号的波形是否满足要求，根据输入输出信号的波形特征确定设计电路是否满足功能要求。

测试激励文件的主要功能是产生目标文件的输入信号。

ModelSim 本身具备 Verilog HDL 文件的建立、编辑、编译功能。在完成目标文件的添加之后，需要设计测试激励文件，用于产生目标文件的输入信号，而后才能完成对目标文件的仿真测试。

依次单击 ModelSim 主界面中的“File”→“New”→“Source”→“Verilog”，新建 Verilog HDL 文件 code42_vlg_tst.v（激励文件的名称与目标文件的名称不同即可，在目标文件名后加_vlg_tst 的命名方法是参考了 Quartus 开发环境中生成的测试激励文件的命名方法），文件清单如下。

```
`timescale 1 ns/ 1 ns                  //第 1 行
module code42_vlg_tst();               //第 2 行 测试激励文件模块名

  //目标文件中的输入信号声明为 reg 类型
  reg [3:0] I;                         //第 5 行

  //目标文件中的输出信号声明为 wire 类型
  wire [1:0] Y;                        //第 8 行

  //例化目标文件模块
  code42 i1(                           //第 11 行
    .I(I),
    .Y(Y)
     );                                //第 14 行

  initial                              //第 16 行
  begin                                //第 17 行
    I<=4'b0000;                        //第 18 行
    #100 I<=4'b0001;                   //第 19 行
    #100 I<=4'b0010;                   //第 20 行
```

```
        #100 I<=4'b0100;                    //第 21 行
        #100 I<=4'b1000;                    //第 22 行
        #100 I<=4'b1001;                    //第 23 行
        #100 I<=4'b1000;                    //第 24 行
        #100 I<=4'b0010;                    //第 25 行
        #100 I<=4'b0110;                    //第 26 行
        #100 I<=4'b0000;                    //第 27 行
    end                                     //第 28 行

endmodule
```

接下来对设计的测试激励文件进行详细讨论，了解测试激励文件的编写方法。

第 1 行代码“`timescale 1ns/1ns”用于定义仿真中的时间单位和时间精度，其中“`timesclae”是 Verilog HDL 关键词，第 1 个 1ns 表示时间单位为 ns，第 2 个 1ns 表示时间精度为 1ns。比如代码“#3.4654 a<=1”，由于时间精度为 1ns，3.7654 只取整数位数值 3，因此代码实际执行结果为 3ns 后信号 a 的值为 1。

第 2 行代码“module code42_vlg_tst();”为测试激励文件的模块及端口声明。文件的模块名为 code42_vlg_tst，且没有信号端口。没有信号端口的电路本身是一个全封闭模块，无法与其他模块发生联系，在实际工程中是没有用处的。然而对于测试激励文件来讲，本身就不需要生成具体的电路模块，只用于对目标电路进行测试。

第 5、8 行分别声明了 reg 类型的信号 I 和 wire 类型的信号 Y。根据第 11～14 行代码可知，I 为目标文件的输入信号，Y 为目标文件的输出信号。目标文件的输入信号 I 为 wire 类型，输出信号 Y 为 reg 类型。测试激励文件中的信号类型与目标文件的信号类型刚好相反。这是因为，测试激励文件需要产生目标文件的输入信号，而测试激励文件产生信号的代码在 always 块或 initial 块中。测试激励文件不需要对目标文件的输出信号进行操作。

第 11～14 行调用（Verilog HDL 中通常称为例化）了目标文件生成的电路模块 code42，且例化的名称为 i1。例化的方法与本章最初讨论的调用与非门电路的方法相同，只是这里采用了另一种例化语法而已。其中“.I（I）”中的“.I”表示 code42 模块中存在端口信号 I，“(I)”表示将当前 code42_vlg_tst.v 文件中的信号 I 与 code42 模块中的端口信号 I 相连。最后一个端口信号“.Y （Y）”之后没有逗号“,”，其他端口信号“.I（I）”之后要接逗号。调用与非门电路模块的方式即例化程序文件模块时不写出原模块的端口信号名，而是根据信号端口的顺序依次与当前文件中的信号连接。可以改写测试激励文件中的例化语法如下：

```
    code42 i1 (I,Y);
```

虽然不给出原模块端口信号的例化方法看起来更为简洁，但不便于程序代码的阅读和修改，因此建议在例化程序文件模块时，列出原模块的端口信号名。

接下来讨论新的关键词：initial。Initial 语句块中的被赋值信号必须声明为 reg 类型。从语法的角度来讲，initial 语句块内的语句是顺序执行的，且仅执行一次；always 语句块内的语句也是顺序执行的，但会不断循环执行。initial 语句块仅出现在测试激励文件中；always 语句块可以综合成实际电路，也可以出现在测试激励文件中，还可以出现在 Verilog HDL 源文件中。

这里初次接触到一个新的概念：能综合成电路的代码和不能综合成电路的代码。这也是 Verilog HDL 基本的两大类语法。我们仅需要记住基本的规则：不能综合成电路的语法仅出现在测试激励文件中，能综合成电路的语法可以出现在测试激励文件中，也可以出现在 Verilog HDL 源文件中。

第 17、28 行出现 begin 和 end 语句。begin…end 是一对语句，必须搭配起来使用，相当于 C 语言中的{}，可以把多条独立语句组合成一个语句块。initial 和 always 语句的作用域均为语句后的第一个语句块。当 initial 和 always 要对多条语句起作用时，可以用 begin…end 将多条语句组合成一个语句块。在前面讨论 if…else 语句描述与非门电路时，由于 if…else 语句本身是一条语句，因此可以不用 begin…end 语句组成语句块。

通过前面的分析我们知道，测试激励文件的主要目的在于设计代码生成目标文件的输入端口信号。对于 4 线-2 线编辑器电路来讲，需要生成 4bit 位宽的信号 I。第 16～28 行代码用于产生测试激励信号 I。

第 18 行代码表示上电后，I 的值为 4'b0000；第 19 行代码表示经过 100 个时间单位（ns）后，I 的值为 4'b0001，其中“#100”表示等待 100 个时间单位；第 20 行代码表示再经过 100ns 后，I 的值为 4'b0010；第 21～27 行代码表示依次经过 100ns 后，设置 I 的对应数值。

除 initial 语句外，还有一种类似的 fork…join 语句。fork…join 语句块中的语句是并行执行的，即每条语句之间没有先后顺序，均是同时执行的。采用 fork…join 语句描述产生上述信号 I 的代码如下。

```
fork                          //第 16 行

   I<=4'b0000;                //第 18 行
   #100 I<=4'b0001;           //第 19 行
   #200 I<=4'b0010;           //第 20 行
   #300 I<=4'b0100;           //第 21 行
   #400 I<=4'b1000;           //第 22 行
   #500 I<=4'b1001;           //第 23 行
   #600 I<=4'b1000;           //第 24 行
   #700 I<=4'b0010;           //第 25 行
   #800 I<=4'b0110;           //第 26 行
   #900 I<=4'b0000;           //第 27 行
join
```

由于 fork…join 语句块内的语句是并行执行的，第 20 行语句“#200 I<=4'b0010;”表示上电 200ns 后 I 的值为 4'b0010，而不是在第 19 行语句执行后再等待 200ns。换句话讲，将第 18～27 行的顺序完全打乱重排，写成如下的形式：

```
fork

    #500 I<=4'b1001;
    I<=4'b0000;
    #100 I<=4'b0001;
```

```
    #200 I<=4'b0010;
    #800 I<=4'b0110;
    #300 I<=4'b0100;
    #700 I<=4'b0010;
    #400 I<=4'b1000;
    #600 I<=4'b1000;
    #900 I<=4'b0000;
join
```

则两种写法所产生的信号波形是完全一样的。这里初次提到并行执行的概念，本书后续还会重点讨论 Verilog HDL 中的并行执行思路，这也是硬件设计的基本思想。

5.3.4 查看 ModelSim 仿真波形

如果新建的 code42_vlg_tst.v 文件没有出现在当前工程窗口中，则按照前面添加文件的方法将文件添加到当前工程中。

依次单击 ModelSim 主界面中的“Compile”→“Compile all”，完成 code42.v 和 code42_vlg_tst.v 文件的编译，编译成功后在主界面 Project 窗口中两个文件的状态（Status）前会出现绿色的“√”。

单击 ModelSim 主界面左侧的“Library”标签，在窗口中显示库文件目录树结构，展开“work”工作目录，可以在该目录下查看加入工程的 code42.v 和 code42_vlg_tst.v 两个文件。右击测试激励文件“code42_vlg_tst.v”，在弹出的菜单中选择“Simulate without Optimization”命令，如图 5-5 所示，启动 ModelSim 仿真。

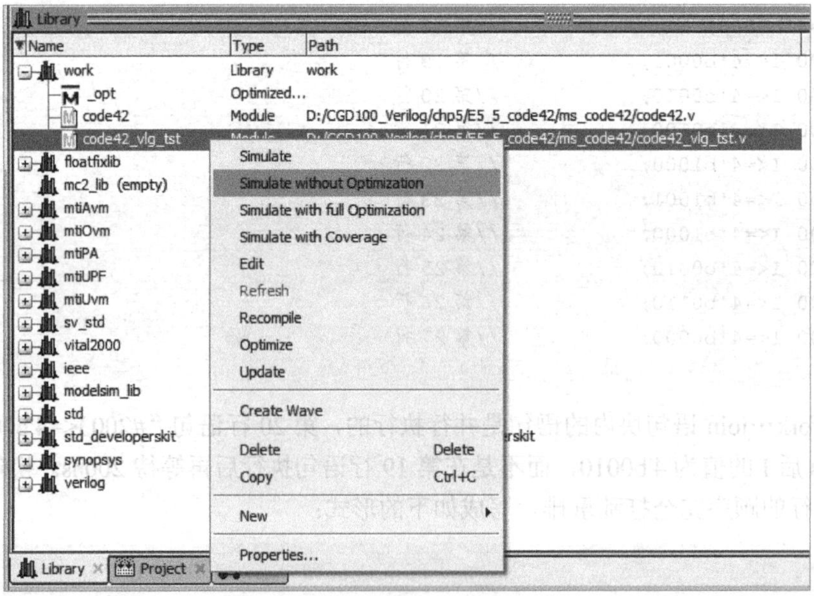

图 5-5 启动 ModelSim 仿真

ModelSim 主界面看起来比较复杂，这里主要用到 4 个窗口：中间左侧的实例（Instance）

窗口、中间的信号对象（Objects）窗口、中间右侧的波形（Wave）窗口，以及下侧的脚本信息（Transcript）窗口，如图 5-6 所示。仿真过程中使用最多的是波形窗口，单击波形窗口右上方的“Dock/Undock”小图标，可以将波形窗口进行独立显示，便于查看信号波形。

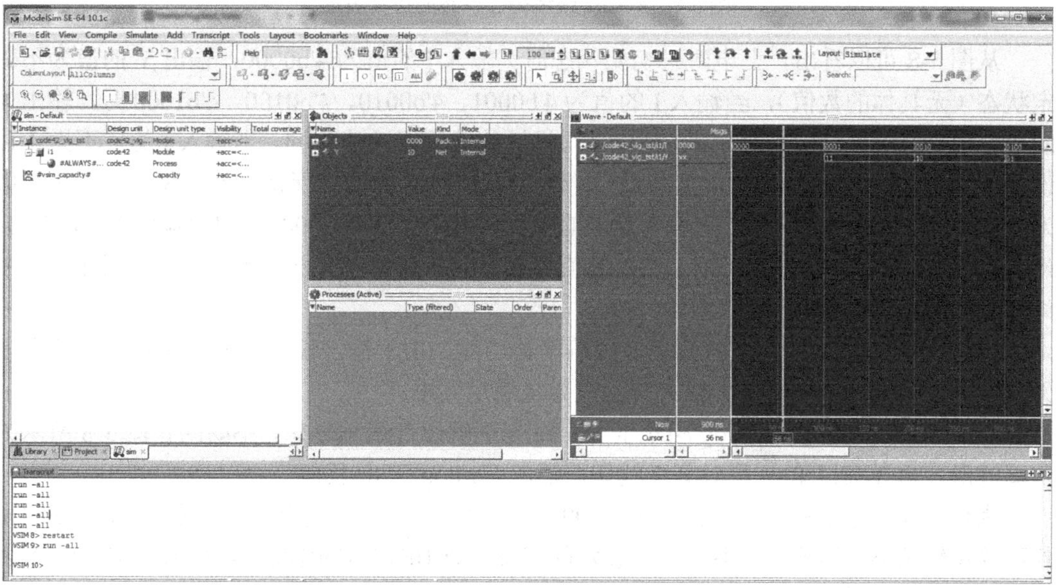

图 5-6　ModelSim 主界面

单击 ModelSim 主界面实例窗口下方的“sim”标签，窗口中显示测试激励文件中的例化模块结构。右击例化模块名“i1”，在弹出的菜单中选择“Add Wave”命令，将“i1”模块内部所有信号加入波形窗口，如图 5-7 所示。

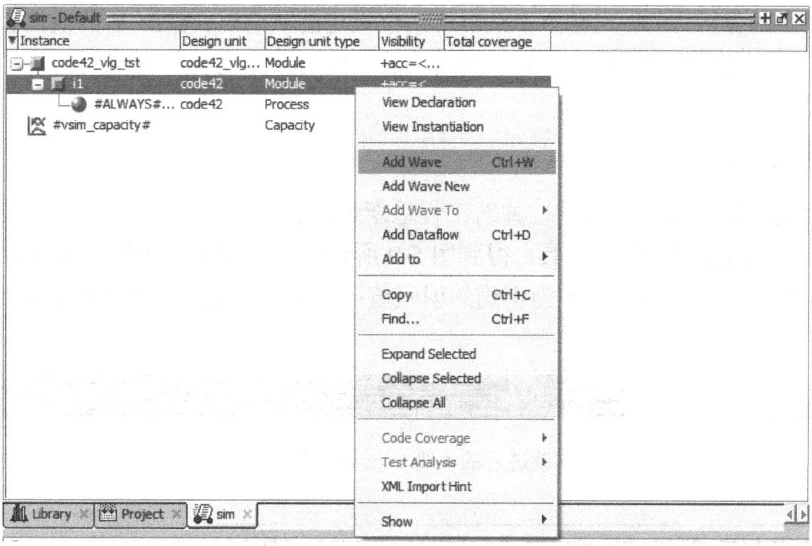

图 5-7　将“i1”模块内部所有信号加入波形窗口

由于“i1”是目标文件 code42.v 的例化名，相当于将 code42.v 内部的所有信号加入波形窗口。单击波形窗口中的 Run All 按钮，得到仿真波形，如图 5-8 所示。

图 5-8 4 线-2 线编码器电路的仿真波形

从图 5-8 可以看出，上电时（初始状态时）输入 I 的值为 4'b0000，输出 Y 的值为不确定状态（无具体的数值），当输入 I 的值为 4'b0001、4'b0010、4'b0100、4'b1000 时，输出 Y 的值分别为 2'b11、2'b10、2'b01、2'b00，与设计的编码器功能相同。当输入 I 的值不为 4 种设定的状态之一时，输出 Y 的值与前一个 4 种状态对应的输出保持一致。例如，当 I 的值为 4'b1001 时，由于前一个 I 的值为设定的 4 种状态之一（4'b1000），因此输出 Y 为 2'b00；当 I 的值为 4'b0110 时，由于前一个 I 的值为设定的 4 种状态之一（4'b0010），因此输出 Y 为 2'b10。

如果仅考察表 5-1 所示的 4 线-2 线编码器功能，由于输入仅有 4 种状态，其他状态为无效状态，因此图 5-8 所仿真出来的功能完全满足要求。

我们的目的是掌握 Verilog HDL 语法，深刻理解硬件编程思想，不妨结合图 5-8 所示的仿真波形，再详细讨论一下 4 线-2 线编码器的 Verilog HDL 代码。

为什么在上电之初，当输入 I 为 4'b0000 时，输出 Y 为不确定状态？根据 Verilog HDL 代码的逻辑关系，当输入 I 不为 4 种设定的状态（4'b1000、4'b0100、4'b0010、4'b0001）之一时，输出 Y 的值不进行更新。由于 Y 本身没有初始状态，上电时输入 I 不为 4 种设定的状态之一，输出 Y 的值保持原来的值不进行更新，因此为不确定的状态。

当输入 I 出现过 4 种状态中的一种时，输出 Y 为对应的编码，其后当 I 又变换到其他状态时，根据 Verilog HDL 代码的逻辑关系，输出 Y 的值不进行更新，保持不变，直到 I 变换到另外某个设定的状态。

经过上面的分析可知，当输入 I 不出现某个设定的状态时，输出 Y 的值比较难以判断。为简化输出 Y 的结果，可以对 4 线-2 线编码器的代码进行完善，在代码的第 10 行后，添加一行代码。

```
else Y<=2'b00; //第 11 行
```

保存修改后的 code42.v 文件，并对工程重新编译。

重新启动 ModelSim 仿真工具，得到图 5-9 所示的仿真波形，从图中可以看出，当 I 为 4 种设定的状态之一时，输出 Y 为正确的编码值；当 I 为其他无效状态时，输出 Y 为固定值 2'b00。

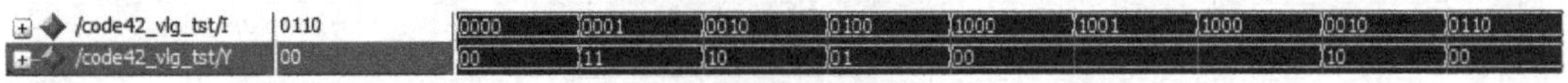

图 5-9 改进后的 4 线-2 线编码器的仿真波形

5.4 典型组合逻辑电路 Verilog HDL 设计

经过前面的讨论，我们对 Verilog HDL 语法有了初步的认识，了解了常用的 Verilog HDL

语法知识，以及 ModelSim 仿真电路功能的步骤，接下来我们采用 Verilog HDL 描述数字电路技术课程中介绍的几种常用的组合逻辑电路，进一步加深对 Verilog HDL 语法的理解。

5.4.1　8421BCD 编码器电路

实例 5-6：BCD 编码器电路设计

根据数字电路技术课程的表述，计算机的键盘输入逻辑电路就是由编码器组成的。输入为 10 个按键，输出为对每个按键的编码值。10 个按键 S[9:0]，对应十进制数 0～9。采用 4 位二进制数 Y[3:0]对其进行编码，Y[3]的权值为 8，Y[2]的权值为 4，Y[1]的权值为 2，Y[0]的权值为 1，因此称为 8421BCD 码。10 个按键 8421BCD 编码器功能表如表 5-2 所示。

表 5-2　10 个按键 8421BCD 编码器功能表

输　入										输　出				
S[9]	S[8]	S[7]	S[6]	S[5]	S[4]	S[3]	S[2]	S[1]	S[0]	Y[3]	Y[2]	Y[1]	Y[0]	G
1	1	1	1	1	1	1	1	1	1	0	0	0	0	0
1	1	1	1	1	1	1	1	1	0	0	0	0	0	1
1	1	1	1	1	1	1	1	0	1	0	0	0	1	1
1	1	1	1	1	1	1	0	1	1	0	0	1	0	1
1	1	1	1	1	1	0	1	1	1	0	0	1	1	1
1	1	1	1	1	0	1	1	1	1	0	1	0	0	1
1	1	1	1	0	1	1	1	1	1	0	1	0	1	1
1	1	1	0	1	1	1	1	1	1	0	1	1	0	1
1	1	0	1	1	1	1	1	1	1	0	1	1	1	1
1	0	1	1	1	1	1	1	1	1	1	0	0	0	1
0	1	1	1	1	1	1	1	1	1	1	0	0	1	1

对功能表进行分析可知，该编码器输入低电平有效；在按下 S[0]～S[9]中任意键时，代表有信号输入，G 为 1；没有键按下时，G 为 0。采用前面讨论 4 线-2 线编码器的方法对功能表进行进一步分析，可知功能表中没有规定多个键同时按下时的输出状态，而这些状态将成为电路中的无效状态，产生不确定的输出。为此，可以设置当有多个键按下时，输出 Y[3:0]=4'b1111，G=1，即输出为全 1。

在工程中新建 code8421.v 文件，8421BCD 编码器的 Verilog HDL 代码如下。

```
module code8421(
  input [9:0] S,
   output reg [3:0] Y,
   output reg G
    );

    always @(*)
      if (S==10'b11_1111_1111) begin Y <= 4'b0000; G<=1'b0; end
```

```
        else if  (S==10'b11_1111_1110) begin Y <= 4'b0000; G<=1'b1; end
        else if  (S==10'b11_1111_1101) begin Y <= 4'b0001; G<=1'b1; end
        else if  (S==10'b11_1111_1101) begin Y <= 4'b0010; G<=1'b1; end
        else if  (S==10'b11_1111_1011) begin Y <= 4'b0011; G<=1'b1; end
        else if  (S==10'b11_1111_0111) begin Y <= 4'b0100; G<=1'b1; end
        else if  (S==10'b11_1110_1111) begin Y <= 4'b0101; G<=1'b1; end
        else if  (S==10'b11_1101_1111) begin Y <= 4'b0110; G<=1'b1; end
        else if  (S==10'b11_1011_1111) begin Y <= 4'b0111; G<=1'b1; end
        else if  (S==10'b10_1111_1111) begin Y <= 4'b1000; G<=1'b1; end
        else if  (S==10'b01_1111_1111) begin Y <= 4'b1001; G<=1'b1; end
        else begin Y <= 4'b1111; G<=1'b1; end
    endmodule
```

5.4.2 8 线–3 线优先编码器电路

实例 5-7：优先编码器电路设计

为了确定多个键同时按下的输出状态，前面讨论 8421BCD 编码器电路时专门设置了输出为全 1 的状态来对其进行编码。而在实际逻辑电路中，主机通常需要同时控制多个对象，如打印机、磁盘驱动器、键盘等。当多个对象同时向主机发出申请时，主机同一时刻只能对其中一个对象进行响应，因此必须根据轻重缓急，规定好这些控制对象的先后次序，即优先级别。识别这类请求信号，并进行编码处理的电路称为优先编码器。优先编码器芯片 74LS148 的功能表如表 5-3 所示。

表 5-3 优先编码器芯片 74LS148 的功能表

输入									输出				
EI	S[7]	S[6]	S[5]	S[4]	S[3]	S[2]	S[1]	S[0]	Y[2]	Y[1]	Y[0]	GS	EO
1	×	×	×	×	×	×	×	×	1	1	1	1	1
0	1	1	1	1	1	1	1	1	1	1	1	1	0
0	×	×	×	×	×	×	×	0	1	1	1	0	1
0	×	×	×	×	×	×	0	1	1	1	0	0	1
0	×	×	×	×	×	0	1	1	1	0	1	0	1
0	×	×	×	×	0	1	1	1	1	0	0	0	1
0	×	×	×	0	1	1	1	1	0	1	1	0	1
0	×	×	0	1	1	1	1	1	0	1	0	0	1
0	×	0	1	1	1	1	1	1	0	0	1	0	1
0	0	1	1	1	1	1	1	1	0	0	0	0	1

从表 5-3 可以看出，优先编码器的输入、输出均为低电平有效。EI 为编码器输入使能信号，当 EI 为高电平时，不进行编码，输出为全 1；当 EI 为低电平时，进行编码，且编码的优先级从高到低依次为 S[0]～S[7]。比如，当 S[3]为低电平，且优先级更高的 S[2:0]均为

高电平（没有编码）时，无论优先级更低的 S[7:4]是否编码，输出均为当前的编码值 Y=3'b100。

在工程中新建 code83.v 文件，优先编码器的 Verilog HDL 代码如下。

```
1 module code83(
2   input EI,
3    input [7:0] S,
4    output reg [2:0] Y,
5    output reg GS,
6    output reg EO
7   );
8
9   always @(*)
10    if (EI)               begin Y <= 3'b111; GS<=1'b1; EO<=1'b1; end
11    else if  (S[0]==1'b0)  begin Y <= 3'b111; GS<=1'b0; EO<=1'b1; end
12    else if  (S[1]==1'b0)  begin Y <= 3'b110; GS<=1'b0; EO<=1'b1; end
13    else if  (S[2]==1'b0)  begin Y <= 3'b101; GS<=1'b0; EO<=1'b1; end
14    else if  (S[3]==1'b0)  begin Y <= 3'b100; GS<=1'b0; EO<=1'b1; end
15    else if  (S[4]==1'b0)  begin Y <= 3'b011; GS<=1'b0; EO<=1'b1; end
16    else if  (S[5]==1'b0)  begin Y <= 3'b010; GS<=1'b0; EO<=1'b1; end
17    else if  (S[6]==1'b0)  begin Y <= 3'b001; GS<=1'b0; EO<=1'b1; end
18    else if  (S[7]==1'b0)  begin Y <= 3'b000; GS<=1'b0; EO<=1'b1; end
19    else                   begin Y <= 3'b111; GS<=1'b1; EO<=1'b0; end

  endmodule
```

第 10 行首先判断 EI 的值，当 EI 为高电平时，无论其他输入信号为什么状态，均输出全 1 值；第 11 行判断 S[0]的值，当其为低电平时，对该位进行编码，输出 Y<=3'b111，当电路对 S[0]进行判断时，说明 EI 已经为低电平了。同理，当程序执行到第 13 行时，说明 EI 为低电平，S[1:0]=2'b11'。当程序执行到第 19 行时，说明 EI 为低电平，且 S[7:0]=8'b1111_1111。也就是说，if…else 语句本身就隐含了优先级的概念，即前面的条件级别高于后续的条件级别。由于每个判断条件成立后，需要采用多条语句对多个信号赋值，因此采用 begin…end 语句将多条语句组成一个语句块。

为进一步验证设计代码的正确性，按照前面 4 线-2 线编码器的仿真方法，新建测试激励文件 code83_vlg_tst.v，编写产生输入信号的 Verilog HDL 代码如下。

```
initial
begin
    S <=8'b0000_0000;EI<=1'b1;
    #100 S<=8'b0000_1111; EI<=1'b0;
    #100 S<=8'b1111_1101;
    #100 S<=8'b1110_1111;
    #100 S<=8'b1111_1011;
```

```
        #100 S<=8'b1111_1100;
        #100 S<=8'b1100_0011;
        #100 S<=8'b1011_1111;
        #100 S<=8'b0011_1111;
        #100 S<=8'b0000_1111;
    end
```

设置好 ModelSim 仿真参数后，启动 ModelSim 仿真工具，查看仿真波形，如图 5-10 所示。

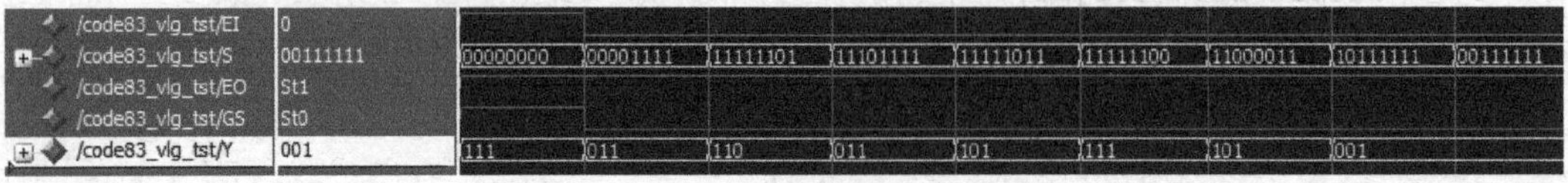

图 5-10　优先编码器的仿真波形

由图 5-10 所示的仿真波形可知，优先编码器电路实现了表 5-3 所示的功能。当输入 EI 为高电平时，输出为全 1；当 EI 为低电平，S=8'b0000_1111 时，输出对 S[4]编码，Y=3'b011；当 EI 为低电平，S=8'b1111_1011 时，输出对 S[2]编码，Y=3'b101。

5.4.3　74LS138 译码器电路

实例 5-8：译码器电路设计

译码是编码的逆过程，译码器的功能是将具有特定含义的二进制码进行判别，并转换成控制信号，具有译码功能的电路称为译码器。对于 Verilog HDL 设计来讲，其实不需要纠结电路的具体名称，只需要明确输入、输出之间的逻辑关系即可。数字电路技术课程中讨论的集成译码器芯片 74LS138 的功能表如表 5-4 所示。

表 5-4　集成译码器芯片 74LS138 的功能表

输　入						输　出							
G1	G2A	G2B	C	B	A	Y[0]	Y[1]	Y[2]	Y[3]	Y[4]	Y[5]	Y[6]	Y[7]
×	1	×	×	×	×	1	1	1	1	1	1	1	1
×	×	1	×	×	×	1	1	1	1	1	1	1	1
0	×	×	×	×	×	1	1	1	1	1	1	1	1
1	0	0	0	0	0	0	1	1	1	1	1	1	1
1	0	0	0	0	1	1	0	1	1	1	1	1	1
1	0	0	0	1	0	1	1	0	1	1	1	1	1
1	0	0	0	1	1	1	1	1	0	1	1	1	1
1	0	0	1	0	0	1	1	1	1	0	1	1	1
1	0	0	1	0	1	1	1	1	1	1	0	1	1
1	0	0	1	1	0	1	1	1	1	1	1	0	1
1	0	0	1	1	1	1	1	1	1	1	1	1	0

由表 5-4 可知，该译码器有 3 个输入 A、B、C，它们共有 8 种状态的组合，即可译出 8 个输出信号 Y[7:0]，故该译码器称为 3 线-8 线译码器。该译码器的主要特点是设置了 G1、G2A、G2B 共 3 个使能信号，且当 G1 为 1，G2A、G2B 均为 0 时，译码器处于工作状态。输入 A、B、C 为高电平有效，输出 Y[7:0]为低电平有效。

在工程中新建 decode38.v 文件，译码器的 Verilog HDL 代码如下。

```
module decode38(
   input G1,G2A,G2B,
    input A,B,C,
    output reg [7:0] Y
     );

     wire [2:0] CE;
     wire [2:0] DIN;
     assign CE={G1,G2A,G2B};                                          //第 9 行
     assign DIN={C,B,A};                                              //第 10 行
     always @(*)
        if ((!G1)||G2A||G2B)                 Y <= 8'b1111_1111;       //第 12 行
          else if  ((CE==3'b100)&&(DIN==3'd0))  Y <= 8'b1111_1110;    //第 13 行
          else if  ((CE==3'b100)&&(DIN==3'd1))  Y <= 8'b1111_1101;
          else if  ((CE==3'b100)&&(DIN==3'd2))  Y <= 8'b1111_1011;
          else if  ((CE==3'b100)&&(DIN==3'd3))  Y <= 8'b1111_0111;
          else if  ((CE==3'b100)&&(DIN==3'd4))  Y <= 8'b1110_1111;
          else if  ((CE==3'b100)&&(DIN==3'd5))  Y <= 8'b1101_1111;
          else if  ((CE==3'b100)&&(DIN==3'd6))  Y <= 8'b1011_1111;
          else if  ((CE==3'b100)&&(DIN==3'd7))  Y <= 8'b0111_1111;    //第 20 行

endmodule
```

译码器的 Verilog HDL 代码中，第 9 行和第 10 行分别采用位拼接操作符{}将 3 个使能信号拼接为 3bit 的 CE 信号，将 3 个输入信号拼接为 3bit 的 DIN 信号；第 12 行表示当使能信号禁止时，译码器不工作，输出为全 1；第 13～20 行表示当使能信号有效时，根据当前的输入信号输出对应的 8 种编码状态。

根据我们对与非门电路的讨论，一个电路通常可以有多种不同的设计方法。对于 3 线-8 线译码器来讲，仔细分析一下可知，3 个使能信号的使能状态（CE=3'b100）与其他非使能状态是互斥的，即当 CE 不为 3'b100 时，一定为非使能状态（G1 为 0，或者 G1A 为 1，或者 G2B 为 1）。因此设计的思路可以修改为：如果 CE 为使能状态，则根据 DIN 的值进行编码，否则不进行编码，输出为全 1。根据这个思路编写的代码如下。

```
module decode38(
   input G1,G2A,G2B,
    input A,B,C,
    output reg [7:0] Y
     );
```

```
    wire [2:0] CE;
    wire [2:0] DIN;
    assign CE={G1,G2A,G2B};
    assign DIN={C,B,A};
    //译码器的另一种设计方法
    always @(*)
       if (CE==3'b100) begin
          if  (DIN==3'd0)    Y <= 8'b1111_1110;   //第 14 行
          else if (DIN==3'd1)  Y <= 8'b1111_1101;
          else if (DIN==3'd2)  Y <= 8'b1111_1011;
          else if (DIN==3'd3)  Y <= 8'b1111_0111;
          else if (DIN==3'd4)  Y <= 8'b1110_1111;
          else if (DIN==3'd5)  Y <= 8'b1101_1111;
          else if (DIN==3'd6)  Y <= 8'b1011_1111;
          else                Y <= 8'b0111_1111;   //第 21 行
          end
        else
           Y <= 8'b1111_1111;

endmodule
```

5.4.4 与 if…else 语句齐名的 case 语句

前面我们已经采用 if…else 语句设计了多个组合逻辑电路，if…else 语句的语义很贴合"如果……就"的表达方式。在讨论 8 线-3 线优先编码器电路时，可以看出，if…else 语句本身含有优先级的概念。同时，if…else 语句只能有两个分支，如果要描述多个分支，则只能采用多个 if…else 语句嵌套。当多个分支之间本身没有优先级顺序时，可以采用 Verilog HDL 提供的 case 语句来描述。

继续讨论前面的译码器电路，当使能信号有效时，输入信号 DIN 的 8 种状态之间并没有优先级关系，因此可以采用 case 语句来描述。修改后的译码器的 Verilog HDL 代码如下（用下列代码替换原程序第 14～21 行）。

```
          case  (DIN)                             //第 14 行
            3'd0:    Y <= 8'b1111_1110;           //第 15 行
            3'd1:    Y <= 8'b1111_1101;           //第 16 行
            3'd2:    Y <= 8'b1111_1011;
            3'd3:    Y <= 8'b1111_0111;
            3'd4:    Y <= 8'b1110_1111;
            3'd5:    Y <= 8'b1101_1111;
            3'd6:    Y <= 8'b1011_1111;
            default:   Y <= 8'b0111_1111;         //第 22 行
          endcase
```

上述代码中，case 和 endcase 为一对关键词，必须成对出现，case 后面的信号为分支判断目标信号，需要用小括号“()”括起来。由于 DIN 为 3bit 信号，因此有 8 种不同的状态，case 下方依次列出 DIN 的各种可能状态，并在各种可能状态后编写需要执行的语句。例如第 16 行“3'd1: Y <= 8'b1111_1101;”表示当 DIN 为 3'd 1 时，执行语句“Y <= 8'b1111_1101”。如果仅列出 DIN 的部分状态，其他状态可用关键词 default 表示，第 22 行表示在其他情况下执行“Y <= 8'b0111_1111;”。

5.4.5　数据分配器与数据选择器电路

实例 5-9：数据分配器与数据选择器电路设计

数据分配器是将一个数据源的数据根据需要送到多个不同的通道上，实现数据分配功能的逻辑电路。它相当于有多个输出的单刀多掷开关，其功能示意图如图 5-11 所示。

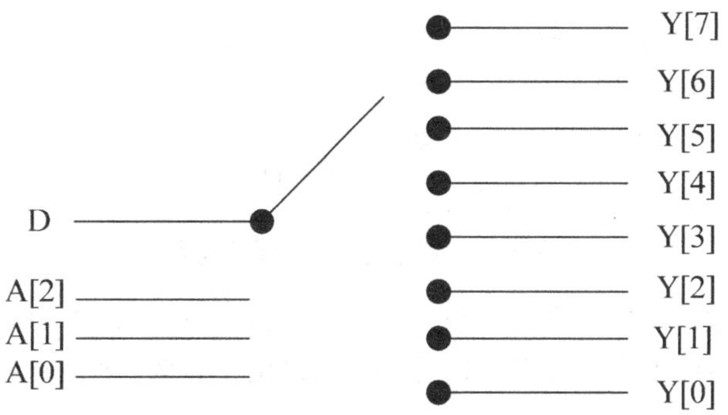

图 5-11　数据分配器功能示意图

对于 8 通道的数据分配器来讲，输入端有 4 路信号：数据信号 D 及 3 位地址信号 A[2:0]，输出端有 8 路信号 Y[7:0]。设置输入为高电平有效，8 通道数据分配器的 Verilog HDL 代码如下。

```
module data_assign(
   input D,
    input [2:0] A,
    output reg [7:0] Y
     );

    always @(*)
       case  (A)
           3'd0:     Y <= {7'b1111_111,D};
           3'd1:     Y <= {6'b1111_11,D,1'b1};
           3'd2:     Y <= {5'b1111_1,D,2'b11};
           3'd3:     Y <= {4'b1111,D,3'b111};
           3'd4:     Y <= {3'b111,D,4'b1111};
           3'd5:     Y <= {2'b11,D,5'b1111_1};
```

```
            3'd6:      Y <= {1'b1,D,6'b1111_11};
            default:   Y <= {D,7'b1111_111};
        endcase

endmodule
```

与数据分配器的功能不同，数据选择器的功能是经过选择，把多个通道的数据传送到唯一的公共数据通道上。它相当于有多个输入的单刀多掷开关，其功能示意图如图 5-12 所示。

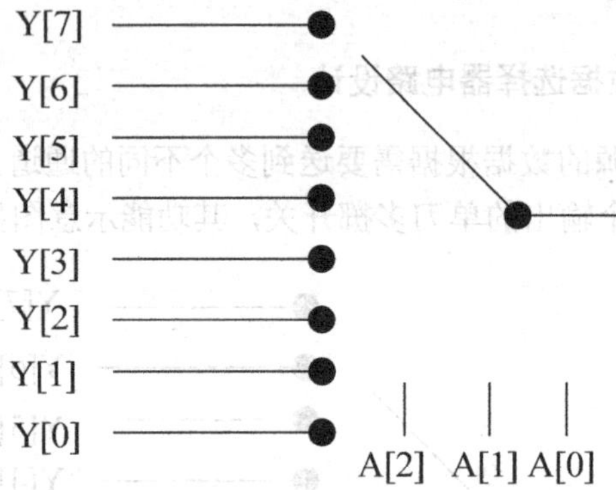

图 5-12　数据选择器功能示意图

对于 8 通道的数据选择器来讲，输入端有 11 路信号：8 路输入信号 Y[7:0]、3 位地址信号 A[2:0]，输出端有 1 路信号 D。设置输入为高电平有效，8 通道数据选择器的 Verilog HDL 代码如下。

```
module data_select(
   input [7:0] Y,
    input [2:0] A,
    output reg D
    );

    always @(*)
       case  (A)
            3'd0:     D <= Y[0];
            3'd1:     D <= Y[1];
            3'd2:     D <= Y[2];
            3'd3:     D <= Y[3];
            3'd4:     D <= Y[4];
            3'd5:     D <= Y[5];
            3'd6:     D <= Y[6];
            default:   D <= Y[7];
         endcase

endmodule
```

5.5 数码管静态显示电路设计

5.5.1 数码管的基本工作原理

经过本章前面的讨论，我们对 Verilog HDL 语法有了一定的认识。数字电路技术课程中的编码器、译码器等常用组合逻辑电路，采用 Verilog HDL 中的 if…else、case 语句可以轻松完成设计。实际工程中，几乎不会有设计单个编码器或译码器电路的需求，前面的设计实例主要用于体验 Verilog HDL 语法的使用。

接下来我们完成数码管静态显示电路的设计。要完成 FPGA 程序的设计，首先要了解数码管的工作原理。

数码管是一类价格便宜、使用简单，通过对其不同的引脚输入电流，使其发亮，从而显示出数字的半导体发光器件。数码管可分为七段数码管和八段数码管，区别在于八段数码管比七段数码管多一个用于显示小数点的发光二极管单元。数码管的基本单元是发光二极管。

数码管通常用于显示时间、日期、温度等所有可用数字表示的参数，在电器领域，特别是家电领域应用极为广泛，如显示屏、空调、热水器、冰箱等。由于数码管的控制引脚较多，为节约电路板布板面积，通常将多个数码管用于显示笔画“a、b、c、d、e、f、g、dp”的同名端连在一起，另外为每个数码管的公共端增加位选通控制电路，选通信号由各自独立的 I/O 线控制，通过轮流扫描各数码管的方式实现多个数码管的数字显示。

图 5-13 为市场上常见的数码管实物图及原理图。其中图 5-13（a）所示为单个数码管，图 5-13（b）所示为集成的 2 个数码管，图 5-13（c）所示为集成的 4 个数码管，图 5-13（d）为数码管段码示意图。

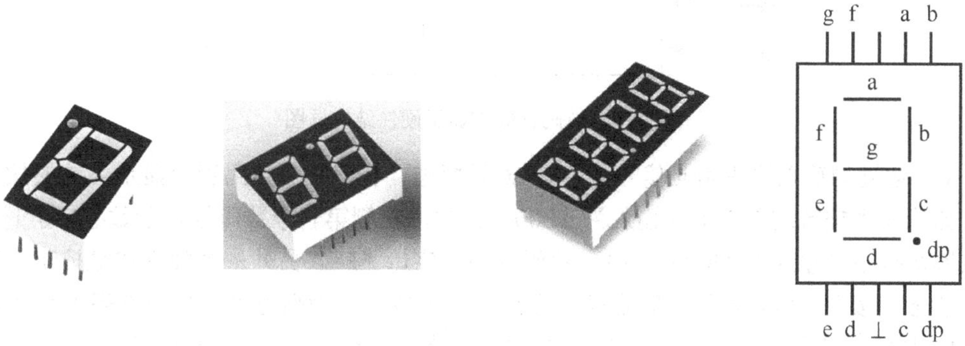

（a）　（b）　（c）　（d）

图 5-13　数码管实物图及原理图

数码管分为共阳极和共阴极两种类型，共阳极数码管的正极（或阳极）为所有发光二极管的共有正极，其他接点为独立发光二极管的负极（或阴极），使用者只需把正极接电源，不同的负极接地就能控制数码管显示不同的数字。共阴极数码管与共阳极数码管只是连接方式不同而已。

比如要在数码管上显示字符“0”，参照图 5-13（d），只需同时使笔画段 a、b、c、d、e、f 点亮；要在数码管上显示数字 3，则需同时使笔画段 a、b、c、d、g 点亮。其他字符的显示方式类似。如果是共阳极数码管，点亮某个笔画段，只需将对应笔画段的引脚置低电平。

数码管有直流驱动和动态显示驱动两种驱动方式。直流驱动是指每个数码管的每个笔画段都由一个 FPGA 的 I/O 端口驱动，其优点是编程简单、显示亮度高，缺点是占用的 I/O 端口多。动态显示驱动是指通过分时轮流控制各个数码管的选通信号端，使各个数码管轮流受控显示。当 FPGA 输出字形码时，所有数码管都接收到相同的字形码，但究竟哪个数码管会显示出字形，取决于 FPGA 对选通信号端电路的控制，因此只要将需要显示的数码管选通，该位就显示出字形，没有选通的数码管就不会点亮。

5.5.2 实例需求及电路原理分析

CGD100 开发板上配置有 4 个共阳极八段数码管，本实例需要通过 4 个按键（KEY1～KEY4）控制在 4 个数码管上显示字符 0～F。另外一个独立按键 KEY8 控制小数点段的状态。本实例仅实现数码管的静态显示，后续章节再讨论采用动态扫描的方式实现多个数码管显示不同字符的电路设计。

本实例用到的硬件结构框图如图 5-14 所示。

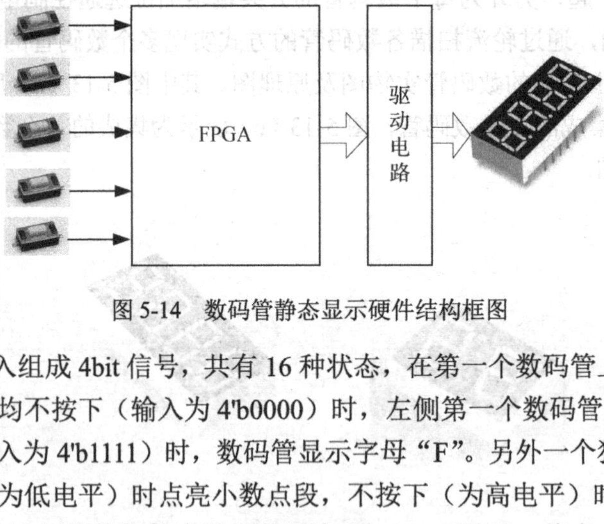

图 5-14 数码管静态显示硬件结构框图

4 个按键的输入组成 4bit 信号，共有 16 种状态，在第一个数码管上显示当前的按键状态。如当 4 个按键均不按下（输入为 4'b0000）时，左侧第一个数码管显示数字“0”；当 4 个按键均按下（输入为 4'b1111）时，数码管显示字母“F”。另外一个独立按键控制小数点段的状态，按下（为低电平）时点亮小数点段，不按下（为高电平）时不点亮小数点段。

CGD100 开发板上的数码管电路原理图如图 5-15 所示。其中 SEG_A、SEG_B、SEG_C、SEG_D、SEG_E、SEG_F、SEG_G、SEG_DP 直接与 FPGA 的 I/O 引脚连接，用于控制 8 个段；SEG_DIG1、SEG_DIG2、SEG_DIG3、SEG_DIG4 与 FPGA 的 I/O 引脚相连，用于控制 4 个数码管的位选信号；4 个三极管用于放大 FPGA 送来的位选信号，增大驱动能力。CGD100 开发板上配置的数码管采用共阳极连接方式，当 FPGA 输入信号为低电平时，点亮对应的段。

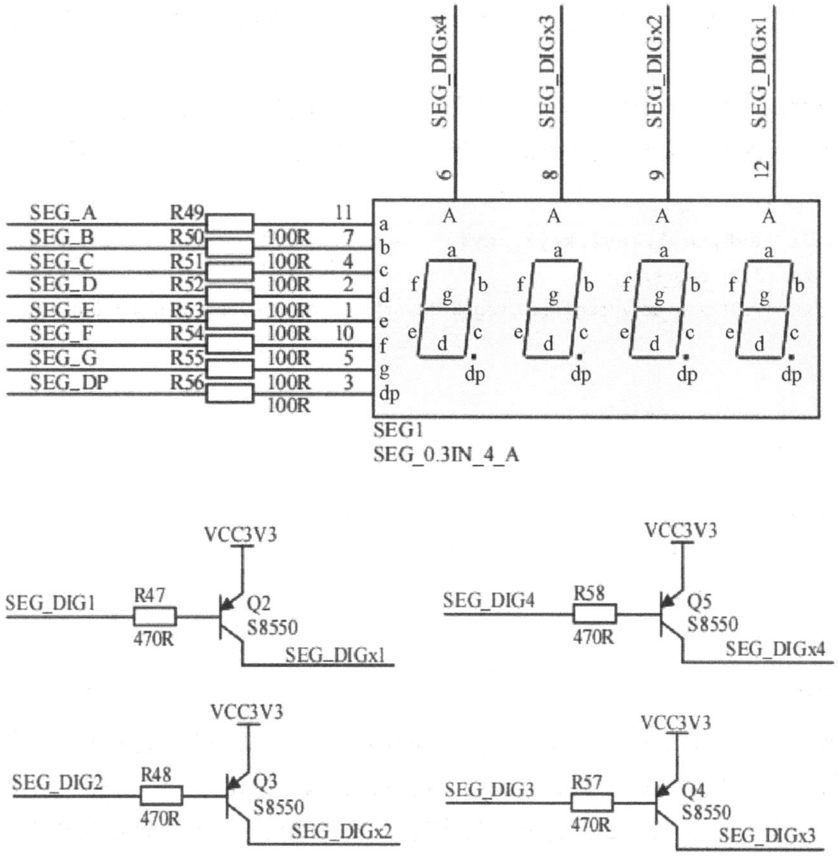

图 5-15　数码管电路原理图

根据设计需求，数码管静态显示电路的硬件还包含 5 个按键。相关电路原理在前面章节讨论 LED 流水灯设计时已进行了阐述，这里不再讨论。

5.5.3　数码管显示电路 Verilog HDL 设计

实例 5-10：数码管静态显示电路设计

到目前为止，前面讨论的所有电路都是在一个 Verilog HDL 文件中完成的。若电路功能比较简单，如与非门、编码器、选择器、投票器等，则一个 Verilog HDL 文件用不了多少行代码即可完成所需功能。然而在实际工程设计中，为便于程序的维护，或者便于多个工程师同时开发一个项目，一个完整的电路通常由多个子功能模块组成。每个子功能模块完成特定的功能，将这些子功能模块按预定的规则连接在一起，即可完成系统功能。

将系统划分为多个子功能模块来设计的方法也称为层次式设计方法，而将多个子功能模块连接在一起的语法正是本章最初讨论的结构化建模。一般来讲，系统有两种设计思路：自顶向下和自下向上。自顶向下是指先设计顶层文件，规划好各子功能模块的信号接口，再依次完成子功能模块的设计；自下向上则是指先设计好子功能模块，再根据子功能模块的信号接口，完成顶层模块的设计。实际工程中大多采用自顶向下的层次式设计方法。

为便于讨论，下面先给出数码管静态显示电路的顶层文件 seg.v 代码。新建名为 seg 的 FPGA 工程，新建名为 seg.v 的 Verilog HDL 类型资源文件，并在文件中编写如下代码。

```
module seg(
    input key8,key1,key2,key3,key4,          //第 2 行
    output [3:0] seg_s,                      //第 3 行
    output [7:0] seg_dp //seg[7]dp,seg[6]g,seg[5]f,seg[4]e,seg[3]d,seg[2]c,seg[1]b,seg[0]a
    );

    assign seg_s = 4'b0000;                  //第 7 行
     assign seg_dp[7] = key8;                //第 8 行

     dec2seg u1(                             //第 10 行
        .dec({key4,key3,key2,key1}),         //第 11 行
         .seg(seg_dp[6:0])                   //第 12 行
          );                                 //第 13 行

endmodule
```

根据数码管静态显示电路需求，以及 CGD100 的电路原理图，FPGA 程序的输入端口有 5 个按键，程序中分别对应 key1、key2、key3、key4、key8，其中 key8 用于控制小数点段，其余 4 个按键用于控制数码管显示的字符。CGD100 上的 4 个数码管需要 4 位片选信号 seg_s[3:0]（低电平时选通），以及 8 位段码信号 seg_dp[7:0]，其中 seg_dp[7]对应小数点段码，seg_dp[6:0]分别对应 g、f、e、d、c、b、a 段码。

第 7 行采用 assign 语句设置 4 位片选信号均为低电平，即表示同时选通 4 个数码管；第 8 行用 key8 直接控制小数点段，实现按下时点亮，否则不点亮的功能；第 10～13 行例化了名为 dec2seg 的功能模块，且例化名称为 u1，将 4 个按键信号通过位拼接操作符组成 4 位信号作为 dec2seg 模块的 dec 信号，将 7 位段码信号 seg_dp[6:0]作为 dec2seg 模块的 seg 信号。

模块 dec2seg 是我们接下来需要设计的数码管译码子模块，其功能为对输入的 4bit 位宽信号 dec 进行译码，输出 7bit 位宽的段码显示信号 seg。在工程中新建名为 dec2seg.v 的 Verilog HDL 资源文件，编写如下代码。

```
module dec2seg(
    input [3:0] dec,
    output reg [6:0] seg //seg[6]g,seg[5]f,seg[4]e,seg[3]d,seg[2]c,seg[1]b,seg[0]a
    );

    //共阳极数码管
     always @(*)
        case (dec)
            4'd0: seg <= 7'b1000000;
```

```
            4'd1: seg <= 7'b1111001;
            4'd2: seg <= 7'b0100100;
            4'd3: seg <= 7'b0110000;
            4'd4: seg <= 7'b0011001;
            4'd5: seg <= 7'b0010010;
            4'd6: seg <= 7'b0000010;
            4'd7: seg <= 7'b1111000;
            4'd8: seg <= 7'b0000000;
            4'd9: seg <= 7'b0010000;
            4'd10: seg <= 7'b0001000;
            4'd11: seg <= 7'b0000011;
            4'd12: seg <=7'b1000110;
            4'd13: seg <=7'b0100001;
            4'd14: seg <= 7'b0000110;
            default: seg <= 7'b0001110;
        endcase
endmodule
```

数码管译码子模块采用 case 语句实现了将 4 位二进制数据译码为七段数码管段码的功能。对文件进行编译，可以在云源软件左侧窗口中单击“Hierarchy”标签，查看当前的文件结构，如图 5-16 所示。

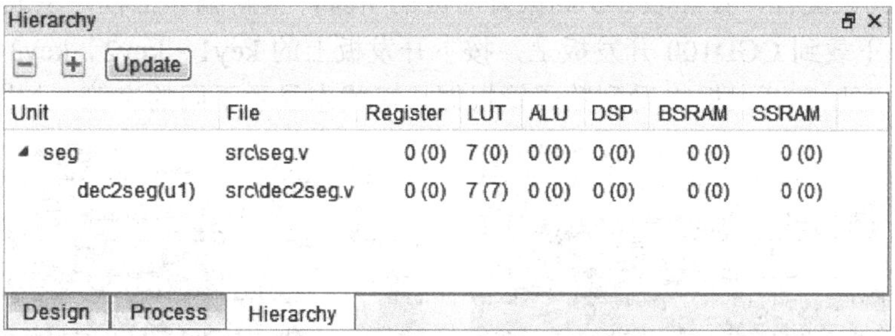

图 5-16　数码管静态显示电路的文件结构图

分析一下数码管静态显示电路的设计过程，可以看出设计译码子模块 dec2seg 时采用了行为级建模方式，顶层文件例化 dec2seg 模块时采用了结构化建模方式，设置位选信号状态时采用了数据流建模方式。在一个完整的 FPGA 工程中，通常会综合利用三种建模方式完成设计，当我们熟悉了 Verilog HDL 语法，形成了硬件设计思维，在进行 FPGA 程序设计时，头脑中其实已经没有具体的建模方式或 Verilog HDL 语法这些概念，只是将头脑中的思想用 Verilog HDL 代码自然而然地表示出来而已。

5.5.4　板载测试

根据 CGD100 的电路原理图，得到表 5-5 所示的电路接口信号定义表。

表 5-5 数码管静态显示电路接口信号定义表

程序信号名称	FPGA 引脚	传输方向	功能说明
key1	58	→FPGA	按下为低电平，默认为高电平
key2	59	→FPGA	按下为低电平，默认为高电平
key3	60	→FPGA	按下为低电平，默认为高电平
key4	61	→FPGA	按下为低电平，默认为高电平
key8	65	→FPGA	按下为低电平，默认为高电平
seg_s[0]	3	FPGA→	低电平有效的选通信号
seg_s[1]	141	FPGA→	低电平有效的选通信号
seg_s[2]	140	FPGA→	低电平有效的选通信号
seg_s[3]	137	FPGA→	低电平有效的选通信号
seg_dp[0]	138	FPGA→	低电平有效的段码 a
seg_dp[1]	142	FPGA→	低电平有效的段码 b
seg_dp[2]	9	FPGA→	低电平有效的段码 c
seg_dp[3]	7	FPGA→	低电平有效的段码 d
seg_dp[4]	12	FPGA→	低电平有效的段码 e
seg_dp[5]	139	FPGA→	低电平有效的段码 f
seg_dp[6]	8	FPGA→	低电平有效的段码 g
seg_dp[7]	10	FPGA→	低电平有效的段码 dp

添加 cst 约束文件，按照表 5-5 约束好对应的引脚，重新编译工程，生成 seg.fs 文件。将 seg.fs 文件下载到 CGD100 开发板上，按下开发板上的 key1、key2、key3、key4、key8 这几个按键，可以在开发板上看到数码管根据按键状态显示不同的字符，如图 5-17 所示。

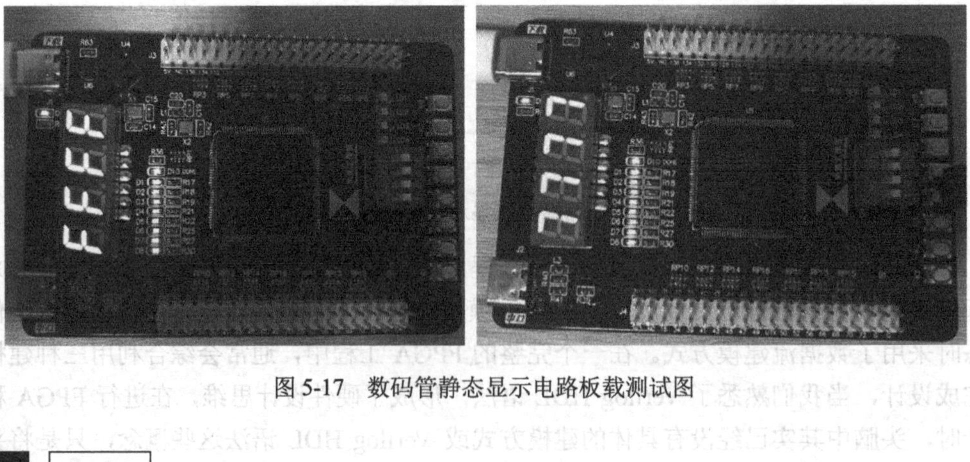

图 5-17 数码管静态显示电路板载测试图

5.6 小结

本章从组合逻辑电路开始讲解了 Verilog HDL 的基本语法，体验采用 Verilog HDL 描述电路，初步将语法与硬件电路联系起来。本章的学习要点可归纳为：

（1）了解结构化建模、数据流建模及行为级建模的基本方法。
（2）熟悉 assign、wire、reg、<=、=等基本的 Verilog HDL 语法概念。
（3）理解 Verilog HDL 中的数据（信号）位宽的概念。
（4）熟悉 ModelSim 仿真的步骤及测试激励文件的基本编写方法。
（5）熟练掌握采用 if…else、case 语句描述基本组合逻辑电路的思路及方法。
（6）了解层次式设计方法。
（7）完成数码管静态显示电路设计。

第 6 章

时序逻辑电路的灵魂——D 触发器

时序逻辑电路是指有触发器的电路，也可以说由组合逻辑电路和触发器共同组成时序逻辑电路。组合逻辑电路的输出状态仅取决于输入的当前状态，且输入状态的变化立即对输出状态产生影响；时序逻辑电路的输出状态还取决于当前的输出状态或以前的输出状态，输出状态仅在时钟边沿时刻发生变化。实际工程中，极少采用组合逻辑电路完成设计，一般都会采用时序逻辑电路实现特定的功能。数字电路技术课程中学习时序逻辑电路时，最让人头疼的是各种状态方程的分析及求解。在后面的学习中我们会发现，当理解硬件编程思想并形成硬件编程思维后，采用 Verilog HDL 设计各种电路，就不再会有解状态方程的烦恼。要完成复杂功能电路的设计，先要理解时序逻辑电路的灵魂——D 触发器。

6.1 深入理解 D 触发器

6.1.1 D 触发器产生一个时钟周期的延时

时序逻辑电路的关键部件是存储电路，存储电路的关键部件是 D 触发器。因此，理解时序逻辑电路需要从深入理解 D 触发器开始。根据数字电路知识，D 触发器的功能十分简单，输出信号在时钟信号的边沿（上升沿或下降沿）时刻随输入信号变化。我们来看看将 3 个 D 触发器级联后，输入输出信号的波形如何变化。

图 6-1（a）为三个 D 触发器级联后的逻辑原理图，图 6-1（b）为三个 D 触发器级联后的输入输出波形图。从图 6-1 中可以看出，第一级 D 触发器输出信号 Q_1 是在 clk 的上升沿对输入信号 D 的采样；第二级 D 触发器输出信号 Q_2 比 Q_1 延时一个时钟周期；第三级 D 触发器输出信号 Q_3 比 Q_2 延时一个时钟周期。因此，每增加一级 D 触发器就会对输入信号延时一个时钟周期。

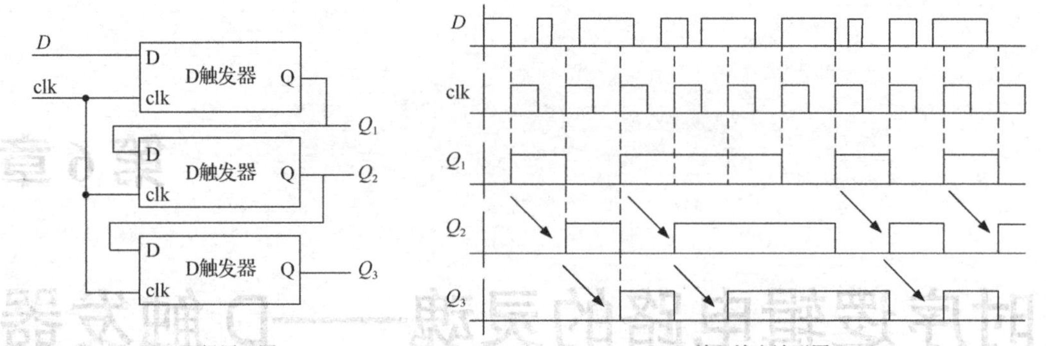

（a）逻辑原理图　　（b）输入输出波形图

图 6-1　三个 D 触发器级联后的逻辑原理图及输入输出波形图

D 触发器产生一个时钟周期的延时，这是 D 触发器的重要性质。可能读者会问，谁会无聊到将多个 D 触发器级联起来设计呢？当然，多个 D 触发器级联只会产生多个时钟周期的延时，这只是它最简单的应用，关键在于 D 触发器的这一性质是提高时序逻辑电路运算速度的基础。为什么这么讲？我们接下来分析一下 D 触发器工作速度的相关问题。

6.1.2　D 触发器能工作的最高时钟频率分析

我们在介绍三极管反相器及 TTL 反相器时讲到，器件的工作速度受到晶体管开关速度的限制。在很多电路设计工程中，系统的工作速度总是需要首先考虑的问题，设计工程师经常需要想方设法提高系统的工作速度。要在设计电路系统时提高其工作速度，首先需要了解 D 触发器工作速度受限的原因。

为便于分析，我们重新绘制 D 触发器的门级逻辑电路原理图，如图 6-2 所示。

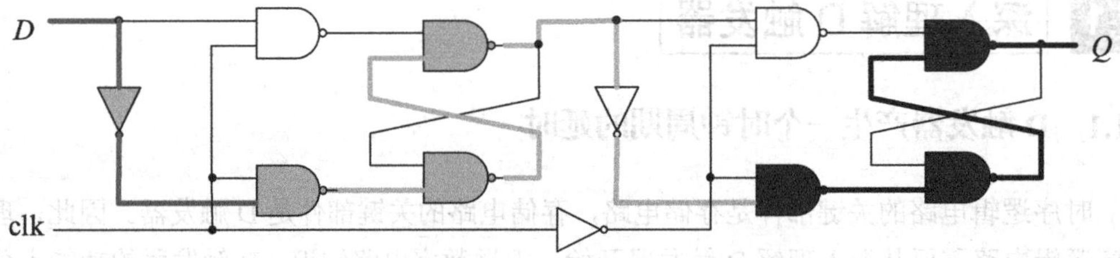

图 6-2　D 触发器的门级逻辑电路原理图

由于 D 触发器是边沿触发的，为便于分析，仅分析信号在 D 触发器时钟信号边沿时刻的状态变化情况，且假设各种门电路的工作时间相同。如图 6-2 所示，时钟信号 clk 到第二级数据锁存器与非门的路径上仅有一个反相器，仅产生一个门电路延时，而输入信号 D 到达第二级数据锁存器与非门的路径上经过了一个反相器和 3 个与非门电路（图中灰色加粗路径），共产生 4 个门电路延时。为了在 clk 上升沿到达时刻正确反映输入信号的状态，需要输入信号 D 的状态提前 3 个门电路延时的时间发生变化，这个时间称为数据建立时间 t_{set}。同样，在 clk 上升沿时刻的数据发生变化后，还要经过 3 个与非门才能反映到输出端

（图中黑色加粗路径），即需要 3 个门电路延时，这个时间称为数据保持时间 t_{hold}。显然，如果两个 D 触发器级联，则时钟工作的最小周期 $T = t_{set} + t_{hold}$。

前面分析组合逻辑电路竞争冒险现象时讲过，时序逻辑电路也会产生竞争冒险。根据 D 触发器最小时钟工作周期的分析可知，当时钟工作频率过大时，电路不满足数据建立时间 t_{set} 和数据保持时间 t_{hold} 的条件，会导致触发器的输出不能正确反映输入的状态，这也可以理解为时序逻辑电路的一种竞争冒险现象。因此，只要实际时钟工作频率小于电路最大工作频率，就不会产生这种竞争冒险现象。另外，D 触发器通常还会在输入端或输出端增加与门电路，实现异步清零（R）或复位（S）功能，清零信号或复位信号也会与时钟信号产生竞争冒险。由于电路中清零信号与复位信号一般同时作用于各触发器（线路连接类似于时钟信号），因此不能通过降低时钟工作频率消除竞争冒险。

有了前面的基础，我们再来看看如何分析典型的时序逻辑电路的时钟工作频率。图 6-3 是典型的时序逻辑电路示意图。各级触发器之间通常会设计一些特定功能的组合逻辑电路，组合逻辑电路的运行需要时间，假设图 6-3 中两个组合逻辑电路的运行时延分别为 t_{c1}、t_{c2}，且 $t_{c1} < t_{c2}$，则整个系统的最小时钟工作周期 $T = t_{c2} + t_{set} + t_{hold}$。一般来讲，组合逻辑电路的传输时延要大于触发器的数据建立时间和数据保持时间，因此，系统工作的最高频率决定于两个触发器之间组合逻辑电路的最大传输时延。为了提高电路系统的时钟工作频率，我们需要合理设计各级触发器之间的组合逻辑电路的传输时延，使得各级电路传输时延尽量相近，或者通过拆分组合逻辑电路，在其中插入适当数量的 D 触发器，通过增加运算时钟周期数量的方式提高时钟工作频率。

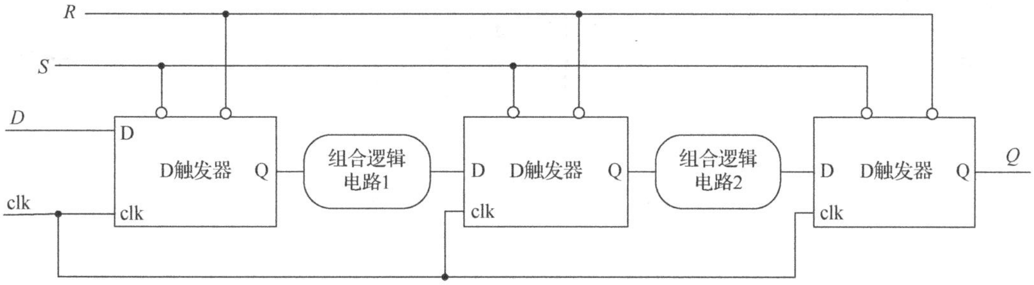

图 6-3　典型的时序逻辑电路示意图

经过前面的分析，所谓深入理解 D 触发器，即要明确两点：一是 D 触发器产生一级时钟周期延时；二是 D 触发器的工作频率受限于数据建立时间和数据保持时间。

需要说明的是，前面在分析 D 触发器最小时钟工作周期时，只是简单地将触发器理解为边沿触发工作器件，数据输入和输出都是相对于时钟信号的边沿来分析的。实际上，根据门电路及锁存器的工作原理，详细准确分析 D 触发器还需要更为精确的门电路模型，但对于时序逻辑电路设计来讲，采用简化模型分析的结果已经足够准确，足以说明 D 触发器工作过程中与速度相关的概念。

数字电路技术课程中除讨论 D 触发器外，还讨论了 JK 触发器和 T 触发器。FPGA 设计过程中，几乎不会涉及这两种触发器，因此不必再对这两种触发器进行讨论了。

6.2 D 触发器的描述方法

6.2.1 单个 D 触发器的 Verilog HDL 设计

实例 6-1：D 触发器的 Verilog HDL 设计及仿真

经过对 D 触发器的概念讨论，我们了解到 D 触发器的基本性质：输出信号仅在时钟信号的边沿时刻改变状态；输出信号相比输入信号会延时一个时钟周期。接下来先设计一个独立的 D 触发器。

新建 FPGA 工程 Dflipflop，新建 Verilog HDL 类型资源文件 Dfiliflop.v，编写如下代码。

```
module Dflipflop(
    input clk,
    input D,
    output reg Q
    );

    always @(posedge clk)      //第 7 行
      Q <= D;                  //第 8 行

    endmodule
```

完成文件的编译，查看 RTL 原理图，如图 6-4 所示。

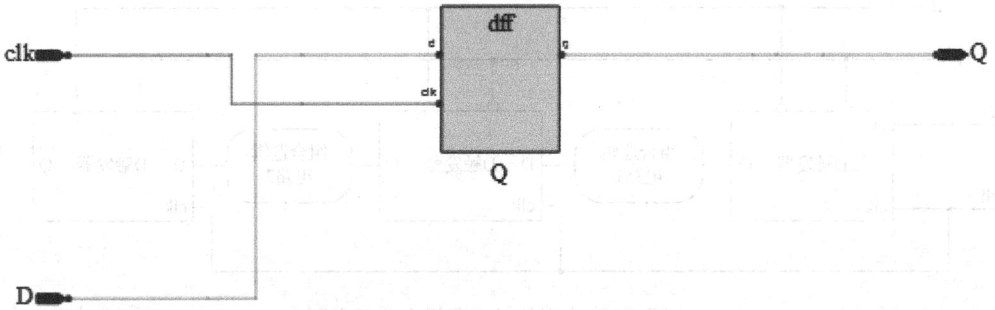

图 6-4　D 触发器的 RTL 原理图

与组合逻辑电路里的与门、或门、非门类似，D 触发器是数字电路里的基本逻辑单元。单个的逻辑单元无法实现应用层面的电路功能，但任何复杂的功能电路都是由这些基本的逻辑单元组成的，工程师的价值在于应用这些基本的逻辑单元完成用户所需要的实际功能电路设计。

描述 D 触发器的代码为第 7、8 行。其中第 7 行使用了 always 语句，与组合逻辑电路不同，括号“()”里的内容为“posedge clk”，其中“posedge”为 Verilog HDL 关键词，中文意思为上升沿，clk 为 D 触发器的时钟信号。“always @(posedge clk)”表示当 clk 信号的上升沿来到的时刻，执行下面一条语句内容。因此，第 7 行、第 8 行表示当 clk 信号的上升沿来到时，将 D 的值赋给 Q。这正是 D 触发器的基本工作过程。

数字电路技术课程中的 D 触发器一般有同相输出端 Q 及反相输出端 Qn，修改上面的代码，添加 Qn 信号输出，其 Verilog HDL 代码如下。

```
module Dflipflop(
  input clk,
  input D,
  output reg Q,Qn
   );

 always @(posedge clk)        //第 7 行
   begin                      //第 8 行
       Q <= D;                //第 9 行
       Qn <=!D;               //第 10 行
   end                        //第 11 行

endmodule
```

程序的第 10 行“Qn<=!D”实现反相输出端的 D 触发器输出，由于第 9 行及第 10 行语句均受第 7 行的 always 语句块作用，因此用 begin…end 将第 9、10 行语句组成一个语句块。由图 6-5 可知，FPGA 实现同相及反相 D 触发器的功能，实际上采用了 2 个独立的单输出 D 触发器。

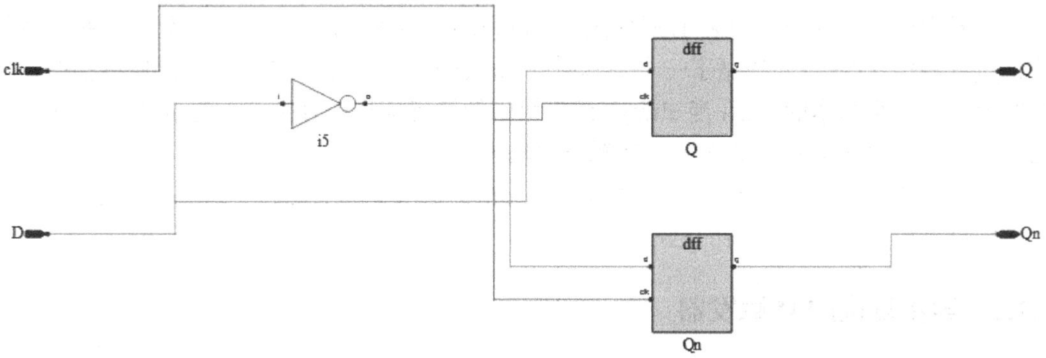

图 6-5　带反相输出端的 D 触发器的 RTL 原理图

由于第 9 行和第 10 行语句是两条独立的语句，本身是并行处理的关系，因此将第 9 行和第 10 行代码交换，形成的电路没有变化。同时，可以采用 2 个 always 语句块分别描述同相输出及反相输出的 D 触发器，修改后的代码如下。

```
module Dflipflop(
     input clk,
     input D,
     output reg Q,Qn
       );

     always @(posedge clk)      //第 7 行
```

```
    Q <= D;                 //第 8 行

  always @(posedge clk)     //第 10 行
    Qn <= !D;               //第 11 行

  endmodule
```

由上面的代码及对应的 RTL 原理图可知，语句“Q<=D”在 always@(posedge clk)语句的作用下，生成了一个 D 触发器，信号 Q 和 D 的值不再完全相同，而是相差了一个时钟周期。这与 C 语言的赋值语句有本质的不同。如果将第 7 行“always@(posedge clk)”修改为“always @(*)”，此时的第 8 行不再有时钟信号控制，不再生成 D 触发器，Q 和 D 的值完全相同，或者说，电路中信号 Q 和 D 直接短接了。即“always@(*)　Q<=D;”与“assign Q=D”（将 Q 声明为 wire 类型信号）完全相同。

继续讨论第 10、11 行语句，从图 6-5 可知，Qn 也是从 D 触发器输出的信号，输入端对 D 进行了一次取反（电路图中为低电平有效）。因此，可以将 Qn 信号分解为两部分来写：先产生一个非门电路，再经过一个 D 触发器电路。第 10、11 行修改后的代码如下。

```
  wire Qnd;                 //第 10 行
  assign Qnd = !D;          //第 11 行
  always @(posedge clk)     //第 12 行
    Qn <= Qnd;              //第 13 行
```

查看上述代码综合后的 RTL 原理图，可以发现与图 6-5 完全相同。从设计 D 触发器的实例可以看出，代码依然遵循了一个基本原则：always 语句块中，所有赋值语句均采用“<=”。同时要记住一个基本的结论：当 always 语句块中的敏感信号由时钟信号边沿触发时，always 语句块中被赋值的信号一定直接由 D 触发器输出。

由于 FPGA 中 D 触发器的同相输出端和反相输出端实际上是 2 个独立的 D 触发器，因此后续仅讨论同相 D 触发器的电路设计。

6.2.2 异步复位的 D 触发器

完整的 D 触发器还需要配置复位信号 rst 及时钟使能信号（也称时钟允许信号）ce。复位信号 rst 有两种形式：同步复位及异步复位。异步复位是指 rst 不受时钟信号控制，当信号有效时使输出处于复位状态；同步复位是指 rst 受时钟信号控制，仅在时钟信号的边沿（如上升沿）时刻使输出处于复位状态。时钟使能信号是指当该信号有效时，D 触发器正常响应输入信号的状态，否则状态保持不变。为便于逐步理解复位信号与时钟使能信号的作用，以及 Verilog HDL 代码设计方法，接下来我们先讨论异步复位的 D 触发器功能电路，代码如下。

```
module Dflipflop(
    input rst,                                  //高电平有效的异步复位信号
    input clk,                                  //上升沿有效的时钟信号
    input D,
    output reg Q
```

```
   );

   always @(posedge clk or posedge rst)          //第 8 行
      if (rst)                                   //第 9 行
         Q <= 1'b0;                              //第 10 行
      else                                       //第 11 行
         Q <= D;                                 //第 12 行


   endmodule
```

我们先从语义上分析上面一段异步复位的 D 触发器的 Verilog HDL 代码。第 8 行的 always 敏感列表内容为“posedge clk or posedge rst”，表示当 clk 的上升沿或 rst 的上升沿来到时，执行 always 后面的语句块。第 9 行表示当 rst 为高电平时，执行第 10 行代码，使输出信号 Q 为低电平。因此综合第 8～10 行代码，可以分析出，当 rst 的上升沿来到时（无论 clk 是什么状态）就会执行第 10 行的复位代码。当 rst 上升沿和 clk 上升沿都没有来到时，则由于第 8 行的条件不满足，因此不执行第 9～12 行代码，Q 的值保持不变；当 rst 或 clk 出现了上升沿，则首先执行第 9 行的判断，此时若 rst 依然为高电平，则仍然执行第 10 行的复位代码，不会执行第 11、12 行代码；当 rst 或 clk 出现了上升沿，且 rst 为低电平（不复位）时，才会执行第 11、12 行代码。

因此，rst 只要为高电平，就会执行第 10 行的复位代码。或者说，rst 的优先级比 clk 高，rst 的复位作用不受 clk 控制。因此，此时的 rst 称为高电平有效的异步复位信号。

再分析第 11、12 行代码的功能。要执行第 11、12 行代码，需要同时满足两个条件：一是 clk 出现上升沿；二是 rst 为低电平。综合起来就是，当 rst 为低电平，且 clk 上升沿来到时，将输入信号 D 的值赋给输出信号 Q。

特别要注意的是，第 11 行代码没有对 clk 再次进行判断。

从语义上来理解上面这段代码非常麻烦。最简单有效的理解方法是将上面的代码与 RTL 原理图对应起来理解，代码综合形成的 RTL 原理图如图 6-6 所示。

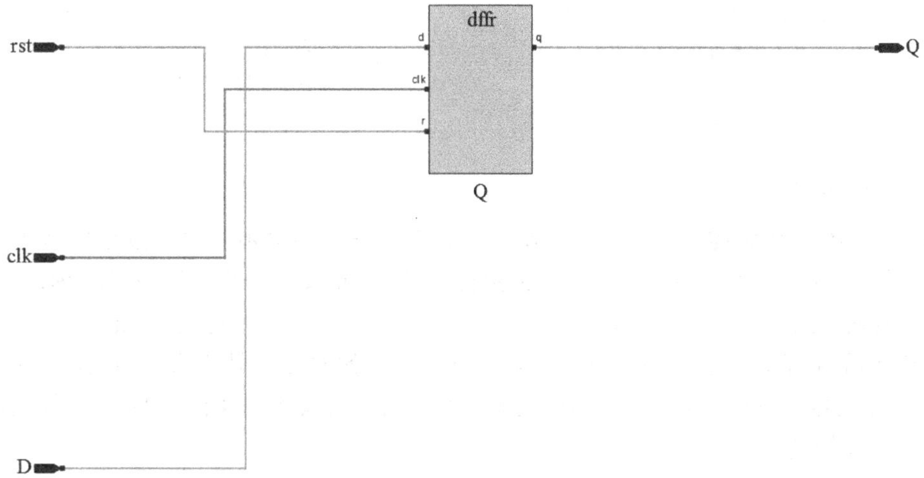

图 6-6　异步复位的 D 触发器的 RTL 原理图

如图 6-6 所示，RTL 原理图描述了一个非常简洁的 D 触发器电路。如果需设置 D 触发器复位时输出为高电平，只需将第 10 行代码修改为“Q<=1'b1”。也就是说，第 8～12 行代码描述了 D 触发器的基本语法结构，其中第 8、9、11 行的内容是固定的，第 10 行代码完成异步复位时的各项运算操作，第 12 行代码实现各项运算后由 D 触发器输出的功能。

6.2.3 同步复位的 D 触发器

前面讨论的 D 触发器电路，由于复位信号 rst 的优先级比时钟信号 clk 高，只要 rst 有效，无论 clk 是否出现上升沿，D 触发器均立即执行复位代码，处于复位状态。除此之外，还存在另一种同步复位的 D 触发器，即 rst 仅在 clk 的上升沿来到的时刻，才执行复位。为便于比较，修改 D_flipflop.v 文件，设计生成 1 个异步复位的 D 触发器 Qa，以及 1 个同步复位的 D 触发器 Qs，修改后的代码如下。

```
module Dflipflop(
    input rst,                              //高电平有效的复位信号
    input clk,                              //时钟信号
    input D,                                //D 触发器输入信号
    output reg Qa,                          //异步复位的 D 触发器输出
    output reg Qs                           //同步复位的 D 触发器输出
    );

    //异步复位的 D 触发器
    always @(posedge clk or posedge rst)    //第 10 行
       if (rst)
          Qa <= 1'b0;
       else
          Qa <= D;
    //同步复位的 D 触发器
    always @(posedge clk)                   //第 16 行
       if (rst)                             //第 17 行
          Qs <= 1'b0;                       //第 18 行
       else                                 //第 19 行
          Qs <= D;                          //第 20 行

endmodule
```

第 16～20 行代码描述了一个同步复位的 D 触发器。与异步复位的 D 触发器相比，第 16 行中的 always 敏感列表中删除了“posedge rst”。从语义上分析，第 16 行代码表示，当 clk 上升沿来到的时候才会触发第 17～20 行代码；而第 10 行代码表示，clk 的上升沿或 rst 的上升沿均能触发 always 后面的代码。对于同步复位的 D 触发器而言，当 clk 上升沿来到时（相当于受控于 clk 信号），首先判断 rst 是否有效，若有效则执行第 18 行的复位代码，否则执行 Qs 的赋值语句。

完成程序文件综合后，查看 RTL 原理图，如图 6-7 所示。

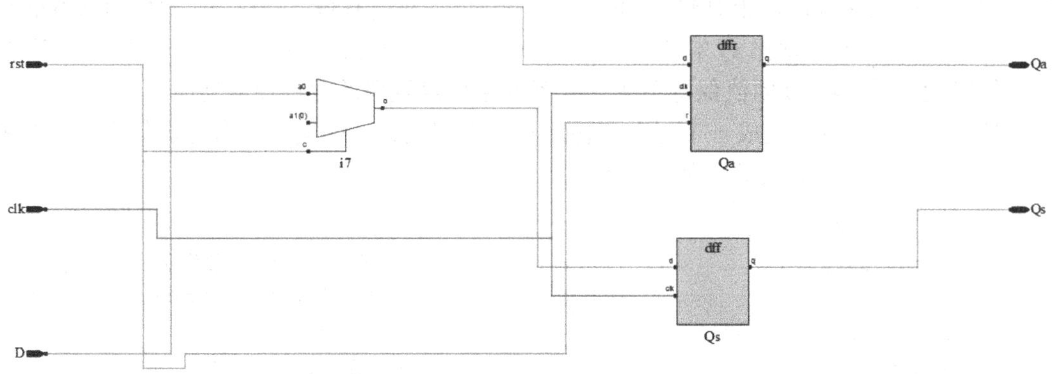

图 6-7　同步复位及异步复位的 D 触发器的 RTL 原理图

由图 6-7 可以看出，同步复位的 D 触发器没有异步清零端 CLR，在 D 输入端增加了一个 2 选 1 选择器电路。这也是 Verilog HDL 代码的行为级描述方法带来的便利，即只需要用类似 if…else 语句的行为级语法描述电路的功能，具体的电路由 FPGA 开发软件自动采用基本的逻辑元件完成。

回顾一下数字电路的基本知识，分析图 6-7 中同步复位的 D 触发器电路。由于 Qs 是由 D 触发器直接输出的，且 D 触发器没有使用异步清零端 CLR，因此 Qs 信号的状态仅可能在 clk 的上升沿时刻发生改变，即与 clk 保持同步。当 rst 为高电平时，将 1'h0 送至 D 触发器 Qs 的输入端，在 clk 的上升沿时刻，使得 Qs 为 0（执行复位功能）；当 rst 为低电平时，将 D 送至 D 触发器 Qs 的输入端，在 clk 的上升沿时刻，使得 Qs 的状态与 D 保持一致。

6.2.4　时钟使能的 D 触发器

除复位功能外，D 触发器通常还具有时钟使能功能，当 ce 有效时，在 clk 的上升沿时刻，D 触发器正常响应输入信号，否则状态保持不变。时钟使能的 D 触发器 Verilog HDL 代码如下。

```
module Dflipflop(
    input ce,                       //高电平有效的时钟使能信号
    input clk,                      //时钟信号
    input D,                        //D 触发器输入信号
    output reg Q                    //D 触发器输出信号
      );

    //时钟使能的 D 触发器
    always @(posedge clk)           //第 9 行
        if (ce)                     //第 10 行
          Q <= D;                   //第 11 行

   endmodule
```

分析上面的代码，第 9 行中 always 敏感列表内容为“posedge clk”，即 clk 的上升沿；

第 10 行代码表示在 clk 的上升沿来到时，首先判断 ce 是否有效，若有效（此处为高电平），则执行第 11 行代码，输出 Q 响应输入信号 D 的状态。若 ce 无效（此处为低电平），则不会执行第 11 行代码，Q 的值保持不变，从而实现 D 触发器的时钟使能功能。

接下来，我们可以完成一个更为完整的 D 触发器设计，即同时具有异步复位、同步使能功能的 D 触发器电路设计，如下所示。

```
module Dflipflop(
    input rst,                                  //高电平有效的复位信号
    input ce,                                   //高电平有效的时钟使能信号
    input clk,                                  //时钟信号
    input D,                                    //D 触发器输入信号
    output reg Q                                //D 触发器输出信号
     );

    //时钟使能的 D 触发器
    always @(posedge clk or posedge rst)        //第 10 行
      if (rst)                                  //第 11 行
          Q <= 1'b0;                            //第 12 行
        else if (ce)                            //第 13 行
          Q <= D;                               //第 14 行
  endmodule
```

图 6-8 为上述代码综合后的 RTL 原理图。结合前面几种 D 触发器电路功能，分析一下上述代码。第 12 行代码为当异步复位信号 rst 有效时需要执行的代码；如果异步复位信号 rst 无效（此处为低电平），则执行第 13 行代码，判断时钟使能信号 ce 是否有效，若有效（此处为高电平），则执行第 14 行代码，完成 D 触发器的输出。可以看出，上述代码刚好完整地描述了 FPGA 中的独立 D 触发器电路。

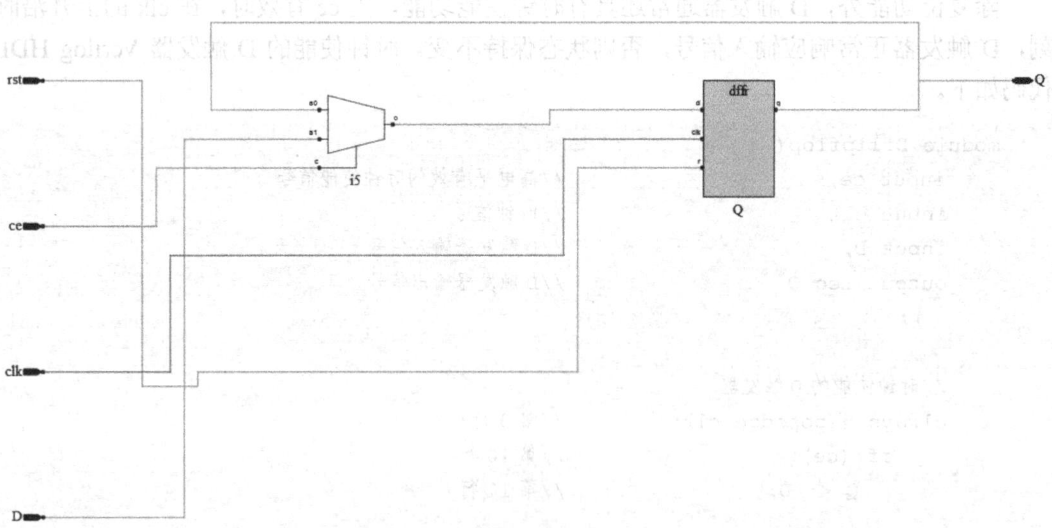

图 6-8 同时具有异步复位及同步使能功能的 D 触发器的 RTL 原理图

虽然 D 触发器电路的 Verilog HDL 代码非常简单，但前面讨论的 3 种基本 D 触发器代码（异步复位的 D 触发器、时钟使能的 D 触发器、同时具备异步复位及时钟使能功能的 D 触发器）实际上是描述所有复杂电路的基础。后续我们可以发现，几乎所有的 Verilog HDL 代码设计，均是采用这 3 种 D 触发器的 Verilog HDL 语句结构完成的。

如何理解 D 触发器的 Verilog HDL 代码呢？如果仅从 Verilog HDL 语句的含义上去理解，不仅掌握起来比较困难，且很难应用到其他复杂的电路设计中。而如果我们换个思路，从代码结构所对应的具体电路功能来理解，则硬件设计的思想就开始形成。也就是说，理解 D 触发器的 Verilog HDL 代码的关键，其一在于将代码与 RTL 原理图对应起来；其二在于理解 D 触发器的电路功能。所以说，数字电路是 FPGA 的基础。

为加深读者对 D 触发器的理解，接下来对 D 触发器进行功能仿真，通过分析输入输出波形使读者掌握 D 触发器的原理，为后续的时序逻辑电路设计打下坚实的基础。

6.2.5　D 触发器的 ModelSim 仿真

按照前面章节讨论的 ModelSim 仿真方法，添加测试激励文件 D_flipflop.v，编写如下代码（完整的工程文件请参见配套资料中的“Chp06/E6_1_Dflipflop”工程文件）。

```
`timescale 1 ns/ 1 ns
module Dflipflop_vlg_tst();
reg D;
reg ce;
reg clk;
reg rst;
wire Q;

D_flipflop i1 (
 .D(D),
 .Q(Q),
 .ce(ce),
 .clk(clk),
 .rst(rst)
);

initial                         //第 17 行
begin
    clk <= 1'b0; D<=1'b0;       //第 19 行
    rst <= 1'b1; ce <= 1'b1;
    #105 rst <= 1'b0;
    #100 ce <= 1'b0;
    #100 ce <= 1'b1;
    #500 rst <= 1'b1;
    #100 ce <= 1'b1;
    #300 rst <= 1'b0;           //第 26 行
end
```

```
    always #10 clk<=!clk;          //产生 50MHz 的时钟信号          //第 29 行
    always #12 D<= $random % 2;    //产生随机的 0、1 数据为输入数据  //第 30 行

endmodule
```

第 17～26 行采用 initial 和延时语句#生成了测试输入信号 rst、ce、D，且设置 clk 的信号为低电平。第 29 行代码“always #10 clk<=!clk;”表示每隔 10ns，clk 取一次反，相当于生成了 50MHz 的时钟信号（文件首行设置时间单位为 ns）。需要说明的是，这里的延时语句“#”是不能综合成实际电路的，只能用在测试激励文件中。第 29 行代码也常用来产生时钟测试信号。第 30 行代码使用了系统函数$random。$srandom 用来生成随机的整数，$random%2 表示随机整数对 2 取余，运算结果为随机数 0 或 1。此处的求余符号“%”，以及 C 语言中常用的乘法运算符“*”、除法运算符“/”虽然也可以综合成电路，但 Verilog HDL 设计中一般不直接使用这些符号实现取余、乘法及除法操作。具体原因在本书后续讨论 IP 核时再进行详细分析。

启动 ModelSim 仿真工具，得到图 6-9 所示的仿真波形。

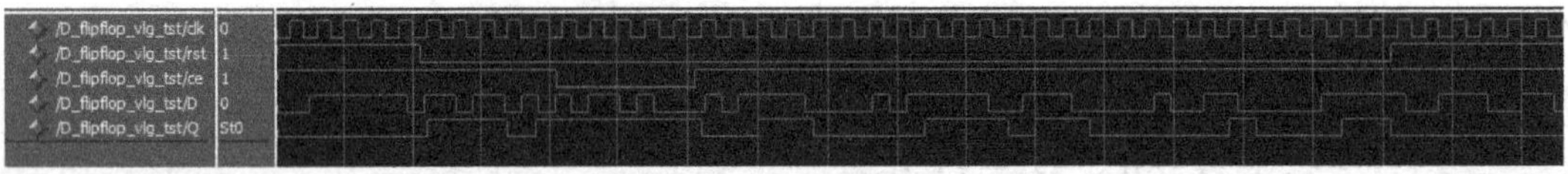

图 6-9　D 触发器的仿真波形

从图 6-9 可以看出：当 rst 为高电平时，Q 始终处于复位状态，输出为 0；当 rst 为低电平，ce 为低电平时，Q 的状态保持不变；当 rst 为低电平，ce 为高电平时，在 clk 的上升沿时刻，Q 的状态与上升沿前一时刻 D 的状态相同。

6.2.6　其他形式的 D 触发器

前面讨论的 D 触发器控制信号 rst、ce 均为高电平有效，均在 clk 上升沿起作用。如果要实现低电平有效或下降沿起作用，只需修改控制信号的相关代码。为规范信号名称，一般在信号名称后加上字母“n”表示低电平有效。比如下面一段代码描述的 D 触发器，复位信号 rst_n 低电平有效，时钟使能信号 ce_n 低电平有效，在时钟信号 clk 上升沿工作。

```
    always @(posedge clk or negedge rst_n)    //第 10 行
      if (!rst_n)                             //第 11 行
          Q <= 1'b0;                          //第 12 行
      else if (!ce_n)                         //第 13 行
          Q<= D;                              //第 14 行
```

需要注意的是，第 10 行 always 后面的敏感列表对 rst_n 描述时要写成“negedge rst_n”，同时第 11 行要写成“!rst_n”。也就是说，第 10 行和第 11 行是对应起来的，当描述高电平有效复位时为“posedge rst”“rst”；当描述低电平有效复位时为“negedge rst_n”“!rst_n”。第 13 行“!ce_n”表示当 ce_n 为低电平时使能 D 触发器。

下面一段代码描述的 D 触发器，复位信号 rst_n 为低电平有效、时钟使能信号 ce 为高电平有效，在时钟信号 clk_n 下降沿工作。

```
always @(negedge clk_n or negedge rst_n)   //第 10 行
    if (!rst_n)                            //第 11 行
       Q <= 1'b0;                          //第 12 行
    else if (ce)                           //第 13 行
        Q<= D;                             //第 14 行
```

第 10 行描述时钟信号下降沿工作要写成“negedge clk_n”，描述 rst_n 低电平有效要写成“negedge rst_n”，同时第 11 行要写成“!rst_n”，与“negedge rst_n”相对应。

在时钟信号上升沿还是下降沿工作、复位及使能信号的有效电平并不影响电路工作的本质特征，本书后续实例中电路均采用时钟信号上升沿工作，复位信号均为异步高电平有效，时钟使能信号均为高电平有效的设计。

6.3 初试牛刀——边沿检测电路设计

6.3.1 边沿检测电路的功能描述

实例 6-2：边沿检测电路设计

前面详细讨论了 D 触发器电路，单个 D 触发器无法完成实际电路功能，复杂功能电路是由多个类似于 D 触发器、与门电路的基本逻辑元件组成的。

边沿检测电路是指检测输入信号出现上升沿、下降沿，或电路发生状态改变的某个时刻，并将这个时刻采用某种信号形式展现出来。边沿检测电路的特点在于检测“某个时刻”，而不是某个稳定的状态。为更好地理解边沿检测电路的功能，先给出边沿检测电路的 ModelSim 仿真波形，如图 6-10 所示。

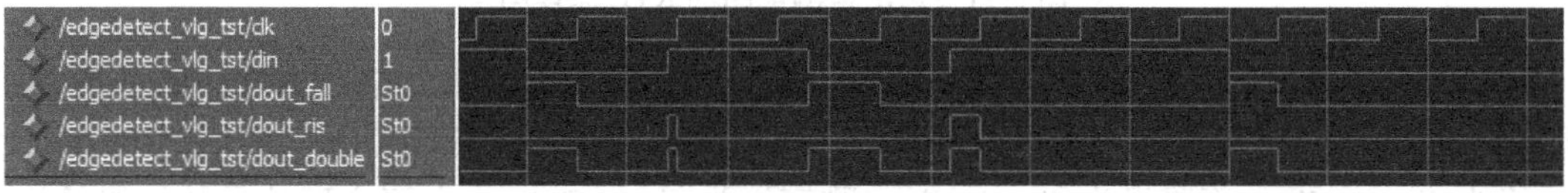

图 6-10　边沿检测电路的 ModelSim 仿真波形

图 6-10 中 clk 为时钟信号，din 为输入信号，dout_ris 为上升沿检测输出信号，当 din 出现上升沿时，dout_ris 输出一个高电平脉冲；dout_fall 为下降沿检测输出信号，当 din 出现下降沿时，dout_fall 输出一个高电平脉冲；dout_double 为跳变沿检测输出信号，当 din 出现状态变化（下降沿或上升沿）时，dout_double 输出一个高电平脉冲。

图 6-10 中的输入信号为随机信号。以上升沿检测输出信号 dout_ris 为例，从仿真波形中可以看出，在 din 出现上升沿的时刻，dout_ris 会出现一个高电平脉冲。同时，这个高电平脉冲的宽度不超过一个时钟周期。实际上，需要采用时钟信号 clk 来检测 din 的上升沿，

且 clk 的频率必须大于 din 的变化频率。这就好比要测量直径约为 1mm 的螺母，尺子的精度至少要优于 1mm。

6.3.2 边沿检测电路的 Verilog HDL 设计

如何实现信号的上升沿检测呢？我们思考一下事物的本质属性，所谓信号的上升沿，就是指信号前一时刻为低电平，当前时刻为高电平。如果能够同时获取两路信号：一路信号为当前信号 din，另一路信号 din_d 比当前信号晚到来一点（比如 1 个时钟周期），则在当前时刻只要判断 din 为高电平，din_d 为低电平（前一时刻为低电平），则可确定信号出现了上升沿。

幸运的是，D 触发器正好具备这样的功能：输出比输入延时一个时钟周期，因此可以得到图 6-11 所示的边沿检测电路的 RTL 原理图。

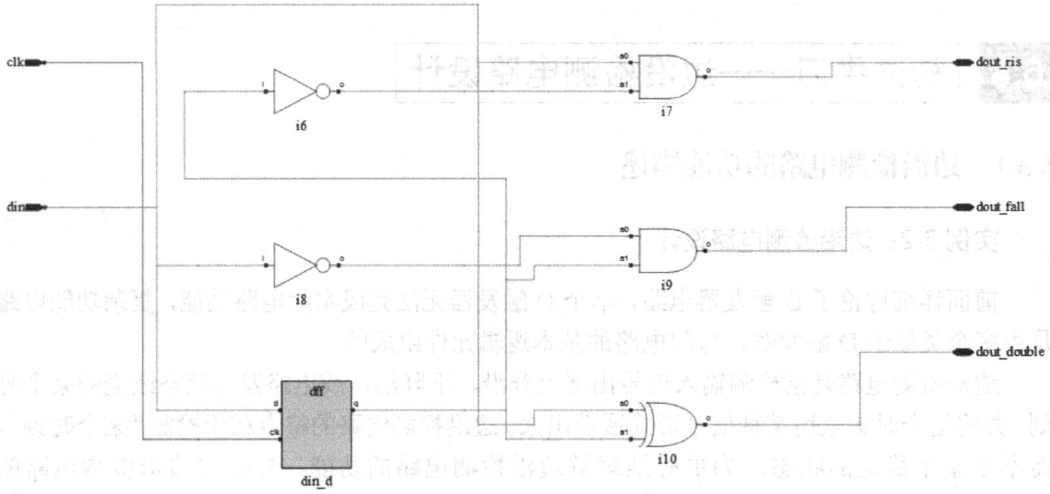

图 6-11 边沿检测电路的 RTL 原理图

输入信号 din 经一级 D 触发器后得到 din_d，则 din 和 din_d 分别表示被测信号的当前时刻状态及前一时刻状态，再根据上升沿、下降沿及跳变沿的检测原理，采用门电路（上升沿为 $\overline{\text{din\_d}}\cdot\text{din}$，下降沿为 $\text{din\_d}\cdot\overline{\text{din}}$，跳变沿为 $\text{din\_d}\oplus\text{din}$）即可实现信号的边沿检测。

边沿检测电路的 Verilog HDL 代码如下（完整的工程文件请参见配套资料中的“Chp06/E6_2_edgedetect”）。

```
module edgedetect(
    input clk,
    input din,
    output dout_ris,
    output dout_fall,
    output dout_double
     );
```

```
    reg din_d;

    always @(posedge clk)
      din_d <= din;

    assign dout_ris  = din&(!din_d);
    assign dout_fall = (!din)&din_d;
    assign dout_double = din^din_d;

endmodule
```

6.3.3 改进的边沿检测电路

从图 6-10 所示的仿真波形可以看出，虽然实现了边沿检测，得到的检测信号脉冲宽度均不超过一个时钟周期，但信号脉冲宽度参差不齐，不利于后续信号的处理。主要原因在于输入信号 din 与 clk 没有固定的时序关系，即 din 与 clk 的变化状态是相互独立的。在经过一级 D 触发器后，din_d 变化的时刻一定在 clk 的上升沿，但 din 变化的时刻与 clk 上升沿无直接关系，因此 din_d 比 din 延迟的时间是小于一个时钟周期的随机值。

因此，可以先使 din 经过一级 D 触发器，形成与 clk 上升沿对齐的信号 din_d，再对 din_d 进行边沿检测。下面是按照这个思路改进的边沿检测电路的 Verilog HDL 代码及 RTL 原理图（见图 6-12）。

```
//改进的边沿检测电路
module edgedetect(
    input clk,
    input din,
    output dout_ris,
    output dout_fall,
    output dout_double
      );

    reg din_d,din_d2;

    always @(posedge clk)
      din_d <= din;

    always @(posedge clk)
      din_d2 <= din_d;

    assign dout_ris  = din_d&(!din_d2);
    assign dout_fall = (!din_d)&din_d2;
    assign dout_double = din_d^din_d2;
endmodule
```

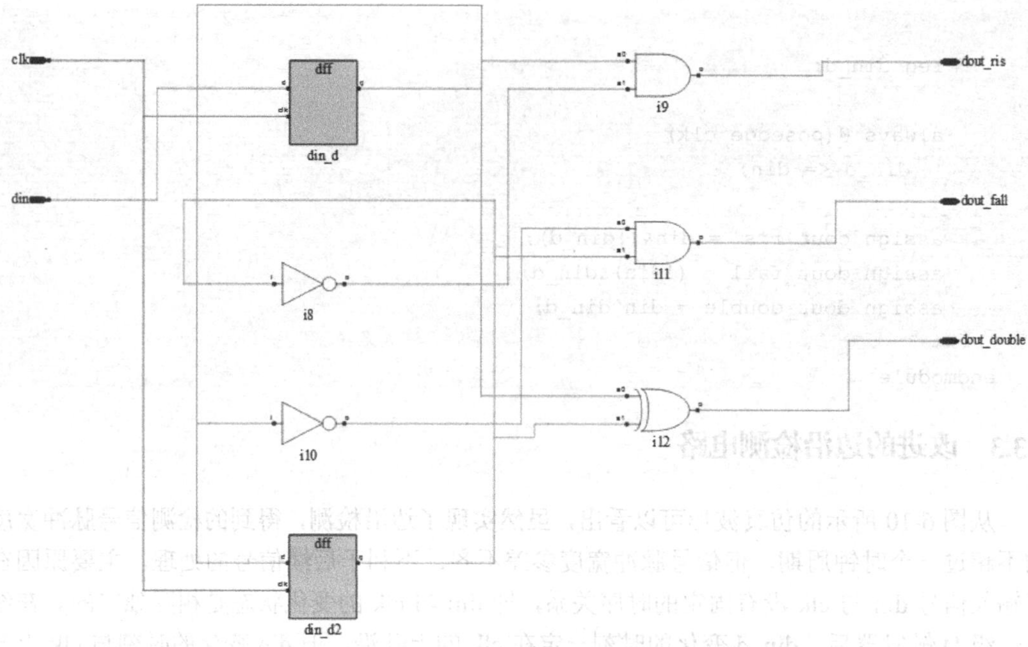

图 6-12　改进后的边沿检测电路的 RTL 原理图

重新运行 ModelSim，得到图 6-13 所示的仿真波形。

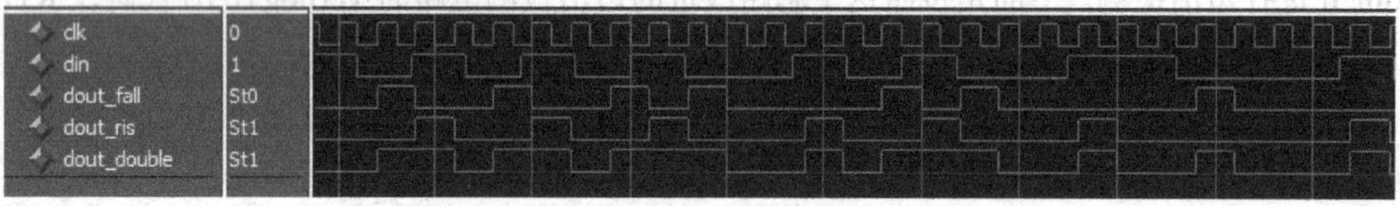

图 6-13　改进后的边沿检测电路的仿真波形

从图 6-13 可以看出，上升沿及下升沿检测信号输出的脉冲宽度均刚好为 1 个时钟周期，跳变沿检测信号宽度为 2 个时钟周期（上升沿和下降沿连续出现）或 1 个时钟周期。

对比图 6-13、图 6-10 可知，图 6-13 中输出的检测信号与 clk 完全对齐，同时输出的信号相比图 6-10 有一定的延时（小于 1 个时钟周期），这正是由于在进行边沿检测时增加了一级 D 触发器。实际工程中对信号进行边沿检测时，检测时钟信号的频率一般远高于被测信号的跳变频率。因此，小于 1 个时钟周期的检测延时通常可以忽略不计，不影响系统的总体功能实现。

6.4 连续序列检测电路——边沿检测电路的升级

6.4.1 连续序列检测电路设计

实例 6-3：连续序列检测电路设计

所谓连续序列检测电路，是指检测输入信号中出现某个特定序列的时刻，输出某个指示信号（通常为一个时钟周期的高电平脉冲）。比如，检测输入信号中连续出现“110101”时输出一个高电平脉冲。输入信号为单比特信号，在时钟节拍下依次输入随机的信号，电路的目的在于检测这些随机信号中是否出现了“110101”序列。为便于理解电路的功能，先给出序列检测电路的 ModelSim 仿真波形图，如图 6-14 所示。

由图 6-14 可知，输入信号 din 在时钟信号 clk 的控制下依次输入数据（数据的状态仅在 clk 的上升沿发生变化），当输入序列中出现“110101”时，输出信号 dout 出现一个高电平脉冲，表示已经检测到特定的序列。

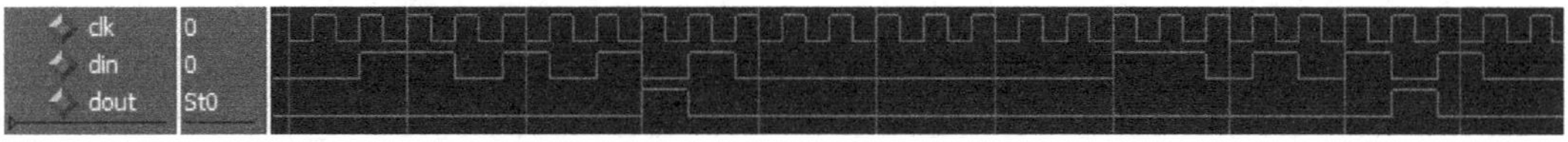

图 6-14 序列检测电路的 ModelSim 仿真波形图

不少讲 FPGA 技术的著作中都讲到过序列检测电路这个例子，主要是采用状态机的方式完成电路的设计。关于状态机的内容，本书将在后续章节进行简要介绍。采用状态机固然可以实现序列检测电路的功能，但过程比较复杂，不易理解。当理解了 D 触发器的原理，了解了电路工作的本质后，实现序列检测电路将变得十分容易。

按照前面讨论的边沿检测电路的设计思路，信号出现上升沿，其实是指信号当前时刻为高电平，前一时刻为低电平。因此，对于上升沿检测，可以理解为输入信号中出现了序列“01”。同理，下降沿检测相当于检测序列“10”，跳变沿检测相当于检测序列“10”或“01”。

以此类推，序列“110101”，实际上是指信号的当前状态为“1”，1 个时钟周期前的信号为“0”，2 个时钟周期前的信号为“1”，3 个时钟周期前的信号为“0”，4 个时钟周期前的信号为“1”，5 个时钟周期前的信号为“1”。由于 D 触发器的输出比输入延时一个时钟周期，因此可以采用多个 D 触发器级联的形式，产生延时多个时钟周期的信号。为此，可以得到序列检测电路的 Verilog HDL 代码。

```
module squence(
    input clk,
    input din,
    output dout
  );

    reg din_d1,din_d2,din_d3,din_d4,din_d5,din_d6;
    wire [5:0] din_data;
    always @(posedge clk)                              //第 9 行
      din_d1 <= din;                                   //第 10 行

    always @(posedge clk)                              //第 12 行
      din_d2 <= din_d1;                                //第 13 行

    always @(posedge clk)                              //第 15 行
      din_d3 <= din_d2;                                //第 16 行
```

```
    always @(posedge clk)
      din_d4 <= din_d3;

    always @(posedge clk)
      din_d5 <= din_d4;

    always @(posedge clk)
      din_d6 <= din_d5;                                    //第 25 行
    assign din_data ={din_d6,din_d5,din_d4,din_d3,din_d2,din_d1};
    assign dout =(din_data ==6'b110101) ? 1'b1:1'b0;  //第 27 行

endmodule
```

读者可以自行在云源软件中查看程序综合后的 RTL 原理图。从上述 Verilog HDL 代码中可以看出，第 9～25 行描述了 6 个 D 触发器，且 6 个 D 触发器为级联形式，即前一个 D 触发器的输出为后一个 D 触发器的输入。第 27 行采用了一种类似于 C 语言的新语法结构。其语法结构可以描述为：assign dout=（判断条件）？结果 1：结果 2。当判断条件成立时，将结果 1 的值赋给 dout，否则将结果 2 的值赋给 dout。

经过前面的分析，可以将边沿检测电路看作序列检测电路的极简版本，而序列检测电路不过是复杂一些的边沿检测电路而已，两种电路的核心仍然是 D 触发器。

6.4.2 分析 Verilog HDL 并行语句

根据前面的分析，第 9～25 行采用 6 个 always 语句块描述了 6 个级联的 D 触发器。根据电路设计原理，这 6 个 D 触发器是相对独立的器件，上电后均同时开始工作。在 Verilog HDL 代码设计时，6 个 D 触发器语句的先后顺序（输入、输出信号不变）并不会改变整体电路的功能。比如在焊接电路板时，先焊接第 6 个 D 触发器还是先焊接第 1 个 D 触发器，只要原理图不变，焊接完成的电路功能就是相同的。因此，将第 9、10 行代码与第 15、16 行代码交换，生成的电路不会有任何改变，程序执行的功能也不会有任何差异。也就是说，每个 always 语句块之间都是并行执行关系，与 Verilog HDL 代码的书写顺序无关。

在上述代码中，每个 D 触发器的时钟信号均为 clk，因此可以将第 9～25 行代码精简成下面的形式。

```
always @(posedge clk)          //第 9 行
    begin                      //第 10 行
        din_d1 <= din;         //第 11 行
        din_d2 <= din_d1;      //第 12 行
        din_d3 <= din_d2;      //第 13 行
        din_d4 <= din_d3;      //第 14 行
        din_d5 <= din_d4;      //第 15 行
        din_d6 <= din_d5;      //第 16 行
    end                        //第 17 行
```

由于第 11 行代码与第 16 行代码之间本身也是并行关系，而 always 仅对一个语句块产生作用，因此可以用 begin…end 将多条语句组合成一个语句块。同样，按照前面对并行语句概念的分析，可以将上述代码中第 11～16 行代码的顺序任意调换，比如写成下面的形式。

```
always @(posedge clk)          //第 9 行
    begin                      //第 10 行
        din_d3 <= din_d2;      //原第 13 行
        din_d5 <= din_d4;      //原第 15 行
        din_d1 <= din;         //原第 11 行
        din_d2 <= din_d1;      //原第 12 行
        din_d6 <= din_d5;      //原第 16 行
        din_d4 <= din_d3;      //原第 14 行
    end                        //第 17 行
```

上面三段代码综合后的电路仍然完全相同。上面的代码如果采用 C 语言的思维是无法理解的。在 C 语言中，信号 din、din_d1、din_d2、din_d3、din_d4、din_d5、din_d6 是完全相同的。但在 Verilog HDL 中，这几个信号之间的关系是 D 触发器的输入输出关系。从语法角度来讲，根本原因在于第 9 行的敏感列表为“posedge clk”，即 clk 的上升沿时刻到来时，才触发后续的语句执行。从电路的角度来理解，当敏感列表为“posedge clk”时，第 11～16 行的每条语句都代表了一个 D 触发器。

6.4.3　再论“<=”与“=”赋值

本书前面讨论了阻塞赋值“=”与非阻塞赋值“<=”的区别，并给出了两种赋值语句的使用原则，即 assign 语句中使用“=”，always 语句块中使用“<=”。到目前为止，所有代码均遵循这个原则，程序设计简洁正确，理解起来也比较容易。根据 Verilog HDL 语法规则，always 中是可以使用“=”的，只是对同一个信号不能同时使用“=”和“<=”。为了使读者更好地理解在 always 中使用“=”给设计带来的复杂性，接下来对此进行详细讨论。

下面是采用“=”描述的 D 触发器电路代码。

```
always @(posedge clk)          //第 9 行
    din_d = din                //第 10 行  采用“=”描述的 D 触发器
```

第 10 行代码中，采用“=”替换了“<=”，查看代码综合后的 RTL 原理图，可以发现描述的电路与采用“<=”描述的电路完全相同，均为一个 D 触发器。因此，在这种情况下“=”与“<=”没有任何区别。

再来观察下面两段采用“=”“<=”描述的三级 D 触发器电路代码。

阻塞 D 触发器代码 1：

```
module vblock(
   input clk,
    input din,
    output reg din_d1,din_d2,dout
    );
```

```
    always @(posedge clk)        //第 7 行代码
      begin                      //第 8 行代码
         din_d1 = din;           //第 9 行代码
         din_d2 = din_d1;        //第 10 行代码
         dout = din_d2;          //第 11 行代码
       end

endmodule
```

阻塞 D 触发器代码 2：

```
module vblock(
input clk,
input din,
output reg din_d1,din_d2,dout
  );

    always @(posedge clk)        //第 7 行代码
      begin                      //第 8 行代码
         din_d1 <= din;          //第 9 行代码：将"="修改为"<="
         din_d2 = din_d1;        //第 10 行代码
         dout = din_d2;          //第 11 行代码
       end

endmodule
```

根据前面的讨论，第 9～11 行如果均采用“<=”语句，则描述的电路为三个 D 触发器级联电路；将第 9～10 行的“<=”全部修改为“=”后，得到图 6-15 所示的电路，从图中可以看出，描述的电路为 3 个独立的 D 触发器，相互之间不存在级联关系；而后将第 9 行“=”修改为“<=”，第 10、11 行中为“=”，得到图 6-16 所示的电路，图中 din_d2、dout 的输入信号均为 din_d1，且 din_d2 和 dout 之间不存在级联关系。

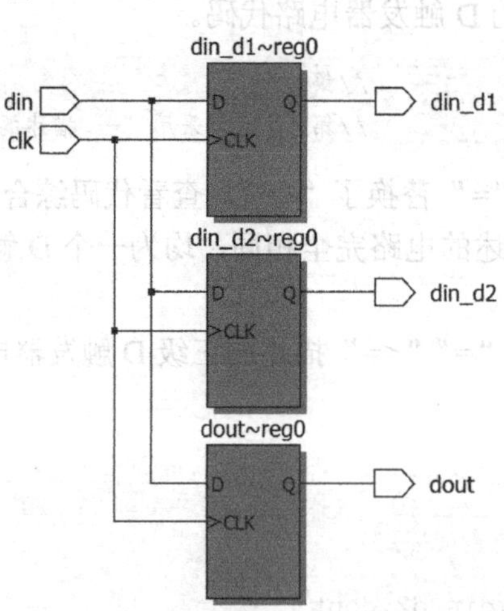

图 6-15　D 触发器代码 1 描述的电路

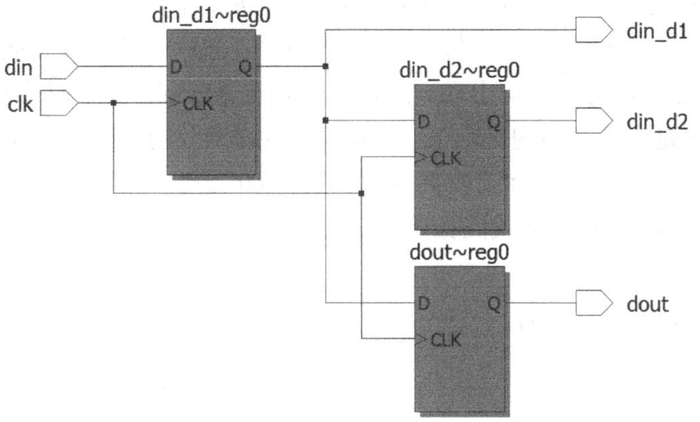

图 6-16　D 触发器代码 2 描述的电路

采用阻塞赋值及非阻塞赋值语句的语法含义来解释前面几段代码与电路之间的关系是一件十分复杂的事情。为便于理解，可以将“=”认为是立即完成赋值的语句。在 always @ (posedge clk）语句块中，当被赋值的信号首次被赋值时，无论是采用“<=”还是“=”，都会生成一个 D 触发器；当该信号被连续两次赋值时均采用“=”，不会再增加 D 触发器的级数。

在阻塞 D 触发器代码 1 中，din_d1 首次采用“=”由 din 赋值，生成一级 D 触发器；din_d2 再次采用“=”由 din_d1 赋值，相当于 din_d2 为第 2 次采用“=”对 din 级联赋值，因此不会再增加 D 触发器级数，即 din_d2 与 din 之间仍然只有一级 D 触发器；dout 再次采用“=”由 din_d2 赋值，相当于 dout 为第 3 次采用“=”对 din 级联赋值，因此不再增加 D 触发器级数，即 dout 与 din 之间仍然只有一级 D 触发器。

在阻塞 D 触发器代码 2 中，din_d1 首次采用“<=”由 din 赋值，生成一级 D 触发器；din_d2 由于是首次采用“=”由 din_d1 赋值，因此仍然会生成一级 D 触发器，则 din_d2 与 din 之间存在二级 D 触发器；dout 再次采用“=”由 din_d2 赋值，相当于 dout 为第 2 次采用“=”由 din_d1 级联赋值，因此不再增加 D 触发器级数，即 dout 与 din 之间仍然只有二级 D 触发器。

从上面讨论的“=”在 always@(posedge clk)语句块中的用法来看，准确理解其用法仍然比较困难，而“<=”在 always@(posedge clk)语句块中的用法所对应的电路却十分明确。因此，为简化设计，同时使 Verilog HDL 更为规范，重申“<=”“=”的基本使用原则：

（1）assign 语句中使用“=”赋值。

（2）always 语句块中使用“<=”赋值。

6.4.4　序列检测电路的 ModelSim 仿真

接下来我们对序列检测电路进行功能仿真，根据前面讨论的 squence.v 程序文件，程序输出端口为 dout。编写好测试激励文件后，启动 ModelSim 仿真软件进行仿真，仿真波形中默认只能显示 squence.v 文件的端口信号：clk、din、dout，无法详细查看序列检测电路的工作过程，以及各级 D 触发器的输入输出波形。

序列检测电路的内部信号都存在于 squence.v 程序文件内部，没有送到程序端口。为便于通过 ModelSim 查看这些内部信号，可以采用两种方法：一是修改 Verilog HDL 代码，将需要观察的信号采用 assign 语句由端口送出；二是在 ModelSim 软件中添加需要观察的内部信号。修改代码是为了观察内部信号，对程序功能本身没有帮助；在 ModelSim 中添加信号不需要修改代码，因此在实际工程调试中应用更为广泛。

测试激励文件 squence.v 的代码如下。

```
`timescale 1 ns/ 1 ns
module squence_vlg_tst();
reg clk;
reg din;
wire dout;

squence i1 (
     .clk(clk),
     .din(din),
     .dout(dout)
);
initial
begin
   clk <= 1'b0;
   din <= 1'b0;
end

always  #10 clk <= !clk;         //产生 50MHz 的时钟信号   第 18 行
    reg [3:0] cn=0;

always @(posedge clk)
   cn <= cn + 4'd1;              //产生十六进制的计数器    第 22 行

always @(posedge clk)            //第 24 行
   case (cn)
       4'd0: din <= 1'b1;
        4'd1: din <= 1'b1;
        4'd2: din <= 1'b0;
        4'd3: din <= 1'b1;
        4'd4: din <= 1'b0;
        4'd5: din <= 1'b1;
        4'd7: din <= 1'b1;
        default: din <= 1'b0;
    endcase                      //第 34 行

endmodule
```

第 18 行代码采用 always 产生了 50MHz 的时钟信号；第 21、22 行代码采用 always 语句产生了十六进制的计数器，关于计数器的设计方法在第 7 章再详细讨论；第 24～34 行代码采用 always 及 case 语句产生了“110101_1000_0000_00”序列信号。由于 cn 为十六进制的循环计数器，因此产生的序列也为循环序列。

设置好 ModelSim 仿真工具后，运行 ModelSim，可以得到仿真波形。为了查看序列检测电路中的 din_d1、din_d2、din_d3、din_d4、din_d5 及 din_d6 信号，需要将这些信号添加到波形窗口中，如图 6-17 所示。

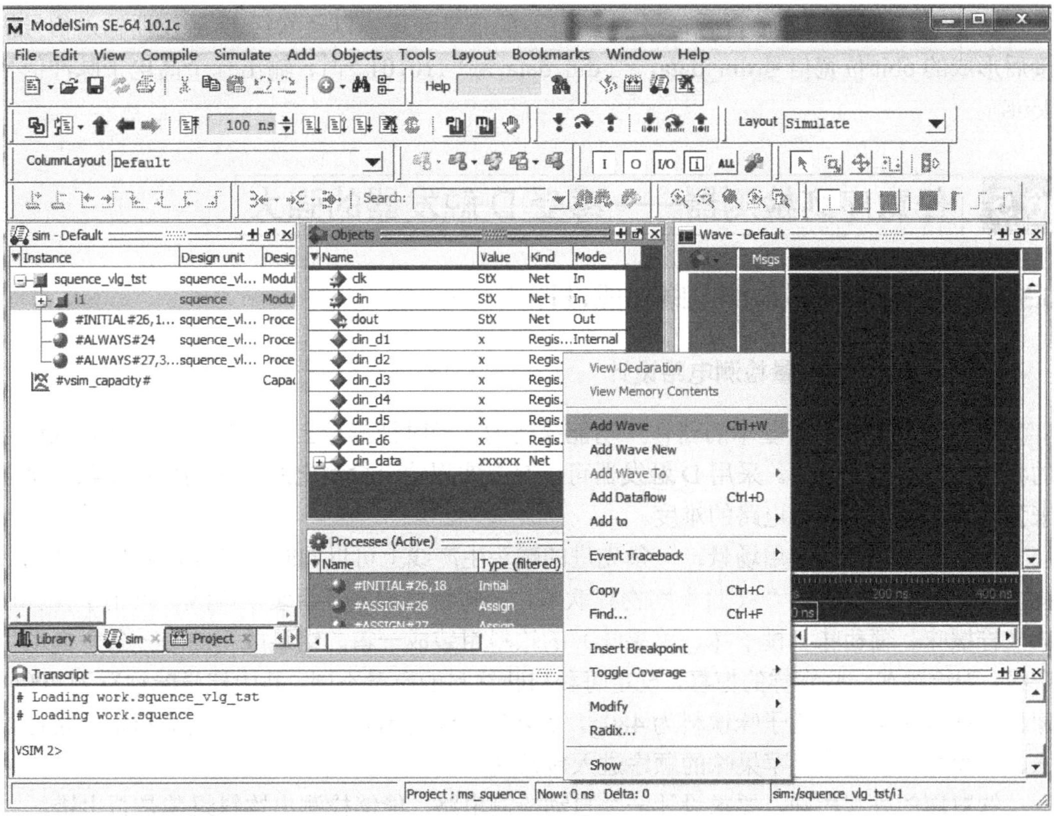

图 6-17　添加信号至波形窗口

在 ModelSim 的“Instance”窗口中单击“i1”（目标文件在测试激励文件中的例化名称），在“Objects”窗口中自动显示文件中的所有信号名，依次选中需要添加到波形窗口中的信号，右击，在弹出的菜单中选择“Add Wave”命令，即可完成信号的添加。

此时回到 ModelSim 中的“Wave”窗口，即可发现信号已经添加到当前窗口中。在当前波形窗口中，刚添加进来的信号没有显示波形数据，可以单击波形窗口中的“Run All”按钮继续运行仿真，则窗口中显示所有信号的波形。也可以首先单击窗口中的“Restart”按钮，将当前窗口中的所有信号重新复位，再单击“Run All”按钮重新运行仿真过程，得到所有信号的运行波形，如图 6-18 所示。

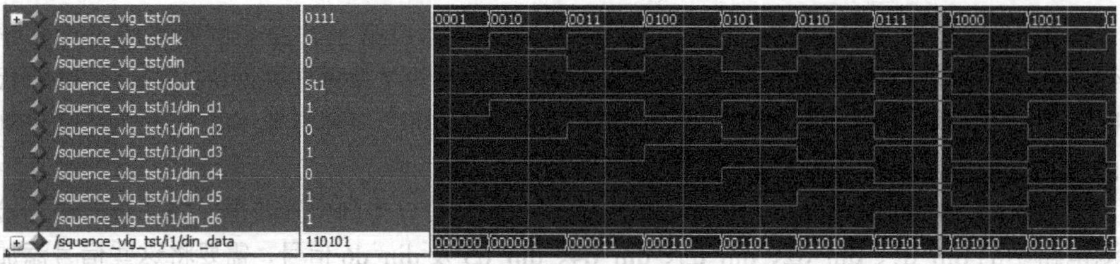

图 6-18 添加信号后的仿真波形

从图 6-18 可以清楚地查看每级 D 触发器的信号波形，以及六级 D 触发器输入信号拼接后形成的 6bit 位宽信号 din_data，当 din_data 为“110101”时，输出一个高电平脉冲信号 dout。

6.5 任意序列检测器——感受 D 触发器的强大

6.5.1 完成饮料质量检测电路功能设计

实例 6-4：饮料质量检测电路设计

D 触发器只是一个基本的器件，功能描述为：当时钟信号上升沿来到时，将输入信号的状态传递给输出信号。采用 D 触发器可以轻易实现边沿检测电路及序列检测电路。接下来我们再增加一点检测电路的难度。

有这样一个工程应用场景：一条先进的罐头生产线上可以同时生产 4 种不同口味的饮料，为迎接即将来到的“双 11”购物狂欢节，公司特意调整了组装生产线，推出了 4 种口味（柠檬味、葡萄味、桃子味、苹果味）的饮料组装成一箱。组装成箱的是一条全自动生产线，为给顾客一些别样的惊喜，设定每种口味饮料的质量不同，其中柠檬味饮料为 400g，葡萄味饮料为 460g，桃子味饮料为 480g，苹果味饮料为 500g。生产线上的饮料依次按柠檬味、葡萄味、桃子味、苹果味的顺序进入包装盒。

饮料瓶的外观相同，要求设计一个自动检测电路，能够检测出饮料组装是否出错。

设定生产线的传送带上有一个质量传感器，能够将当前时刻的饮料瓶质量采集出来，并传送给 FPGA 进行处理。因此，FPGA 电路的输入信号为 9bit 的数据，表示当前饮料瓶的质量，当检测到生产线上的饮料出错时，输出一个高电平脉冲，用于提示人工检查。

由于不同口味饮料的顺序是固定的，即柠檬味、葡萄味、桃子味、苹果味，传感器测量的质量依次为 400g、460g、480g、500g。为检测饮料组装是否出错，可以检测质量的顺序是否与设定的一致。如果传感器连续测量 4 个数据，则当前数据为 500g 时，前 3 个数据依次为 480g、460g、400g；当前数据为 480g 时，前 3 个数据依次为 460g、400g、500g；当前数据为 460g 时，前 3 个数据依次为 400g、500g、480g；当前数据为 400g 时，前 3 个数据依次为 500g、480g、460g。根据上述思路设计的 Verilog HDL 代码如下。

```
module drink(
   input clk,
```

```
    input rst,
    input [8:0] din,
    output reg dout
   );

     reg [8:0] din_d1,din_d2,din_d3,din_d4;
     wire [5:0] din_data;

     //采用 D 触发器获得 4 瓶饮料的质量
     always @(posedge clk)                        //第 12 行
        begin
        din_d1 <= din;
        din_d2 <= din_d1;
        din_d3 <= din_d2;
        din_d4 <= din_d3;
        end                                       //第 18 行
   //第一种设计思路
   always @(posedge clk or posedge rst)
        if (rst)
            dout <= 1'b0;
        else
            case(din_d1)                          //第 24 行
                9'd500:                           //第 25 行
                if ((din_d2==9'd480)&&(din_d3==9'd460)&&(din_d4==9'd400))
                    dout <= 1'b0;
               else
                    dout <=1'b1;                  //第 29 行
               9'd480:
                if ((din_d2==9'd460)&&(din_d3==9'd400)&&(din_d4==9'd500))
                   dout <= 1'b0;
                else
                    dout <= 1'b1;
                9'd460:
                if ((din_d2==9'd400)&&(din_d3==9'd500)&&(din_d4==9'd480))
                     dout <= 1'b0;
                else
                     dout <= 1'b1;
                9'd400:
                 if ((din_d2==9'd500)&&(din_d3==9'd480)&&(din_d4==9'd460))
                    dout <= 1'b0;
                else
                    dout <= 1'b1;
                default: dout <= 1'b1;
             endcase

endmodule
```

上述代码的第 12～18 行采用四级 D 触发器，获得了连续 4 瓶饮料的质量数据 din_d1、din_d2、din_d3、din_d4，且每个 D 触发器的位宽均为 9bit。第 24 行采用 case 语句对 din_d1 进行判断，当值为 500g 时，判断其他 3 瓶饮料质量是否依次为 480g、460g 及 400g。第 26～29 行为一个 if…else 语句块，受第 26 行判断条件的控制。后续判断质量的代码与此相似。

测试激励文件的 Verilog HDL 代码如下，主要思路为设计一个十六进制计数器，并根据计数器的值设置 din 信号。有关计数器的设计将在第 7 章详细讨论。

```
`timescale 1 ns/ 1 ns
module drink_vlg_tst();
reg clk;
reg [8:0] din;
reg rst;
wire dout;

drink i1 (
    .clk(clk),
    .din(din),
    .dout(dout),
    .rst(rst)
);
initial
begin
   rst <= 1'b1;
   clk <= 1'b0;
   din <= 9'd0;
   # 100;
   rst <= 1'b0;
end

always # 10 clk <= !clk;      //产生 50MHz 的时钟信号
reg [3:0] cn=0;
always @(posedge clk or posedge rst)
   if (rst) begin
      cn <= 0;
      din <= 0;
      end
    else begin
      cn <= cn + 1;            //产生十六进制计数器
      case (cn)
        0: din <= 400;
        1: din <= 460;
        2: din <= 480;
        3: din <= 500;
        4: din <= 400;
        5: din <= 460;
```

```
            6: din <= 480;
            7: din <= 500;
            8: din <= 400;
            9: din <= 460;
            10: din <= 480;
            11: din <= 480;        //设置 1 次错误质量的数据
            12: din <= 400;
            13: din <= 460;
            14: din <= 480;
            15: din <= 500;
        endcase
        end
    endmodule
```

设置好仿真参数后，运行仿真，得到仿真波形，如图 6-19 所示。

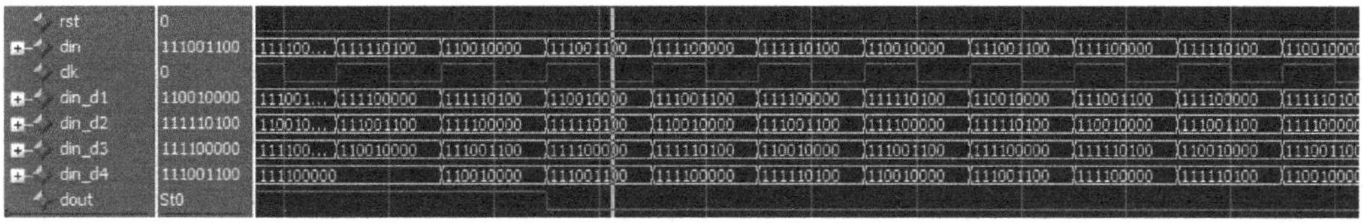

图 6-19　饮料质量检测电路的仿真波形（二进制格式）

ModelSim 仿真波形中，默认所有信号均显示为二进制格式，对于饮料质量数据，为便于查看结果，显示为无符号十进制格式。

在波形窗口中，依次选中 din、din_d1、din_d2、din_d3、din_d4，右击，在弹出的菜单中选择“Radix”→“Unsigned”命令（见图 6-20），将信号显示为无符号十进制格式，如图 6-21 所示。

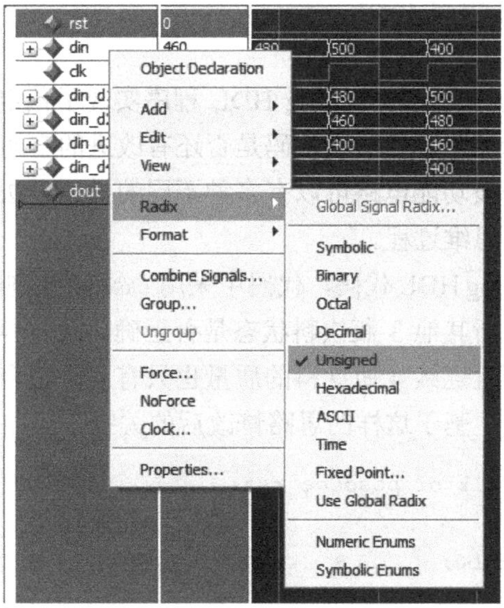

图 6-20　调整信号显示格式的菜单

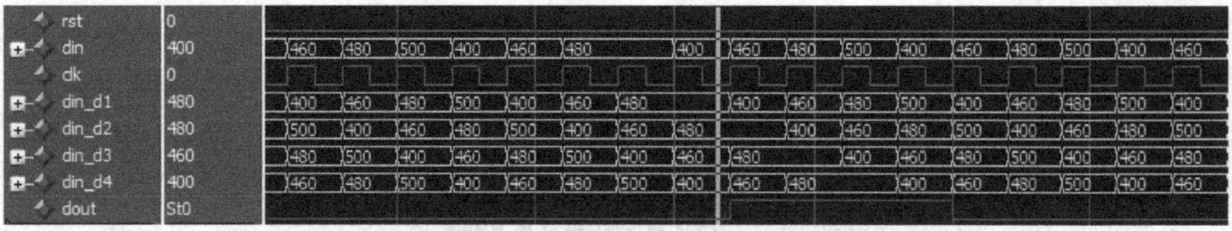

图 6-21 饮料质量检测电路的仿真波形（十进制格式）

从图 6-21 可以看出，当输入的信号 din 首次出现错误数据（连续出现了 2 次 480g，第 2 次出现的 480g 为错误数据）后，dout 在延时 2 个时钟周期后出现了高电平指示信号，且高电平脉冲持续了 4 个时钟周期。当饮料质量数据出错一次时，由于 4 瓶饮料的质量是连续的，会导致 4 次数据的检测都出现异常，因此高电平指示信号的持续时间为 4 个时钟周期。

为什么 dout 相对于首次出现错误数据延时了 2 个时钟周期？根据 Verilog HDL 代码，程序中对饮料质量的判断实际上是 din_d1、din_d2、din_d3、din_d4，并没有对 din 数据直接进行判断。由于 din_d1 为 din 的 D 触发器输出，因此相对于 din 已有一个时钟周期的延时；此外，根据 Verilog HDL 代码，dout 是在 always@(posedge clk or posedge rst)语句块中生成的信号，dout 必定需要经过一个 D 触发器输出，本身会产生一个时钟周期的延时。因此，dout 相对于 din 来讲，比首次出现错误数据延时 2 个时钟周期。

对信号延时周期的分析是硬件设计的基本功之一，只有深刻理解 D 触发器的工作原理，理解硬件电路的时序工作过程，才能设计出满足需求的时序逻辑电路。

虽然 dout 延时了 2 个时钟周期才输出指示信号，但这 2 个时钟周期的延时是固定不变的，对于实际工程应用来讲，得到了这个指示信号，也就可以得到准确的饮料瓶出错位置信息，从而便于后续处理。

6.5.2 优化检测电路的设计代码

经过前面的分析，虽然设计的 Verilog HDL 程序实现了预定的功能，能够正确检测出饮料组装出错并给出提示信息，但这段代码是否还有改进的空间呢？正如本书在介绍与非门电路的设计时一样，一段功能电路可以有多种不同的描述方法，而不同的描述方法所展现的其实是工程师的不同思维过程。

查看检测电路的 Verilog HDL 代码，代码中采用 case 语句判断当前的信号 din_d1 的状态，并根据当前的状态判断其他 3 瓶饮料状态是否正确。换一种思路，其实可以直接判断连续 4 瓶饮料的状态，而且连续 4 瓶饮料的质量也只有 4 种组合方式是正确的，否则就表示饮料的组装发生了错误。基于这样的思路修改后的关键代码如下。

```
always @(posedge clk or posedge rst)
    if (rst)
        dout <= 1'b0;
```

```
4        else
5          if ((din_d1==9'd500)&&(din_d2==9'd480)&&(din_d3==9'd460)&&(din_d4==9'd400))
6              dout <= 1'b0;
7          else if ((din_d1==9'd480)&&(din_d2==9'd460)&&(din_d3==9'd400)&&(din_d4==9'd500))
8              dout <= 1'b0;
9          else if((din_d1==9'd460)&&(din_d2==9'd400)&&(din_d3==9'd500)&&(din_d4==9'd480))
10             dout <= 1'b0;
11         else if ((din_d1==9'd400)&&(din_d2==9'd500)&&(din_d3==9'd480)&&(din_d4==9'd460))
12             dout <= 1'b0;
13         else
14             dout <= 1'b1;
```

需要注意的是，上述代码中没有将第 5 行的内容直接写在第 4 行的“else”之后，而是另起一行书写。首先需要说明的是，这样书写与将第 5 行写在第 4 行“else”之后，电路综合结果是完全相同的。之所以要将第 4 行与第 5 行分开写，是因为几乎所有的时序逻辑电路都只不过是基本 D 触发器的升级版而已。读者可回顾一下异步复位的 D 触发器 Verilog HDL 代码，在“if(rst)”之后的代码完成复位功能，在“else”之后的代码实现 D 触发器输出功能。因此，第 5～14 行代码完成复杂的 D 触发器功能，即在完成各种判断（组合逻辑电路）之后，通过一个 D 触发器输出，得到 dout 信号。

再分析一下上面改进后的代码，4 种状态的输出结果都是相同的（条件满足则输出 1'b0，否则输出 1'b1）。因此，可以先设计 4 个信号分别对应于 4 种判断结果，而后再对 4 种情况进行“或”运算，得到最终的饮料判断结果。优化后的最终关键代码如下。

```
wire [3:0] state;
assign state[0] = (din_d1==9'd500)&&(din_d2==9'd480)&&(din_d3==9'd460)&&(din_d4==9'd400);
assign state[1] = (din_d1==9'd480)&&(din_d2==9'd460)&&(din_d3==9'd400)&&(din_d4==9'd500);
assign state[2] = (din_d1==9'd460)&&(din_d2==9'd400)&&(din_d3==9'd500)&&(din_d4==9'd480);
assign state[3] = (din_d1==9'd400)&&(din_d2==9'd500)&&(din_d3==9'd480)&&(din_d4==9'd460);
always @(posedge clk or posedge rst)
 if (rst)
     dout <= 1'b1;
  else
     if (state!=4'd0) dout <= 1'b0;
     else dout <= 1'b1;
```

6.6 小结

本章详细讨论了 D 触发器的设计，D 触发器之所以重要，是因为它是所有时序逻辑电路的基础，并且所有时序逻辑电路 Verilog HDL 代码本质上都是基本的 D 触发器结构。因此，称 D 触发器为时序逻辑电路的灵魂一点也不为过。

本章的学习要点可归纳为：

（1）深刻理解 D 触发器的工作原理，理解输入输出信号波形之间的关系。

（2）熟练掌握基本 D 触发器的 Verilog HDL 代码。

（3）掌握 ModelSim 仿真步骤及基本方法。

（4）掌握测试激励文件的编写方法，理解测试激励文件的作用。

（5）从电路结构的角度去理解“=”与“<=”语句的区别。

（6）理解优化序列检测电路 Verilog HDL 代码设计的思维过程。

第 7 章

时序逻辑电路的精华——计数器

D 触发器是时序逻辑电路的灵魂，因为 D 触发器是构成时序逻辑电路必不可缺的基本组件，并且所有的时序逻辑电路几乎都可以采用基本的 D 触发器 Verilog HDL 描述框架进行设计。对于时序逻辑电路来讲，除掌握 D　触发器外，另外一个需要掌握并深刻理解的基本组件为计数器。所谓时序逻辑电路，是指工作过程遵从一定时间关系的逻辑电路。电路中的基本时间单元是时钟信号，时钟信号的频率或周期决定了最小时间单位，采用计数器即可产生所需的时间长度，并以此通过设计确定电路某些时刻的工作状态。

7.1 简单的十六进制计数器

7.1.1 计数器设计

实例 7-1：十六进制计数器电路设计

我们先来看一下如何设计一个十六进制计数器。所谓十六进制，是指计数器状态有 16 种。计数器对输入的时钟信号进行计数，每来一个时钟周期，计数器加 1，当计数器状态为 15 时，再来一个时钟周期则自动变为 0，即依次出现 0～15 的循环状态。由于 4 位二进制数据就可以表示 16 种状态，因此计数器信号的位宽设置为 4bit。下面是十六进制计数器的 Verilog HDL 代码。

```
module counter16(
    input clk,                      //时钟信号         第 2 行
    output [3:0] cn                 //计数器输出信号    第 3 行
     );

    reg [3:0] num=0;                //第 6 行
    always @(posedge clk)           //第 7 行
      num <= num + 1;               //第 8 行
```

```
        assign cn = num;                //第 10 行

    endmodule
```

上述代码中，第 6 行声明了 4bit 位宽的 reg 类型信号 num，第 7、8 行采用 always 语句描述了一个十六进制计数器，第 10 行将计数器信号 num 送至输出端口（作为输出信号 cn）输出。

由于 always 语句仅需要对第 8 行语句起作用，因此没有使用 begin…end 语句。如果按语义来分析第 7、8 行代码，可以理解为当 clk 信号的上升沿到来的时刻，num 信号加 1。这正好是计数器的工作过程。由于 num 为 4bit 信号，当自动累加到 4'b1111（4'd15）时，再次加 1，则变为 5'b10000，自动舍掉高位，回归到 4'b0000（4'b0）值，从而实现十六进制计数器功能。

设计仿真测试激励文件 conter16_vlg_tst.v，测试激励文件中只需生成时钟信号 clk 即可，调整 ModelSim 波形窗口的显示方式，得到十六进制计数器的仿真波形，如图 7-1 所示。

图 7-1　十六进制计数器的仿真波形

针对上面这段代码，需要说明的有两处。一是第 6 行声明 num 信号时，对其赋了初值 0。如果不赋初值，则上电后 num 的状态不确定，则每次加 1 后仍然为不确定的状态，因此在仿真时无法得到正确的计数器波形。虽然仿真时无法得到正确的波形，但如果将设计的程序下载到 FPGA 芯片中，计数器仍能够正确地工作。因为在实际电路中，上电后的 num 一定会是某个确定值，只是不能确定这个值是多少而已，上电后仍然会在原值的基础上依次加 1。二是可以不声明第 6 行的中间信号 num，计数器代码如下。

```
    module counter16(
        input clk,                  //时钟信号      第 2 行
        output reg [3:0] cn         //计数器输出信号    第 3 行
        );
                                    //第 5 行
        //reg [3:0] num=0;          //第 6 行    采用“//”注释掉这一行的代码
        always @(posedge clk)       //第 7 行
          cn<= cn+ 1;               //第 8 行

    endmodule
```

上面这段代码虽然仍然能够得到正确的计数器电路，但代码中的端口信号 cn 为输出类型（output），在第 8 行代码中 cn 在赋值语句的右侧，相当于充当了输入信号。因此，第 3 行声明的端口信号状态与代码中的信号状态出现了不一致的现象。虽然 Verilog HDL 语法允许这样设计代码，但仍建议读者采用前一种设计方法，即输出的端口信号不出现在赋值语句的右侧。如果输出信号需要在代码设计中当成输入信号使用，则可以声明一个中间信号（中间信号既可以作为输入信号，又可以作为输出信号），再将这个中间信号输出到端口

即可。Verilog HDL 也提供了双向端口类型（inout），这种类型的信号一般仅用于声明双向数据类型的端口。

7.1.2　计数器就是加法器和触发器

根据第 6 章对 D 触发器的讨论，所有时序逻辑电路都是由组合逻辑电路和触发器构成的电路。计数器的实际原理图是什么样的呢？完成计数器代码设计后，对程序进行综合编译，查看 RTL 原理图，如图 7-2 所示。

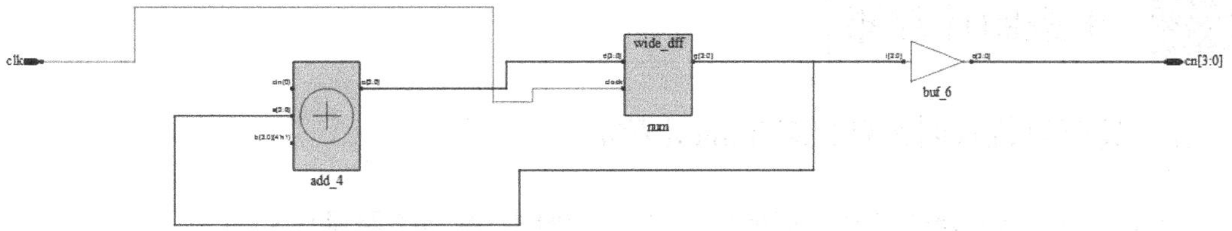

图 7-2　计数器的 RTL 原理图

由图 7-2 可知，计数器是由一个加法器（add_4）和一个触发器（num）组成的。加法器的两个输入端中，一个连接计数器的输出，另一个为固定值 1。根据数字电路技术的基础知识，加法器完成组合逻辑加法运算，D 触发器在时钟信号 clk 触发后将运算结果送出。读者可以尝试按照数字电路技术的知识结构，根据加法器及 D 触发器的特性绘制计数器的输出波形。可以发现，图 7-2 所示的结构正好组成了一个十六进制计数器。

上面描述计数器的建模方式为行为级建模，为了加深读者对计数器的理解，同时为测验读者对采用 Verilog HDL 描述电路的掌握程度，读者可以尝试根据图 7-2 所示的结构形成另一段描述计数器的代码，即采用结构化建模的方式完成计数器设计。

```
module counter(
     input clk,
     output [3:0] cn
     );

      //采用结构化建模描述计数器电路
      wire [3:0] add0;
      reg [3:0] num=0;

       assign add0 = num + 4'd1;

       always @(posedge clk)
          num <= add0;

       assign cn = num;

endmodule
```

请读者自行对照图 7-2 理解上述结构化建模的计数器代码。在实际设计过程中，显然采用行为级建模描述计数器要简单得多。

实际上，我们采用 Verilog HDL 设计电路，本质上就是采用 FPGA 开发环境用“听得懂的语言”来描述我们所需要的电路，使 FPGA 实现我们所需要的功能。Verilog HDL 是我们和 FPGA 之间沟通的桥梁，而沟通的具体模式并不多，仅包括：“如果…就（if…else）”、门电路、加/减/乘法运算、计数器等少数的几种。FPGA 工程师的价值，正是在于用这几种简单的模式，通过 Verilog HDL，向 FPGA 描述头脑里需要实现的功能电路。

7.2 十进制计数器

7.2.1 具有复位及时钟使能功能的计数器

实例 7-2：具有复位及时钟使能功能的十六进制计数器电路设计

前面采用几行 Verilog HDL 代码完成了十六进制计数器的设计，但计数器的功能比较简单，没有复位功能，也没有可以控制计数器停止/继续计数的信号。与 D 触发器类似，实际电路中通常需要提供计数器的复位及时钟使能信号（启动或停止计数）。下面是具有异步复位及时钟使能功能的十六进制计数器的 Verilog HDL 代码。

```
module counter16_cerst(
    input clk,rst,ce,
    output [3:0] cn
    );

    //具有复位及时钟使能功能的计数器
     reg [3:0] num=0;
     always @(posedge clk or posedge rst)
       if (rst)
           num <= 0;
      else if (ce)
           num <= num + 1;              //第 12 行

      assign cn = num;

endmodule
```

对比具有复位及时钟使能功能的计数器与 D 触发器的 Verilog HDL 代码，可以发现两段代码的主要区别在于第 12 行，计数器在这一行实现了加 1 的功能，D 触发器在这一行实现了将输入信号赋值给输出信号的功能。也就是说，计数器的代码只不过是 D 触发器代码的简单修改而已，或者说两段代码的框架是一样的。

读者可以查看综合后的计数器 RTL 原理图。从图中可以看出，复位信号 rst 直接与 D 触发器相连，时钟使能信号的功能是通过控制进入 D 触发器的信号是加法器的输入或输出来实现的。如果进入 D 触发器的信号为加法器的输入，则相当于计数器始终不计数，否则开始计数。不同厂家的 FPGA 器件结构不同，底层的触发器功能也有一定的差异，对于 Intel FPGA 来讲，时钟使能信号是直接输入 D 触发器的。也就是说，Intel FPGA 的 D 触发器提供了时钟使能信号端口，而高云 FPGA 的 D 触发器没有提供这个端口。

经过以上分析可知，所谓的具有异步复位及时钟使能功能的计数器，是由加法器和一个具有复位及时钟使能功能的 D 触发器电路组成的。

图 7-3 为具有复位及时钟使能功能的十六进制计数器的仿真波形图，从图中可以看出，当 rst 为高电平时，计数器始终输出 0；当 ce 信号为低电平时，计数器停止计数；当 rst 为低电平，ce 为高电平时，计数器正常计数。

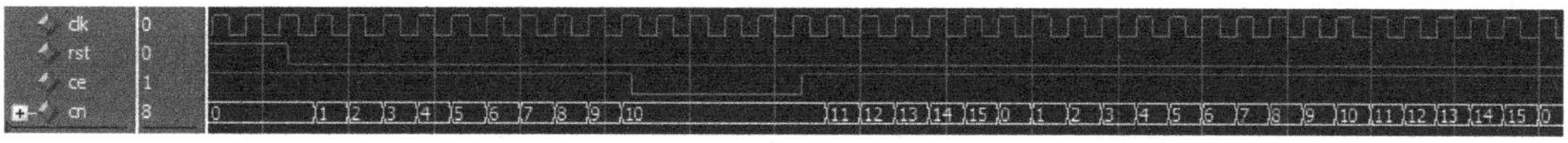

图 7-3　具有复位及时钟使能功能的十六进制计数器的仿真波形图

以上计数器的完整工程文件请参见本书配套资料中的“chp7/E7_2_counter16_cerst”文件夹。

7.2.2　讨论计数器的进制

实例 7-3：十进制计数器电路设计

利用二进制运算的规则，对计数器的状态几乎不需要控制即可生成十六进制计数器。同样的道理，如果计数器的位宽为 5bit，则可生成 32 进制计数器，如果计数器的位宽为 10bit，则可生成 1024 进制计数器。

如何生成十进制计数器呢？或者如何生成 100 进制计数器呢？对于十进制计数器来讲，采用“如果…就”的叙述方式可表述为：如果计数器已计到 9，下一时刻就使计数器重新计数，否则就继续计数。采用 Verilog HDL 描述的十进制计数器代码如下。

```
//十进制计数器代码 1
module counter10(
    input clk,
    output [3:0] cn
    );

reg [3:0] num=0;
 always @(posedge clk)
    if (num==9)                //第 8 行
      num <= 0;                //第 9 行
    else                       //第 10 行
      num <= num + 1;
```

```
    assign cn = num;

endmodule
```

图 7-4 为十进制计数器的仿真波形图，从图中可以看出实现了十进制计数功能。十进制计数器的 Verilog HDL 代码与十六进制计数器的 Verilog HDL 代码的区别主要体现在第 8、9 行。为什么判断条件为 num==9 而不是 num==10？也就是说当 num==9 时，并没有立即执行第 9 行代码使 num 为 0，而是在下一个时钟周期才执行第 9 行代码。这种语法的执行情况正是由 D 触发器的特定功能决定的，即 D 触发器仅在时钟的上升沿动作，当检测到 num==9 时，说明 num 一定会出现“9”这个数值，且持续至少一个时钟周期，下一个时钟周期设置 num==0，正好实现十进制的计数功能。

图 7-4　十进制计数器的仿真波形图

如果再增加复位信号及时钟使能信号，则完善后的十进制计数器代码如下。

```
//十进制计数器代码 2
always @(posedge clk or posedge rst)
    if (rst)
      num <= 0;
    else if (ce)
      if (num==9)
        num <= 0;
      else
          num <= num + 1;
```

请读者自行分析上面这段代码的设计方法，并设计仿真测试激励文件，对这段代码的功能进行仿真测试。

7.2.3 计数器代码的花式写法

正如我们前面学习组合逻辑电路设计一样，同一个功能电路通常可以有多种不同的建模方法，对应着不同的 Verilog HDL 代码。即使均采用行为级建模，十进制计数器也可以有多段不同的 Verilog HDL 代码。下面给出几段代码，请读者仔细分析比较，掌握不同的设计思路。

```
 //十进制计数器代码 3
always @(posedge clk or posedge rst)
   if (rst)
     num <= 0;
   else if (ce)
     if (num>8)      //此处修改为>8，则一定会出现 num==9 的状态；也可以修改为 num>=9
       num <= 0;
```

```
      else
        num <= num + 1;
```

前面两段十进制计数器代码中，控制计数器的方法是判断计数值是否达到或大于某个值，而后将计数值设置为 0，否则计数器加 1。我们还可以采用“如果计数值小于 9，计数器加 1，否则计数器为 0”的叙述方式。根据这种思路编写的 Verilog HDL 代码如下。

```
 //十进制计数器代码 4
always @(posedge clk or posedge rst)
    if (rst)
      num <= 0;
    else if (ce)
      if (num<9)             //也可以修改为 num<=8
        num <= num+1;
      else
        num <=0;
```

以上计数器的完整工程文件请参见本书配套资料中的“chp7/E7_2_counter10”文件夹。

7.3 计数器是流水灯的核心

7.3.1 设计一个秒信号

实例 7-4：秒信号电路设计

基于 CGD100 开发板设计秒信号电路，使 8 个 LED 以 1Hz 频率闪烁。

在电路设计中，计数器只是一个基本电路，FPGA 设计的目的是完成特定的功能电路。在本书后面的实例设计中，读者会发现，几乎所有的功能电路都与计数器相关，甚至感觉好像只是在不断设计不同的计数器。在设计流水灯电路之前，先设计一个秒信号电路，使开发板上的 8 个 LED 均以 1Hz 频率闪烁。

由于 CGD100 开发板的晶振频率为 50MHz，可以设计一个 50000000 进制的计数器 cn1s，则 cn1s 的计数周期为 1s。再对 cn1s 的值进行判断，当 cn1s>25000000 时输出信号为高电平，点亮 LED，否则输出信号为低电平，则可实现 LED 以 1Hz 频率闪烁的功能。按照这个思路完成的秒信号电路 Verilog HDL 代码如下。

```
//秒信号电路代码
module second(                                          //第 1 行
    input clk,rst_n,
    output [7:0] led
    );

      reg [25:0] cn1s=0;                                //第 6 行
      parameter SEC_ONE=26'd50_000_000;                 //第 7 行
      parameter SEC_HALF=26'd25_000_000;                //第 8 行
```

```
    //秒表功能电路代码 1
    always @(posedge clk or negedge rst_n)
      if (!rst_n)
        cn1s <= 0;
      else
        if (cn1s<(SEC_ONE-1))                       //第 15 行
          cn1s <= cn1s + 1;
        else
          cn1s <= 0;

    assign led =(cn1s>SEC_HALF) ? 8'hff : 8'h00;     //第 20 行

endmodule
```

由于 CGD100 开发板上的按键信号为低电平有效，因此复位信号取名为 rst_n。新建引脚约束文件 CGD100.cst，重新编译工程，将编译生成的 second.fs 文件下载到开发板上，可以观察到开发板上的 8 个 LED 以 1Hz 的频率闪烁。读者可在本书配套资料中的"chp7\E7_4_second"目录下查看完整的工程文件。

除上述设计思路外，也可以先设计一个周期为半秒（25000000 进制）的计数器，而后每隔半秒钟使秒信号取一次反。按照上述思路设计的代码如下（仅给出修改后的代码部分）。

```
//秒表功能电路代码 2
always @(posedge clk or negedge rst_n)    //第 11 行
   if (!rst_n)
     cn1s <= 0;
  else
    if (cn1s<( SEC_HALF)-1))             //第 15 行
      cn1s <= cn1s + 1;
    else begin                           //第 17 行
      cn1s <= 0;
     led <= !led;                        //第 19 行
     end                                 //第 20 行
```

上述代码中，第 15 行将计数器的周期由 SEC_ONE 修改为 SEC_HALF，第 17 行至第 20 行中间，添加了 led<=!led 及 begin…end 语句。由于 led 信号在 always 语句块中被赋值，因此原程序中的 led 信号需要定义为 reg 类型。

需要说明的是，第 19 行对 led 取反的操作是在 cn1s=（SEC_HALF-1）时进行的。实际上，由于 cn1s 的计数器在每半秒中依次从 0 至（SEC_HALF-1）计数，每个计数状态仅出现一次，因此对任意一个计数值进行操作都产生秒信号。下面的代码也可以实现 led 每秒闪烁一次的功能。

```
//秒表功能电路代码 3
always @(posedge clk or negedge rst_n)    //第 11 行
```

```
    if (!rst_n)
      cn1s <= 0;
   else
      if (cn1s<( SEC_HALF)-1))                    //第 15 行
        cn1s <= cn1s + 1;
      else                                        //第 17 行
        cn1s <= 0;

   always @(posedge clk)
     if (cn1s==0)                                 //第 21 行
        led <= !led;
```

7.3.2　流水灯电路的设计方案

第 4 章已经完成了一个流水灯电路设计。在 CGD100 上的 8 个 LED（LED0～LED7）排成一行，随着时间的推移，8 个 LED 依次循环点亮，呈现出“流水”的效果。设定每个 LED 的点亮时长 LIGHT_TIME 为 0.2 s，从上电时刻开始，0～0.2 s 内 LED0 点亮，0.2～0.4 s 内 LED1 点亮，依此类推，在 1.2～1.4 s 内 LED7 点亮，完成一个 LED 依次点亮的完整周期，即一个周期为 1.4 s。下一个 0.2 s 的时间段，即 1.4～1.6 s 内 LED0 重新点亮，并依次循环。

为便于分析，将第 4 章的流水灯 Verilog HDL 代码重写如下。

```
//waterlight.v 文件
module waterlight(
   //系统时钟及复位信号
   input clk50m,                                               //系统时钟：50MHz
   input rst_n,                                                //复位信号：低电平有效
    //8 个 LED：显示流水灯
    output reg [7:0] led                                       //8 个 LED
);

   reg [26:0] cn=0;
   always @(posedge clk50m or negedge rst_n)
      if (!rst_n) begin
        cn <= 0;
        led <= 0;
        end
      else begin
        if (cn>27'd8000_0000) cn <=0;                          //第 17 行
        else cn <= cn + 1;                                     //第 18 行
        if (cn<27'd1000_0000) led <=8'b0000_0001;              //第 19 行
        else if (cn<27'd2000_0000) led <=8'b0000_0010;         //第 20 行
        else if (cn<27'd3000_0000) led <=8'b0000_0100;         //第 21 行
        else if (cn<27'd4000_0000) led <=8'b0000_1000;         //第 22 行
        else if (cn<27'd5000_0000) led <=8'b0001_0000;         //第 23 行
```

```
        else if (cn<27'd6000_0000) led <=8'b0010_0000;     //第 24 行
        else if (cn<27'd7000_0000) led <=8'b0100_0000;     //第 25 行
        else led <=8'b1000_0000;                           //第 26 行
        end
endmodule
```

由上面的代码可知，第 17、18 行产生了一个周期为 80000000 的计数器 cn，由于时钟频率为 50MHz，因此 cn 的周期为 1.6s。第 19 行判断 cn 的值，当小于 10000000（0.2s）时点亮 LED[0]（led<=8'b0000_0001）；第 20 行判断 cn 的值，当大于 10000000（0.2s），且小于 2000000（0.4s）时点亮 LED[1]（led <=8'b0000_0010）；第 21 行至第 26 行分别根据 cn 的值，依次点亮其他 LED。由于 cn 是周期循环计数的，8 个 LED 在 cn 的控制下实现了流水灯效果。

上面这种设计方案简易可行，但不便于通过修改参数实现对流水灯闪烁频率的控制。比如，我们要提高流水灯闪烁频率，使得每个 LED 点亮的持续时间为 0.1s，完成一个流水周期缩短为 0.8s，则需要同时对第 17～26 行的代码进行修改。

为了便于实现对流水灯闪烁频率的控制，可以采用下面的设计方案。

由于输入时钟信号的频率为 50 MHz，LED 点亮的持续时间为 0.2 s，因此可以首先生成一个周期为 0.2 s 的时钟信号 clk_light；然后在 clk_light 的控制下，生成 3 bit 的八进制计数器 cn8，cn8 共有 8 种状态（0～7），且每种状态的持续时间为一个 clk_light 的时钟周期，即 0.2 s；最后根据 cn8 的 8 种状态，分别点亮某个 LED，即当 cn8 为 0 时，点亮 LED0，cn8 为 1 时点亮 LED1，依此类推，当 cn8 为 7 时点亮 LED7，从而实现流水灯效果。

流水灯实例的 FPGA 程序设计框图如图 7-5 所示。经过前面的分析，流水灯的闪烁频率由计数器 cn_light 控制，仅修改 cn_light 的计数周期，即可达到调整流水灯闪烁频率的目的。新的设计方案需要设计 2 个计数器：cn_light 和 cn8。电路的基本模块仍然是计数器。

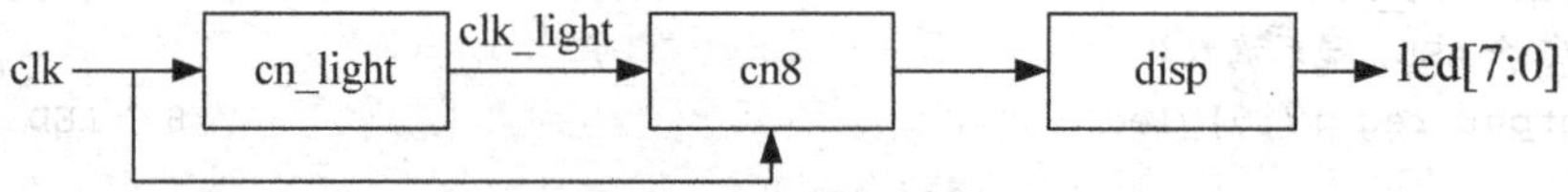

图 7-5　流水灯实例的 FPGA 程序设计框图

7.3.3　闪烁频率可控制的流水灯

实例 7-5：闪烁频率可控制的流水灯电路设计

采用前面讨论的流水灯设计方案，设计一个可通过按键控制闪烁频率的流水灯电路。基本功能为，当两个按键均不按下（key[1:0]=2'b11）时，单个 LED 点亮的时间为 0.2s；当 key[0]按下（key[1:0]=2'b10）时，单个 LED 点亮的时间为 0.15s；当 key[1]按下（key[1:0]=2'b01）时，单个 LED 点亮的时间为 0.1s；当两个按键同时按下（key[1:0]=2'b00）时，单个 LED 点亮的时间为 0.05s。

完善后的流水灯 Verilog HDL 代码如下。

```
//waterlight.v 程序
module waterlight(
    input clk50m,                                    //50MHz 时钟信号
    input [1:0] key_n,                               //按下为低电平
    output reg [7:0] led                             //高电平点亮
    );

    reg [25:0] LIGHT_TIME=26'd50_0000;
    reg [25:0] cn_light=0;
    reg [2:0] cn8=0;
    reg clk_light =0;

    //根据按键状态设置计数周期
    always @(*)                                      //第 14 行
      case (key_n)                                   //第 15 行
          0: LIGHT_TIME=26'd500_0000;                //0.2s/2  //第 16 行
          1: LIGHT_TIME=26'd375_000;                 //0.15s/2  //第 17 行
          2: LIGHT_TIME=26'd250_0000;                //0.1s/2  //第 18 行
          default: LIGHT_TIME=26'd125_000;           //0.05s/2  //第 19 行
        endcase

    //产生周期为 LIGHT_TIME 的时钟信号
    always @(posedge clk50m)                         //第 23 行
      if (cn_light < LIGHT_TIME)
          cn_light <= cn_light + 1;
      else begin
          cn_light <= 0;
          clk_light <= !clk_light;
          end                                        //第 29 行

    //产生八进制计数器 cn8
    always @(posedge clk_light)                      //第 32 行
      cn8 <= cn8 + 1;                                //第 33 行

    //根据计数器状态点亮 LED
    always @(*)                                      //第 36 行
      case (cn8)
        0: led <= 8'b0000_0001;
        1: led <= 8'b0000_0010;
        2: led <= 8'b0000_0100;
        3: led <= 8'b0000_1000;
        4: led <= 8'b0001_0000;
        5: led <= 8'b0010_0000;
        6: led <= 8'b0100_0000;
        default: led <= 8'b1000_0000;
```

```
        endcase                                         //第 46 行

    endmodule
```

程序中，第 14～19 行根据按键状态，设置计数周期 LIGHT_TIME 分别为 0.1s、0.075s、0.05s、0.025s，第 23～29 行产生计数周期为 LIGHT_TIME 的计数器，且每计满一个周期，信号 clk_light 取一次反，相当于产生周期为 2 倍 LIGHT_TIME 时长的时钟信号。第 32～33 行在 clk_light 的驱动下，产生八进制计数器 cn8。第 36～46 行根据 cn8 的状态依次点亮相应的 LED，完成流水灯电路功能。

7.3.4 采用移位运算设计流水灯电路

前面用计数器的方法实现流水灯电路。根据流水灯的工作原理，每个时间段分别点亮一个 LED，也可以采用移位运算实现流水灯电路，即设置 8 个 LED 的初始状态为 8'b0000_0001，每个时间段使 LED[7:0]依次向左移一位，即依次变化为 8'b0000_0010，8'b0000_0100，直到 8'b1000_0000。当 LED 移位到 8'b1000_0000 时再次将 LED 状态重置为 8'b0000_0001 即可。

Verilog HDL 语法中的移位操作符包括左移操作符“<<”和右移操作符“>>”，且移位后数据的空位均被置 0。

采用移位操作符重写流水灯电路，将 32～46 行替换为下列语句即可。

```
//采用移位操作符完成的流水灯电路
reg [7:0] ldt=8'b0000_0001;
always @(posedge clk_light)
if (ldt==8'b10000_0000)
    ldt <= 8'b0000_0001;
else
   ldt <= (ldt<<1);

always @(posedge clk_light)
      led <= ldt;
```

从上面这段代码可以看出，采用移位操作符实现流水灯电路的代码要比采用多个计数器实现流水灯电路的代码简单些。前面花费这么多篇幅来介绍计数器的设计方法的意义何在？因为在 FPGA 设计过程中，计数器的设计具有普遍性。随着学习的深入，读者会逐渐体会到计数器在 FPGA 设计过程中无可替代的作用。

7.4 Verilog 的本质是并行语言

7.4.1 典型的 Verilog 错误用法——同一信号重复赋值

下面是一段复位使能的计数器电路的 Verilog HDL 代码。

```
module counter(
  input rst,
  input clk,
  output [3:0] cn
  );

  reg [3:0] num;
  always @(*)            //第 8 行
    if (rst)             //第 9 行
       num <= 0;         //第 10 行

  always @(posedge clk)  //第 12 行
    num <= num + 1;      //第 13 行

   assign cn = num;      //第 15 行

endmodule
```

代码编写者的本意是将复位状态与工作状态分段来写，便于代码的后期管理。第 8～10 行采用 always 语句完成复位状态下 num 计数器置 0；第 12～13 行实现计数功能。编写完代码后进行编译时，云源软件给出如下的错误提示信息。

```
ERROR (EX2000) : Net 'num[3]' is constantly driven from multiple places("D:\
CGD100_Verilog\chp7\E7_5_waterlight\waterlight\src\mutisource.v":10)
ERROR (EX1999) : Found another driver here("D:\CGD100_Verilog\chp7\E7_5_wate
rlight\waterlight\src\mutisource.v":13)
```

提示信息的大意是：无法处理多个驱动信号对 num[3]的重复操作。

下面是一段信号大小比较电路的 Verilog HDL 代码。

```
module compare(
  input [3:0] a,
  input [3:0]  b,
  input [3:0] c,
  output [3:0] max
  );

  reg [3:0] tem;         //第 8 行
   always @(*)           //第 9 行
     tem <= a + b;       //第 10 行

  always @(*)            //第 12 行
     begin
       if (tem < c)      //第 14 行
         tem <= c;
     end                 //第 16 行
```

```
    assign max = tem;

endmodule
```

上述代码中，第 8～10 行采用 always 语句计算 a 与 b 的和 tem；第 12～16 行判断 tem 与 c 的大小，并将较大的值赋给 tem，最终作为输出信号 max 输出。编写完代码后进行编译时，云源软件给出如下的错误提示信息。

```
    ERROR (EX2000) : Net 'tem[3]' is constantly driven from multiple places("D:\CGD100_Verilog\chp7\E7_5_waterlight\waterlight\src\mutisource.v":10)
    ERROR (EX1999) : Found another driver here("D:\CGD100_Verilog\chp7\E7_5_waterlight\waterlight\src\mutisource.v":16)
```

提示信息的大意是：无法处理多个驱动信号对 tem[3]的重复操作。

上述两段代码均无法通过编译，且给出的错误提示信息类似，即代码中对某个信号进行了多重赋值操作。

接下来我们分析一下出现类似错误提示信息的原因，并理解用 Verilog HDL 编写代码的一个非常重要的原则，即不能对同一个信号在同一时刻重复进行赋值操作。

7.4.2 并行语言与顺序语言

无论对于上面的第一段计数器代码还是第二段比较器（信号大小比较电路）代码，如果按照 C 语言的语法规则，采用前述的思路编写代码没有任何问题。因为 C 语言本身就是一种顺序执行语言，即文件中的所有语句均是按书写顺序（不考虑中断的情况）执行的。既然语句都是按书写顺序执行的，也就不会出现不同语句对同一变量同时赋值的情况。

而 Verilog HDL 本质上是并行语言！

借用并行语句与顺序语句的概念，我们将代码按编写顺序执行的语言称为顺序语言，将代码执行顺序与编写顺序无关的语言称为并行语言。Verilog HDL 与 C 语言最本质的区别在于，C 语言是顺序语言，Verilog HDL 是并行语言。

根据 Verilog HDL 语法规则，Verilog HDL 中有顺序语句和并行语句。如 if…else 语句就是典型的顺序语句。而 assign 语句或独立的赋值语句则为并行语句，这些语句之间没有直接的逻辑关系，语句是并行执行的，与书写顺序无关。

同时，Verilog HDL 语法中的另一个重要概念是块语句。块语句通常用来将两条或多条语句组合在一起，使其在格式上看起来更像一条语句。Verilog HDL 有两种块语句：begin…end（顺序块）和 fork…join（并行块）。其中，begin…end 用来表示顺序块语句，可用在 Verilog HDL 可综合的程序中，也可用在测试激励文件中；fork…join 用来表示并行块语句，只能用在测试激励文件中。

根据 Verilog HDL 语法描述，顺序块中的语句是按顺序执行的，即只有上面一条语句执行完后，下面的语句才能执行；并行块的语句是并行执行的，即各条语句无论书写的顺序如何，均是同时执行的。

虽然从语法上来讲，顺序块中的语句是按顺序执行的，但我们从语句所描述的电路角度来理解，更容易把握语句的执行结构。如果顺序块中用到 if…else 语句，由于 if…else 本身就具备严格的先后顺序，因此语句按顺序执行。如果顺序块中的几条语句本身没有直接的逻辑关系，则各语句仍然是并行执行的。

因此，如果我们将每条相对独立的语句或每个语句块当作一条语句，如将 if…else 语句当作一条语句，每个 always 语句块当作一条语句，每个 begin…end 语句当作一条语句，则所有语句的执行顺序与书写顺序无关，因为这些语句均是同时并行执行的。

如何理解 Verilog HDL 程序的各语句块的并行执行过程？因为 Verilog HDL 程序描述的是电路，每个独立的语句块描述的是一个相对独立（具有输入、输出信号）的电路模块。上电时，各语句块描述的电路会同时工作，各语句块本身并没有先后顺序之分，也就不存在谁先执行谁后执行的问题。

7.4.3　采用并行思维分析信号重复赋值问题

由于 Verilog HDL 是并行语言，所有语句块之间都是相互并行的关系。因此对于前面讨论的计数器代码来讲，将第 8～10 行代码与第 12～13 行代码的书写顺序互换，代码描述的电路并没有任何改变。而如果仍采用类似 C 语言的语法规则来分析这段代码，则调整后的代码与原代码的执行过程是完全不一样的。同样，对于比较器代码来讲，将第 8～10 行代码与第 12～16 行代码的书写顺序互换，代码描述的电路也没有任何改变。

无论是否改变计数器及比较器的代码书写顺序，程序编译后都会出现同样的错误提示信息：无法处理多个驱动信号对某个信号的重复操作。

为什么会出现上述的错误提示信息？对于计数器代码来讲，上电后第 8～10 行代码形成的电路会根据 rst 的状态对 num 赋值（赋值为 0），同时第 12～13 行代码会在 clk 的驱动下对 num 进行计数。由于代码中并没有设定 rst 与 clk 的优先级关系，因此会存在同一时刻对 num 赋值为 0 的情况，且 num 完成计数的功能。相当于 num 信号同时被两个信号驱动，num 的状态无法确定，在电路中也是无法实现的。对于比较器代码来讲，上电后第 8～10 行代码中 tem 的值为 a 与 b 的和，同时第 12～16 行代码要求 tem 的值为与 c 相比之后的较大值。由于代码中并没有设定两种情况下的优先级关系，因此会存在同一时刻 tem 的值被两个信号驱动的情况，在电路中也是无法实现的。

因此，上述计数器代码及比较器代码无法通过编译的根本原因为，代码中的某个信号同一时刻被多个驱动信号重复赋值。

理解了 Verilog HDL 的并行语言特点，修改后的计数器代码如下。

```
 reg [3:0] num;
always @(posedge clk)          //原第 12 行
   if (rst)
     num <= 0;
   else
    num <= num + 1;            //原第 13 行

     assign cn = num;          //原第 15 行
```

将赋值代码与计数代码写在同一个 always 语句块中，采用 if…else 语句设定了赋值与计数的优先级，则“num<=0”和“num<=num+1”两条语句始终不可能同时执行，也就避免了信号 num 被多个驱动信号重复赋值的情况发生。修改后的代码实际上是一个同步复位的计数器电路。

修改后的比较器代码如下。

```
reg [3:0] tem;                  //第 8 行
always @(*)                     //第 9 行
tem <= a + b;                   //第 10 行
reg[3:0] tem1;                  //第 11 行
always @(*)                     //第 12 行
   if (tem < c)                 //第 13 行
     tem1 <= c;                 //第 14 行
   else                         //第 15 行
     tem1 <= tem;               //第 16 行
assign max =  tem1;             //第 17 行
```

在第 11 行声明了一个 4bit 的 reg 类型变量 tem1，第 12～16 行通过判断 tem 与 c 的大小，将较大的值赋给 tem1，第 17 行将 tem1 通过 max 信号输出。整个代码避免了信号 tem 被多个驱动信号重复赋值的情况发生。

7.5 呼吸灯电路设计

7.5.1 呼吸灯的工作原理

一些手机、计算机等产品在关闭显示屏后，会有一个显示灯不断由暗变亮，又由亮变暗，好像人的呼吸一样，这种 LED 灯称为呼吸灯。

我们知道，常规的 LED 灯只有亮（高电平）及暗（低电平）两种状态。如果产生一个周期性的脉冲信号用于驱动 LED 灯，则 LED 灯会出现闪烁状态。如果脉冲信号的频率足够高（大于人眼的分辨频率 24Hz），则由于人眼的分辨率问题，看起来 LED 灯仍然是恒亮的。此时，只要控制脉冲信号的占空比（一个周期内高电平持续的时间占整个周期的比值），相当于控制了通过 LED 灯的平均电流大小，就可以控制 LED 灯的亮度。这种通过控制脉冲信号占空比改变 LED 灯亮度的方法称为脉冲宽度调制（Pulse Width Modulation，PWM）。

采用 PWM 方法能够实现控制 LED 灯亮度的目的。要实现呼吸灯功能，则只需合理设计每种亮度的保持时间，使得 LED 灯在每一小段时间内依次呈现不同的亮度状态即可。

设计呼吸灯需要明确呼吸的频率。比如要求呼吸灯的呼吸频率为 0.25Hz，呼吸周期为 4s，即呼的状态（由亮至暗）时长为 2s，吸的状态（由暗到亮）时长为 2s。根据 PMW 调整 LED 灯亮度的原理，还需要确定呼的状态或吸的状态过程中总共出现多少种亮度状态。如果亮度状态太少，则 LED 灯的呼吸状态会显得断断续续，感觉呼吸不顺畅。亮度状态越多，则呼吸状态越顺畅。

接下来我们设计一个亮度状态为 1000 种，呼吸频率为 0.25Hz 的呼吸灯电路。

7.5.2　设计思路分析

实例 7-6：呼吸灯电路设计

在 CGD100 开发板上完成呼吸灯电路设计，要求 8 个 LED 灯产生呼吸效果。

与流水灯电路相比，呼吸灯电路的设计稍复杂些。为了编写出更简洁的代码，首先需要形成合理的设计思路及方案，设计思路及方案的好坏直接影响到编写代码的效率。

根据前面对呼吸灯原理的描述，要实现控制呼吸频率、亮度状态等功能，均需要采用计数器电路。为便于读者理解整个电路的设计过程，下面先给出呼吸灯电路的顶层 RTL 原理图，如图 7-6 所示。

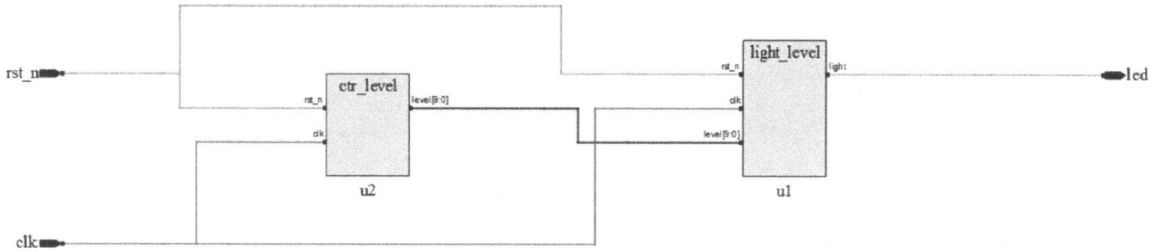

图 7-6　呼吸灯电路的顶层 RTL 原理图

如图 7-6 所示，本次设计采用 2 个功能模块完成呼吸灯电路。亮度实现模块（light_level）用于根据 level[9:0]信号产生不同占空比的 LED 信号，即产生不同亮度的信号。level 的取值范围为 0～999，可产生 1000 种亮度的 LED 信号，clk 为 50MHz 时钟信号，rst_n 为低电平有效的复位信号。亮度控制模块（ctr_level）用于分时段产生不同的亮度控制信号 level[9:0]。由于设计实例中呼吸频率为 0.25Hz，呼的状态（由亮至暗）持续时间为 2s，共 1000 种亮度状态，则每种状态持续 2ms；吸的状态（由暗至亮）持续时间为 2s，共 1000 种亮度状态，则每种状态持续 2ms。因此，level 信号相当于一个间隔为 2ms 的计数器，且依次从 0 增加到 999，而后又从 999 依次减小到 0。level 及 light 信号的波形如图 7-7 所示。

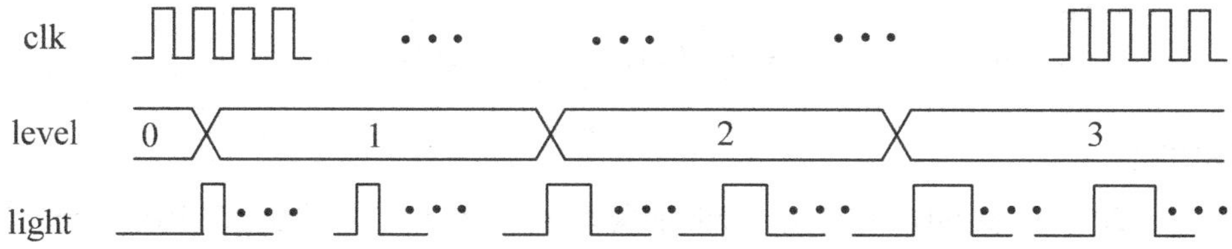

图 7-7　呼吸灯电路中的信号波形示意图

7.5.3　亮度实现模块 Verilog HDL 设计

根据呼吸灯顶层电路模块的设计，亮度实现模块（light_level）在 50MHz 时钟信号的驱动下，根据 level 的值产生不同占空比的 LED 信号，实现产生不同亮度 LED 灯的功能。在 50MHz 时钟信号驱动下，最小脉冲宽度为一个 50MHz 时钟周期，由于要求设计 1000 种不同的占空比信号，最暗的状态为全 0，其次为 1 个周期的高电平、997 个周期的低电平，再次为 2 个周期的高电平、996 个周期的低电平，依次增加高电平的宽度并减小低电平的宽度，直到 997 个周期的高电平、1 个周期的低电平，最亮的为全 1。采用这种思路即可产生 1000 种不同亮度的信号。

light_level 模块的 Verilog HDL 代码如下。

```
module light_level(
    input rst_n,
    input clk,                                    //50MHz 时钟信号
    input [9:0] level,                            //0-不亮；999-最亮；其他值无效
    output reg light                              //亮度级别为 level 的脉冲信号
  );

    reg [9:0] cn;
    reg pd=0;
    reg pce=0;

  //产生 999 进制计数器
always @(posedge clk or negedge rst_n)           //第 13 行
      if (!rst_n)                                 //第 14 行
        cn <= 0;                                  //第 15 行
      else
        if (cn<998)
           cn <= cn + 1;
        else
           cn <= 0;                               //第 20 行

    //根据 cn、level 的值产生不同亮度等级的信号
    always @(posedge clk or negedge rst_n)       //第 23 行
      if (!rst_n)
         light <= 0;
      else
         light <= (cn>=level)? 0:1;               //第 27 行

endmodule
```

第 13～20 行在 50MHz 时钟信号 clk 的驱动下生成一个 999 进制的计数器 cn。第 23～27 行根据 level 的值，产生不同占空比的信号 light。当 level 为 0 时，light 输出全 0 值；当 level 为 1 时，输出的 light 高电平脉冲时长为 1 个时钟周期，低电平脉冲时长为 997 个时钟周期；当 level 为 999 时，输出全 1 值。因此，亮度实现模块的核心仍然是周期为 999 的计数器。

7.5.4 亮度控制模块 Verilog HDL 设计

根据呼吸灯顶层电路模块的设计，亮度控制模块（ctr_level）在 50MHz 时钟信号的驱

动下，输出范围为 0～999 的亮度信号 level，用于控制 light_level 输出不同亮度的信号。由于设定呼吸频率为 0.25Hz，在 4s 内共产生 2000 种状态，前 1000 种状态从 0 递增到 999，后 1000 种状态从 999 递减至 0。因此，每种状态的持续时间为 2ms。

ctr_level 模块的 Verilog HDL 代码如下。

```
module ctr_level(
     input rst_n,
     input clk,                                //50MHz 时钟信号
     output reg [9:0] level                    //0-不亮；999-最亮；其他值无效
  );

    reg [20:0] cn;
    reg pd=0;
    reg pce=0;
    reg [10:0] cnt_level;

  //间隔为 2ms 的计数器
    always @(posedge clk or negedge rst_n)     //第 13 行
       if (!rst_n)
          cn <= 0;
       else
          if (cn<99999)
             cn <= cn + 1;
         else
             cn <= 0;                          //第 20 行

  //产生 2000 进制计数器
    always @(posedge clk or negedge rst_n)     //第 23 行
        if (!rst_n)
           cnt_level <= 0;
         else if (cn==0)
            if (cnt_level <1999)
               cnt_level <= cnt_level + 1;
            else
               cnt_level <= 0;                 //第 30 行

    //产生 0~999, 999~0 的呼吸状态计数器
    always @(*)                                //第 33 行
       if (cnt_level>999)
         level <= 1999 - cnt_level;
       else
         level <= cnt_level;                   //第 37 行

 endmodule
```

第 13～20 行产生了 100000 进制（间隔为 2ms）的计数器 cn。第 23～30 行仍然采用 50MHz 时钟信号 clk 为驱动时钟信号，每 2ms 计 1 次数（cn==0），产生了 2000 进制的计数器 cnt_level。第 33～37 行，判断 cnt_level 的值，当 cnt_level 大于 999 时输出 1999 减去 cnt_level 的值，由于 cnt_level 的计数范围为 0～1999，因此当 cnt_level 小于 999 时，level 输出 0～999 的值；当 cnt_level 大于 999 时，依次输出 999～0 的值。

7.5.5 顶层模块 Verilog HDL 设计

由上面的分析可知，无论是亮度实现模块还是亮度控制模块，其主要功能都采用计数器实现。顶层模块中仅需要完成对两个模块的例化，同时将 ctr_level 模块的 level 信号输出给 light_level 即可。

顶层模块 breathlight 的 Verilog HDL 代码如下。

```
module breathlight(
    input rst_n,              //高电平有效的复位信号
    input clk50m,             //50MHz 时钟信号
    output [7:0] led          //呼吸灯
    );

    //LED 灯亮度等级: 0-不亮; 999-最亮;其他值无效
    wire [9:0] level;
    wire light;
    assign led={light,light,light,light,light,light,light,light};

    //亮度实现模块，产生 level 亮度的 LED 灯
    light_level u1(
      .rst_n(rst_n),
      .clk(clk50m),
      .level(level),
      .light(light)
      );

    //亮度控制模块，产生亮度等级信号 level
    ctr_level u2(
      .rst_n(rst_n),
      .clk(clk50m),
      .level(level)
      );

endmodule
```

完成呼吸灯电路的 Verilog HDL 代码设计后，添加引脚约束文件，重新对程序进行编译，并下载到 CGD100 开发板上，即可观察到 LED 灯的呼吸效果。读者可在本书配套资料中的“chp7\E7_5_breathlight”目录下查看完整的工程文件。

7.6 小结

本章详细讨论了计数器的设计。由于时序逻辑电路就是指在时钟信号控制下工作的电路，而时钟信号的频率一般是已知的、确定的，控制电路的工作时刻通常需要采用对时钟信号或其他信号进行计数的方法来实现。接下来以流水灯和呼吸灯为例讲解了采用计数器设计相应功能电路的方法。

本章的学习要点可归纳为：

（1）深刻理解计数器的工作原理，掌握不同进制计数器的设计方法。

（2）熟练掌握计数器的多种 Verilog HDL 代码的编写方法。

（3）理解流水灯的多种设计思路，并理解计数器在电路设计中的作用。

（4）理解 Verilog HDL 的并行语句概念。

（5）掌握采用并行思维分析信号重复赋值的方法。

（6）掌握呼吸灯的设计方法。

入门篇

03

入门篇对秒表电路、数字密码锁电路、电子琴电路、串口通信电路及状态机进行了讨论。本篇采用简洁、规范、高效的 Verilog HDL 语言完成电路的设计，需要设计者熟知 FPGA 的设计规则。对于 FPGA 的初学者来讲，验证电路功能并不是最重要的，重要的是理解代码的设计思想。通过本篇的学习，读者能够在不参考代码的情况下，从头开始，在脑海中形成具体的电路模型，在指间随心而动地流淌 Verilog HDL 代码。完成正确的功能电路设计需要艰苦卓绝的努力。

第 8 章

设计简洁美观的秒表电路

秒表电路，也常常称为时钟电路，是“数字电路设计基础”或“FPGA 设计”课程中必学的电路，深受广大教师和学生的青睐。要完成一个功能完整、思路清晰、代码简洁规范、电路模块复用性好、功能可扩充性好的秒表电路 Verilog HDL 程序，不仅需要设计者对 Verilog HDL 语法比较熟悉，更重要的是需要具备良好的硬件编程思维。大多数初学者仅满足于实现秒表的功能，忽略了设计思路和编程规范的重要性。接下来我们详细探讨秒表电路设计过程中，那些容易被忽略，实际上非常重要，虽然有趣，其实烦琐的设计细节。

8.1 设定一个目标——4 位秒表电路

8.1.1 明确功能需求

实例 8-1：秒表电路设计

参照本书前面章节的静态数码管电路设计实例，CGD100 开发板上有 4 个共阳极八段数码管。秒表电路需要在数码管上显示秒表计时，且具有复位按键及启停按键。4 个共阳极数码管分别显示秒表的相应数字，从右至左依次显示秒的十分位、秒的个位、秒的十位、分钟的个位。秒表电路的显示效果如图 8-1 所示，图中显示的时间为 5 分 11.2 秒。

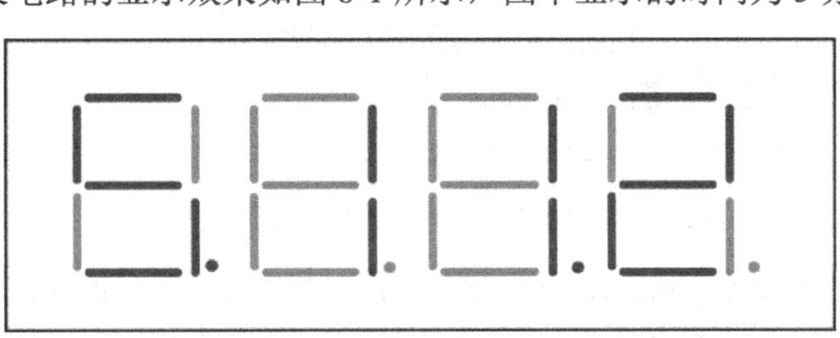

图 8-1　秒表电路的显示效果

秒表电路具备复位功能，当按下复位按键时秒表计时清零。电路还需要设计一个启停按键，每按一次键，秒表在停止计数/继续计数两种状态之间切换。同时，启停按键需要增加按键消抖功能。

CGD100 中的数码管电路原理在前面章节已进行过详细介绍，其中 SEG_A、SEG_B、SEG_C、SEG_D、SEG_E、SEG_F、SEG_G、SEG_DP 直接与 FPGA 的 I/O 引脚连接，用于控制 8 个笔画段（发光二极管）；SEG_DIG1、SEG_DIG2、SEG_DIG3、SEG_DIG4 与 FPGA 的 I/O 引脚相连，用于控制四个数码管的选通信号；四个三极管用于放大 FPGA 送来的位选信号，增强驱动能力。CGD100 开发板上配置的数码管为共阳极型，当 FPGA 的输入信号为低电平时，点亮对应的笔画段。

8.1.2 形成设计方案

秒表电路是数字电路技术课程中的经典电路。接下来我们采用 Verilog HDL 完成整个电路的设计。

Verilog HDL 程序设计过程相当于芯片设计过程，也可以类比实际的数字电路设计过程。在设计程序时，需要考虑模块的通用性、可维护性。所谓通用性，是指将功能相对独立的模块用单独的文件编写，使其功能完整，便于提供给其他程序使用；所谓可维护性，是指描述功能模块端口的程序简洁明了，关键代码注释详略得当，代码规范。

设计程序通常采用由顶向下的思路，即先规划总体模块，再合理分配各子模块的功能，然后详细对各子模块进行划分，最终形成每个末端子模块。设计时，按照预先规划的要求，分别设计各子模块代码，而后根据总体方案完成各模块的合并，最终完成程序设计。

根据秒表电路的功能要求，考虑硬件电路原理，可以将程序分为两个子模块：秒表计数模块（watch_counter）及数码管显示模块（seg_disp）。两个模块的连接关系如图 8-2 所示。其中 dec2seg、keyshape 分别为两个功能相对独立的子模块，dec2seg 用于完成段码的编码，keyshape 用于实现按键消抖功能。

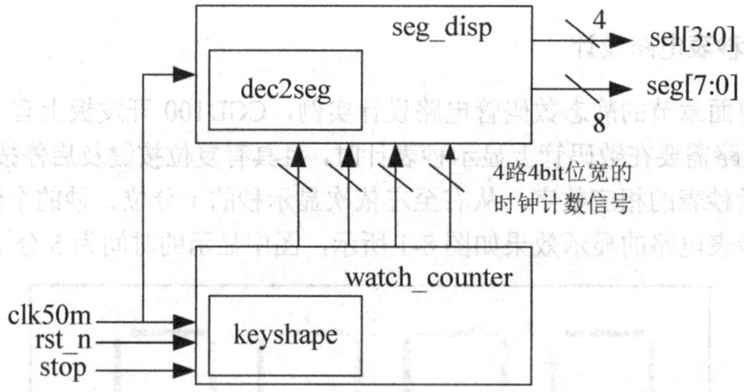

图 8-2 秒表电路 Verilog HDL 程序设计方案

秒表计数模块（watch_counter）用于产生 4 路 4bit 位宽的时钟计数信号，分别表示秒的十分位（second_div）、秒的个位（second_low）、秒的十位（second_high）、分的个位（minute）。数码管显示模块（seg_disp）用于显示 4 路 4bit 位宽的数据，即将送入的 4 路信号分别以数字符号的形式显示在 4 个数码管上。由于 seg_disp 仅用于显示，因此可以设计成通用的电路模块，用户需要在某个数码管显示某个数字，只需在对应的输入端输入相应的 4bit 信号即可。

8.2 顶层文件的 Verilog HDL 设计

为便于读者对整个程序的理解，下面先给出顶层文件 watch.v 中的代码。

```
//watch.v 中的代码
module watch(
    input  rst_n,                 //复位信号，低电平有效
    input  clk50m,                //系统时钟信号，50MHz
    output [7:0] seg_dp,          //段码
    output [3:0] seg_s,           //数码管选通信号
    input  stop);                 //秒表启停控制信号

    wire [3:0] second_div,second_low,second_high,minute;

    //4 个八段数码管显示模块
     seg_disp u1 (
           .clk(clk50m),
           .a({1'b1,second_div}),
           .b({1'b0,second_low}),
           .c({1'b1,second_high}),
           .d({1'b0,minute}),
           .seg(seg_dp),
           .sel(seg_s));

     //秒表计数模块
     watch_counter u2 (
          .rst_n(rst_n),
           .clk(clk50m),
           .second_div(second_div),
           .second_low(second_low),
           .second_high(second_high),
           .minute(minute),
           .stop(stop));

endmodule
```

由 watch.v 中的代码可知，程序由 seg_disp 和 watch_counter 两个模块组成。seg_disp 为数码管显示模块，clk50m 为 50MHz 的时钟信号，a、b、c、d 均为 5bit 位宽的信号，分别对应 CGD100 上的四位数码管上需要显示的数字，且最高位 a[4]、b[4]、c[4]、d[4]用于控制对应小数点段 dp，低 3 位 a[3:0]、b[3:0]、c[3:0]、d[3:0]用于显示具体的数字，seg 和 sel 分别对应数码管的 8 个段码及 4 位选通信号；watch_counter 为秒表计数模块，完成秒表计

数功能，输入为低电平有效的复位信号 rst_n、50MHz 时钟信号 clk50m，以及用于控制秒表启停的 stop 信号，输出为秒表的 4 个数字。

8.3 设计一个完善的数码管显示模块

根据前面的设计思路，由于数码管显示功能应用广泛，我们希望将数码管显示模块设计成通用的显示驱动模块。后续调用这个模块的时候，只需要提供 50MHz 的时钟信号，以及对应数码管显示的数字即可。

数码管显示模块可以类比于硬件板卡的底层驱动程序，是连接应用程序与底层硬件之间的桥梁。一个功能完善的显示模块，需要具备接口简单、功能完备、易于复用的特点。

在设计代码之前，首先需要了解动态扫描的概念。CGD100 板上共有 4 个数码管，为节约用户引脚，4 个数码管共用了 8 个段码信号 seg_dp[7:0]，电路通过控制选通信号 seg_s[3:0]的状态来确定显示某一个具体的数码管。因此，电路每一时刻只会点亮某一个数码管。由于人眼的视觉暂留现象，当数码管的闪烁频率超过 24Hz 时，人眼无法分辨数码管的闪烁状态，数码管就呈现出恒亮的状态。

设置每次每个数码管点亮的持续时间为 1ms，则 4 个数码管依次点亮一次需 4ms，每个数码管的闪烁频率为 250Hz，远超过人眼的分辨能力。当通过控制选通信号点亮某个数码管时，将该数码管所需显示的数字对应输出，即可实现 4 个数码管独立显示不同数字的目的。

下面是 seg_disp.v 文件中的代码。

```
//seg_disp.v 文件中的代码
module seg_disp(
    input clk,
    input [4:0] a,//a[4]-dp
    input [4:0] b,//b[4]-dp
    input [4:0] c,//c[4]-dp
    input [4:0] d,//d[4]-dp
    output [7:0] seg,
    output reg [3:0] sel
    );

    reg [3:0] dec;
     wire [6:0] segt;
     reg dp;

    //4 位二进制段码显示模块
     dec2seg u1 (
         .dec(dec),
         .seg(segt));

     assign  seg = {dp,segt};
```

```
    reg [27:0]cn28=0;
    //50000进制计数器，即1ms的计数器
     always @(posedge clk)
         if (cn28>49998)
             cn28<=0;
         else
             cn28<=cn28+1;

     reg [1:0] cn2=0;
     //4ms的计数器
     always @(posedge clk)
         if (cn28==0)
         cn2 <= cn2 + 1;

    //根据cn2的值，数码管动态扫描显示4个数据
    always @(*)
         case (cn2)
         0: begin
                sel<=4'b0111;
                dec<=a[3:0];
                dp <= a[4];
                end
         1: begin
                sel<=4'b1011;
                dec<=b[3:0];
                dp <= b[4];
                end
         2: begin
                sel<=4'b1101;
                dec<=c[3:0];
                dp <= c[4];
                end
         default:begin
                sel<=4'b1110;
                dec<=d[3:0];
                dp <= d[4];
                end
         endcase

  endmodule
```

程序中的4位二进制段码显示模块dec2seg为编码模块，即根据输入的4位二进制信号在7个笔画段（不包括小数点段dp）上显示相应的数字。这个模块是我们在第5章设计过的模块，本实例直接将dec2seg.v文件复制到工程目录，并添加到当前工程中，在seg_disp.v中例化该模块即可。

由于每个数码管每次点亮的时间为 1ms，因此程序中设计了一个 1ms 的计数器 cn28。根据 cn28 的状态，再设计一个 2bit 位宽的计数器 cn2。每次 cn28 为 0 时，cn2 加 1，则 cn2 为间隔 1ms 的四进制计数器。因此，cn2 共 4 个状态，且每个状态的持续时间为 1ms。程序接下来根据 cn2 的状态，依次选通对应的数码管，并送出需要显示的数字信号和小数点段码信号，最终完成数码管显示模块的 Verilog HDL 程序设计。

8.4 秒表计数模块的 Verilog HDL 设计

8.4.1 秒表计数电路设计

秒表计数模块需要根据输入的 50MHz 时钟信号产生秒表计数信号，分别为秒的十分位信号 second_div、秒的个位信号 second_low、秒的十位信号 second_high 和分钟的个位信号 minute。根据时钟的运行规律，秒表的计数以秒的十分位信号 second_low 为基准计时单位。当 second_div 计满十个数时，second_low 加 1；当 second_div 计至 9，second_low 计至 9，下一个 second_div 信号来到时，second_high 加 1；同理，当 second_div 计至 9，second_low 计至 9，second_high 计至 5 时，下一个 second_div 信号来到时，minute 加 1。rst 为高电平有效的复位信号，当其有效时计时清零。stop 为启停按键信号，每按一次 stop 按键，秒表在“启动计时”和“停止计时”两种状态之间切换。

为便于理解，我们先仅完成秒表计数功能，在计数模块中预留 stop 信号，在完成秒表计数功能之后，再添加 stop 信号的启停功能实现代码。

完成计数功能的 Verilog HDL 代码有很多种，每种代码其实都代表了一种设计思路。根据不同思路编写的代码在功能扩展、程序修改等方面会存在比较大的差异。根据对秒表电路功能的理解，由于秒表最小计数单位为 0.1s，因此首先需要产生一个 0.1s 的时钟信号或计数器，而后在这个基础上产生其他计时信号。

下面是一段比较常见的秒表计数电路代码，代码首先设计了一个 10Hz 的时钟信号，而后在 10Hz 时钟信号的驱动下，采用一个 always 语句块实现了其他几位计数信号。

```
//秒表计数电路代码
module watch_counter(
    input rst_n,                                          //低电平有效的复位信号
    input clk,                                            //50MHz 时钟信号
     input stop,                                          //启停信号
    output [3:0] second_div,                              // 0.1s 计数
    output [3:0] second_low,                              //秒的个位
    output [3:0] second_high,                             //秒的十位
    output [3:0] minute);                                 //分钟计数

     reg [3:0] min,sec_div,sec_low,sec_high;
    reg clk10hz;
    reg [40:0] cn_div;
```

```
//产生频率为10Hz的时钟信号clk10hz
always @(posedge clk or negedge rst_n)              //第16行
   if (!rst_n) begin
      cn_div <= 0;
      clk10hz <= 0;
      end
   else
      if (cn_div>=2499999) begin
         cn_div<=0;
         clk10hz <= !clk10hz;
          end
        else
          cn_div<=cn_div+1;                         //第27行

//产生时钟计数
always @(negedge rst_n or posedge clk10hz)          //第30行
   if (!rst_n) begin
        min <= 0;
        sec_div <= 0;
        sec_low <= 0;
        sec_high <= 0;
        end                                         //第36行
      else begin
         if (sec_div<9)                             //第38行
            sec_div <= sec_div + 1;
         else begin                                 //第40行
            sec_div <= 0;                           //第41行
            if (sec_low<9)                          //第42行
               sec_low <= sec_low + 1;              //第43行
            else begin                              //第44行
                sec_low <= 0;                       //第45行
                if (sec_high<5)                     //第46行
                    sec_high <= sec_high + 1;
                 else begin
                     sec_high <= 0;
                      if (min<9)
                         min <= min + 1;
                      else
                         min <= 0;
                      end
                   end                              //第55行
                end                                 //第56行
          end                                       //第57行


assign minute = min;
assign second_div = sec_div;
```

```
    assign second_low = sec_low;
    assign second_high =sec_high;

endmodule
```

程序中第 16～27 行在 50MHz 时钟信号驱动下，采用分频的方式得到频率为 10Hz 的信号 clk10hz，则每个 clk10hz 信号的周期为 0.1s。第 30～57 行在一个 always 语句块中，采用 if…else 语句依次产生了 0.1s、秒的个位、秒的十位及分钟的计数值。这段代码看起来紧凑简洁，但理解起来还是有一定难度的。

第 30～36 行代码描述了复位功能电路，当 rst_n 有效时，所有计数器的值均设置为 0。第 38～41 行在 clk10hz 的驱动下产生十进制计数器 sec_div，即相当于产生 0.1s 的计数值。需要注意的是，第 40 行的 begin 与第 56 行的 end 为一对完整语句。也就是说，第 40～56 行的语句仅在 sec_div 为 0 时执行，即其他计数器的值仅在 0.1s 的计数值达到 0 时（由 9 进位时）继续计数。

接下来分析秒的个位计数器 sec_low 的工作过程。第 42～45 行为 sec_low 计数器生成代码，sec_low 为一个十进制计数器。需要注意的是，sec_low 仅在 sec_div 为 0 时开始计数，即 sec_div（0.1s 计数器）每计满 10 个数（1s）时，sec_low 加 1。同样，第 44 行的 begin 与第 55 行的 end 组成一对完整的语句。因此，第 44～55 行代码仅在 sec_div 为 0 且 sec_low 为 0 时才执行，即计时器计到 0.0 秒（由 9.9 秒进位时），其他计数器才开始“动作”。

秒的十位计数器及分钟计数器的工作过程与秒的个位计数器类似，请读者自行分析。

请在本书配套资料的“chp8/ E8_1_watch/watch0”目录下查看编写的秒表计数电路的完整工程文件。

8.4.2 秒表计数电路的 ModelSim 仿真

完成秒表计数电路 Verilog HDL 代码后，添加测试激励文件，启动 ModelSim 仿真软件，查看仿真波形，如图 8-3、图 8-4 所示。

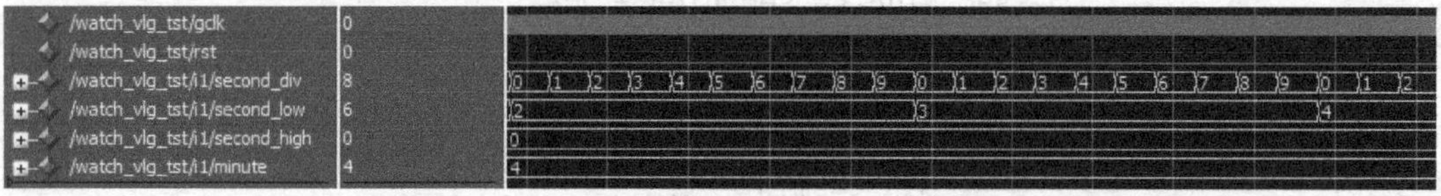

图 8-3 秒表计数电路的仿真波形（0.1s 计数部分）

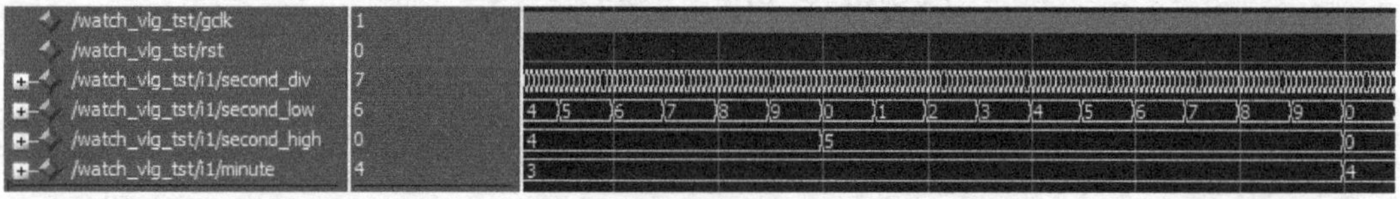

图 8-4 秒表计数电路的仿真波形（1s 计数部分）

从 ModelSim 仿真波形可以看出，秒表计数电路的计数值时序满足要求。当 0.1s 计数器 second_div 由 9 进位到 0 时，秒的个位计数器 second_low 加 1；当 0.1s 计数器 second_div 由 9 进位到 0，且秒的个位计数器 second_low 由 9 进位到 0 时，秒的十位计数器 second_high 加 1。

经过上面的分析，为了实现正确的秒表计数电路，采用一段 always 语句描述计数器的方法虽然可行，但逻辑关系比较复杂，需要用到多重 if…else 嵌套语句。后续要增加计数功能，比如增加 0.01s 的计数值，或者 10 分钟的计数值，则需要在完整分析整段代码的基础上重新添加代码。

如何写出结构更简洁、功能更易于扩展、更易于理解的秒表计数电路？接下来我们讨论另一种秒表计数电路的 Verilog HDL 代码设计方法。

8.4.3　简洁美观的秒表计数器设计

设计思路决定代码的编写方法，也在很大程度上决定了代码的简洁性、可读性、可扩展性。对于秒表计数器来讲，最小的计时单位为 0.1s，0.1s 的计数值 sec_div 就是一个独立的十进制计数器，且计数时钟周期为 0.1s。因此，可以将 0.1s 的计数值 sec_div 写在一个单独的 always 语句块内，如下所示。

```
//产生周期为 0.1s 的计数器 cn_div
always @(posedge clk or negedge rst_n)
    if (!rst_n)
       cn_div <= 0;
   else
       if (cn_div>=4999999)
          cn_div<=0;
     else
          cn_div<=cn_div+1;

//产生 0.1s 的计数值 sec_div
always @(posedge clk or negedge rst_n)
     if (!rst_n)
        sec_div <= 0;
     else if (cn_div==4999999)
        if (sec_div>=9)
           sec_div<=0;
        else
           sec_div<=sec_div+1;
```

上面的程序中，第一段 always 语句块描述了一个周期为 0.1s 的计数器 cn_div，第二段 always 语句块同样以 50MHz 的时钟信号 clk 为驱动时钟信号，将（cn_div==44999999）的判断结果作为时钟使能信号，描述 0.1s 的计数值。由于 cn_div 的计数周期为 0.1s，每次（cn_div==4999999）的间隔为 0.1s，且判断结果成立的持续时间为一个时钟周期，因此采用（cn_div==4999999）的结果作为时钟使能信号，就实现了以 clk 为驱动时钟信号，每次计数间隔为 0.1s 的计数功能。

再分析秒的个位计数值 sec_low 的计数规律。根据秒表计数规则，sec_low 仅当 sec_div 由 9 进位到 0 时才计 1 次数。因此，可以将（sec_div==9）和（cn_div==4999999）两个条件同时成立的时刻作为时钟使能信号，从而控制计数的间隔为 1s。因此，可以编写出秒的个位计数值 sec_low 的生成代码。

```
//产生秒的个位计数值 sec_low
always @(posedge clk or negedge rst_n)
    if (!rst_n)
        sec_low <= 0;
    else if ((cn_div==4999999)&(sec_div==9))
        if (sec_low>=9)
            sec_low<=0;
        else
            sec_low<=sec_low+1;
```

采用类似的方法，可以生成秒的十位、分钟计数值的生成代码。采用这种方法设计的秒表计数器完整代码如下所示。

```
//watch_counter.v 文件中的代码
module watch_counter(                                  //第 1 行
    input rst_n,
    input clk,
    input stop,
    output [3:0] second_div,
    output [3:0] second_low,
    output [3:0] second_high,
    output [3:0] minute);

    reg [3:0] min,sec_div,sec_low,sec_high;
    reg [40:0] cn_div;

    //产生周期为 0.1s 的计数器 cn_div
    always @(posedge clk or negedge rst_n)             //第 14 行
        if (!rst_n)                                    //第 15 行
            cn_div <= 0;                               //第 16 行
        else                                           //第 17 行
            if (cn_div>=4999999)                       //第 18 行
                cn_div<=0;                             //第 19 行
            else                                       //第 20 行
                cn_div<=cn_div+1;                      //第 21 行

    //产生 0.1s 的秒表计数值 sec_div
    always @(posedge clk or negedge rst_n)
        if (!rst_n)
            sec_div <= 0;
```

```
        else if (cn_div==4999999)
           if (sec_div>=9)
              sec_div<=0;
           else
              sec_div<=sec_div+1;

      //产生秒的个位计数值 sec_low
      always @(posedge clk or negedge rst_n)
        if (!rst_n)
           sec_low <= 0;
        else if ((cn_div==4999999)&(sec_div==9))
          if (sec_low>=9)
             sec_low<=0;
          else
             sec_low<=sec_low+1;

       //产生秒的十位计数值 sec_high
      always @(posedge clk or negedge rst_n)
        if (!rst_n)
           sec_high <= 0;
        else if ((cn_div==4999999)&(sec_div==9)&(sec_low==9))
          if (sec_high>=5)
             sec_high<=0;
          else
             sec_high<=sec_high+1;

       //产生分钟的计数值 min
      always @(posedge clk or negedge rst_n)
        if (!rst_n)
           min <= 0;
        else if ((cn_div==4999999)&(sec_div==9)&(sec_low==9)&(sec_high==5))
          if (min>=9)
             min<=0;
          else
             min<=min+1;

       assign minute = min;
       assign second_div = sec_div;
       assign second_low = sec_low;
       assign second_high =sec_high;

   endmodule
```

上面这段代码虽然增加了代码的长度，但无疑结构更加清晰、更易于进行功能扩展，且具有更强的可读性。

8.4.4 实现秒表的启停功能

上面设计的秒表计数器电路模块没有实现秒表的启停功能，即没有对 stop 信号进行功能实现。根据功能需求，需要按一次键，计时状态在“启”“停”状态之间进行切换。根据 CGD100 开发板按键原理图，按键信号实际上会产生一个脉冲信号，即按键的默认状态为低电平，按下键为高电平，松开键为低电平。由于机械开关的特性，每次按键还会产生抖动，如何实现按键消抖是本章后续会讨论的问题。

秒表计数电路中设计一个 start_stop 信号来控制计数器的启停状态，即当 start_stop 信号为高电平时，秒表电路停止计数，为低电平时继续计数。

上面的秒表计数电路模块中，分别对 4 位秒表数值进行了计数，由于所有计数均是以 0.1s 的计数值 cn_div 为基础进行的，因此只要 cn_div 停止计数，则整个秒表计数器即停止计数。在上面的秒表计数器模块中，仅需对第 18 行代码进行修改，如下所示。

```
else if ((!sart_stop) || (cn_div==4999999))                    //第 18 行
```

当 start_stop 信号为高电平，且 cn_div 没有计数到 4999999 时，则停止计数，否则继续计数。当 start_stop 信号为高电平，cn_div 刚好计数到 4999999 时，cn_div 会继续计数到 0，此时停止计数。设置对 cn_div 计数到 4999999 的判断，是为了避免当 start_stop 信号为高电平时，如果 cn_div 刚好计数到 4999999，此时 cn_div 不再计数，但 sec_div 会继续计数的情况发生。由于所有秒表计数器的计数时刻均会判断 cn_div 是否为 4999999，因此仅需修改第 18 行的代码，即可实现对所有秒表计数器进行启停控制的功能。

8.5 按键消抖模块的 Verilog HDL 设计

8.5.1 按键消抖产生的原理

通常的按键开关为机械弹性开关，当机械触点断开、闭合时，由于机械触点的弹性作用，一个按键开关在闭合时不会马上稳定地接通，在断开时也不会一下子断开。因而在闭合及断开的瞬间均伴随一连串的抖动，为了不产生这种现象而采取的处理措施就是按键消抖。

按键的抖动对于人类来说是感觉不到的，但对 FPGA 来说，则完全可以感应到，而且还是一个很漫长的过程，因为 FPGA 处理的速度在微秒级或纳秒级，而按键抖动的时间至少延时几毫秒。

FPGA 如果在触点抖动期间检测按键的通断状态，则可能判断出错，即按键一次（按下或释放）被错误地认为是多次操作，从而引起误处理。因此，为了确保 FPGA 对一次按键动作只进行—次响应，就必须考虑如何消除按键抖动的影响。

按键抖动示意图如图 8-5 所示（图中的按键信号默认为低电平，按下为高电平。若按键信号默认为高电平，按下为低电平，则按键信号的前沿为下降沿，后沿为上升沿）。抖动时间的长短由按键的机械特性决定，一般为 5ms～20ms。这是一个很重要的时间参数，在很多场合都要用到。

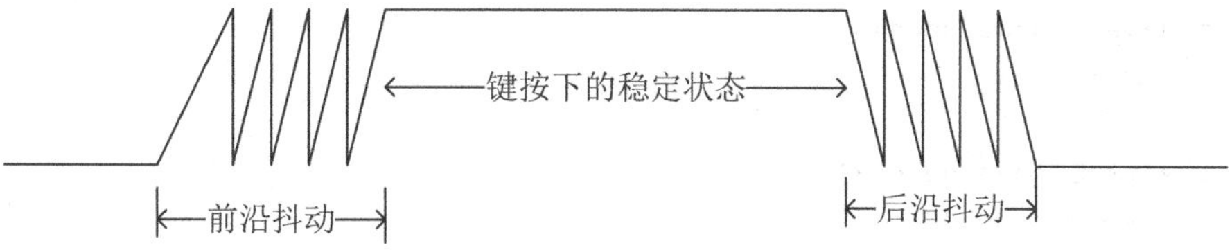

图 8-5　按键抖动示意图

按键稳定闭合时间的长短是由操作人员的按键动作决定的，一般为零点几秒至数秒。按键抖动会引起一次按键被误读多次。按键消抖处理的目的，就是要求每按一次键，FPGA 能够正确地检测到按键动作，且仅响应一次。

在处理按键抖动的程序中，必须同时考虑消除闭合和断开两种情况下的抖动。所以，对于按键消抖的处理，必须根据最差的情况来考虑。机械式按键的抖动次数、抖动时间、抖动波形都是随机的。不同类型按键的最长抖动时间也有差别，抖动时间的长短和按键的机械特性有关，按键输出信号的最大跳变时间（上升沿和下降沿）一般在 20ms 左右。

要实现按键消抖，可用硬件和软件两种方法。常用的硬件方法是在按键电路中接入 RC 滤波电路。当电路板上的按键较多时，这种方法将导致硬件电路复杂化，不利于降低系统成本和提高系统的稳定性。因此，在 FPGA 电路中通常采用软件的方法实现按键消抖。

8.5.2　按键消抖模块 Verilog HDL 设计

根据按键产生的实际信号特性，可以采用下面的思路实现按键消抖。

（1）初次检测到按键动作时，前沿计数器开始计数，且持续计至 20ms。

（2）当前沿计数器计满 20ms 后，检测松开按键的动作，若检测到松开按键的动作，则后沿计数器开始计数，且持续计满 20ms 后清零。

（3）当前沿计数器及后沿计数器均计满 20ms 时，前沿计数器清零，开始下一次按键动作的检测。

根据上述设计思路，每检测到一次按键动作，前沿计数器和后沿计数器均会有一次从 0 持续计数至 20ms 的过程。根据任意一个计数器的状态，如判断前沿计数器为 1 时，输出一个时钟周期的高电平脉冲，即可用于标识一次按键动作。

下面是按键消抖模块的 Verilog HDL 代码。

```
//keyshape.v 文件中的代码
module keyshape(
    input clk,
    input key_n,
    output reg shape
    );

    reg kt=0;
```

```
    reg rs=0;
    reg rf=0;

    always @(posedge clk)
       kt <= key_n;

    always @(posedge clk)
       begin
         rs<=key_n&(!kt);    //上升沿检测信号
         rf<=(!key_n)&kt;    //下降沿检测信号
       end

     wire [27:0] t20ms=28'd1000000;
     reg [27:0] cn_begin=0;
     reg [27:0] cn_end=0;
     always @(posedge clk)
       //按键第一次松开20ms后清零
       if ((cn_begin==t20ms) & (cn_end==t20ms))
           cn_begin <=0;
       //当检测到按键动作，且未计满20ms时计数
       else if ((rf) & (cn_begin<t20ms))
          cn_begin <= cn_begin + 1;
          //当已开始计数，且未计满20ms时计数
        else if ((cn_begin>0) & (cn_begin<t20ms))
           cn_begin <= cn_begin + 1;

     always @(posedge clk)
       if (cn_end > t20ms)
         cn_end <= 0;
       else if (rs & (cn_begin==t20ms))
          cn_end <= cn_end + 1;
       else if (cn_end>0)
         cn_end <= cn_end + 1;

      //输出按键消抖后的信号
      always @(posedge clk)
      shape<=(cn_begin==1)?1'b1:1'b0;

endmodule
```

程序中的 rs 和 rf 分别为按键信号的上升沿及下降沿检测信号，cn_begin 为前沿计数器，cn_end 为后沿计数器。程序的设计思路与上文分析的方法完全一致，读者可以对照起来理解。

上述程序中的 keyshape 模块用于实现按键消抖，使得人工每按一次键，shape 信号出现一个时钟周期的高电平脉冲。

8.5.3　将按键消抖模块集成到秒表电路中

为便于理解，下面先给出将按键消抖模块集成到秒表电路中的代码。在秒表计数模块 watch_counter 的代码中，可添加下列代码。

```
wire shape;                               //第 1 行
reg sart_stop=0;                          //第 2 行

keyshape u1(                              //第 4 行
   .clk(clk),                             //第 5 行
   .key_n(stop),                          //第 6 行
   .shape(shape));                        //第 7 行

//对消抖后的信号进行判断，产生启停信号 start_stop
always @(posedge clk)                     //第 10 行
   if (shape)                             //第 11 行
      sart_stop <= !sart_stop;            //第 12 行
```

第 4～7 行对按键消抖模块进行了例化，模块输入为人工按键的输入信号 stop，输出为经过消抖处理的 shape 信号。由于 shape 信号在每次按键过程中仅出现一次高电平脉冲，因此第 10～12 行对 shape 信号进行判断，当检测到 shape 信号为高电平时，产生循环翻转的启停信号 start_stop，用于控制后续 0.1s 计数器的计数状态，最终完成控制秒表启停的功能。

完成代码设计后，添加引脚约束文件，完成程序编译，即可将程序下载到 CGD100 开发板上验证秒表计数功能。读者可在本书配套资料中的“\chp8\E8_1_watch1”目录下查看完整的秒表电路工程文件。

8.6　小结

本章设计了一个简洁美观的秒表电路，并对设计过程进行了详细的分析。本章的学习要点可归纳为：

（1）熟悉较复杂电路的功能模块规划方法，理解自顶向下的 FPGA 工程设计思路。

（2）掌握功能完善的数码管驱动模块设计方法。

（3）理解秒表计数模块设计思路。

（4）掌握按键消抖原理及 Verilog HDL 设计方法。

（5）完成具备复位及启停功能的秒表电路设计。

第 9 章

数字密码锁电路设计

数字密码锁电路主要包括数字密码输入、数字密码设置，并根据输入的数字完成开关锁等功能。本章详细讨论数字密码锁电路的 Verilog HDL 设计。

9.1 数字密码锁的功能描述

实例 9-1：数字密码锁电路设计

本章详细讨论 4 位数字密码锁的 Verilog HDL 设计过程。在开始 Verilog HDL 设计之前，我们先要明确数字密码锁的功能要求。

（1）采用 4 位数码管显示 4 个按键的输入数字，且每位数字为 0～9 之间的任意一个值。

（2）采用 1 位 LED 灯显示当前的开锁状态，若处于开锁状态，则 LED 灯 lock_open 点亮，否则熄灭。

（3）采用 1 位 LED 灯显示当前密码设置状态，若处于密码设置状态（同时为开锁状态），则 LED 灯 ledset 点亮，否则熄灭。

（4）4 个按键的键值分别在对应的 4 位数码管上显示，每按一次键，数字在 0～9 之间循环加 1。

（5）当 4 个按键设置的值与锁的内置密码一致时，lock_open 点亮，表示锁已打开，否则 lock_open 熄灭，表示上锁。

（6）当锁处于打开状态时，按下 keyset 键，进入密码设置状态，此时 ledset 点亮，可通过 4 个按键分别设置 4 位新的密码值，且密码值分别在 4 位数码管上显示。再次按下 keyset 键，完成密码重置，此时 ledset 熄灭。

9.2 规划好数字密码锁的功能模块

9.2.1 数字密码锁总体结构框图

根据第 8 章对秒表电路的讨论，当我们对 Verilog HDL 的基本语法知识比较熟悉之后，Verilog HDL 设计很大程度上在于如何合理规划各子模块的功能，以及形成合理的子模块设计思路。

在了解一项 FPGA 工程需求后，每位工程师都会形成自己的设计思路。工程师的设计经验越多，设计技巧越好，积累的成熟功能模块越多，形成的设计思路也就越合理，从而为后续提高 Verilog HDL 代码设计的效率打下较好的基础。

图 9-1 是本章采用的数字密码锁 Verilog HDL 结构框图。

按键消抖模块 shape.v 完成 5 个按键（4 个密码输入按键，1 个密码设置按键）信号的消抖处理。按键计数模块 counter.v 根据 4 位按键信号完成 0~9 的循环计数。数码管显示模块 seg_disp.v 将输入的 4 位数字显示在对应的八段数码管上。密码设置模块 PasswordSet.v 完成密码的设置和比对。

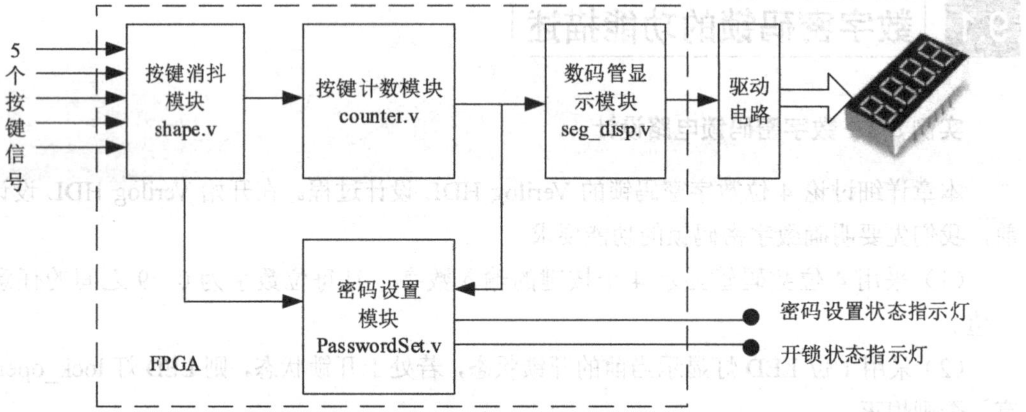

图 9-1 数字密码锁 Verilog HDL 结构框图

9.2.2 数字密码锁的顶层模块设计

为便于读者更好地理解数字密码锁的设计过程，下面先给出数字密码锁的顶层 Verilog HDL 代码，再分别对每个模块的 Verilog HDL 设计过程进行分析。

```
module password(
    input clk50m,              //系统时钟信号，50MHz
    input [3:0]key_n,          //4 个按键，分别对应 4 个密码数值
    input keyset_n,            //密码设置按键，控制密码设置状态
    output [3:0]seg_s,         //共阳极数码管的选通信号
    output [7:0]seg_dp,        //共阳极数码管的段码
    output ledset,             //密码设置指示灯，高电平亮，表示处于密码设置状态
    output lock_open);         //开锁状态指示灯，高电平亮，表示已开锁
```

```
    wire [4:0] key_shape;
    wire [3:0]cn0,cn1,cn2,cn3;

    //按键消抖模块
    shape u1(
      .clk(clk50m),
      .din({keyset_n,key_n}),
      .dout(key_shape) );

    //计数模块，每按一次键，对应数值加 1
    counter u2(
      .clk(clk50m),
      .key_shape(key_shape[3:0]),
      .c0(cn0),
      .c1(cn1),
      .c2(cn2),
      .c3(cn3));

     //密码设置模块，完成密码的存储、开锁功能
     PasswordSet u3(
      .clk(clk50m),
      .key_shape(key_shape[4]),
       .cn0(cn0),
       .cn1(cn1),
       .cn2(cn2),
       .cn3(cn3),
       .lock_open(lock_open),
       .ledset(ledset));

     //4 个八段数码管显示模块，在 4 个八段数码管上采用动态扫描的方式显示
     seg_disp u4  (
       .clk (clk50m),
       .a({1'b1,cn0}),
       .b({1'b1,cn1}),
       .c({1'b1,cn2}),
       .d({1'b1,cn3}),
       .seg(seg),
       .sel(sel));

   endmodule
```

图 9-2 为数字密码锁电路顶层文件的 RTL 原理图，图中的模块划分与图 9-1 基本一致，请读者对照起来理解。其中数码管显示模块（u4：seg_disp）与第 8 章的代码完全一致，直接将相关文件复制到本实例的工程项目中，并在顶层文件中对模块例化使用即可。

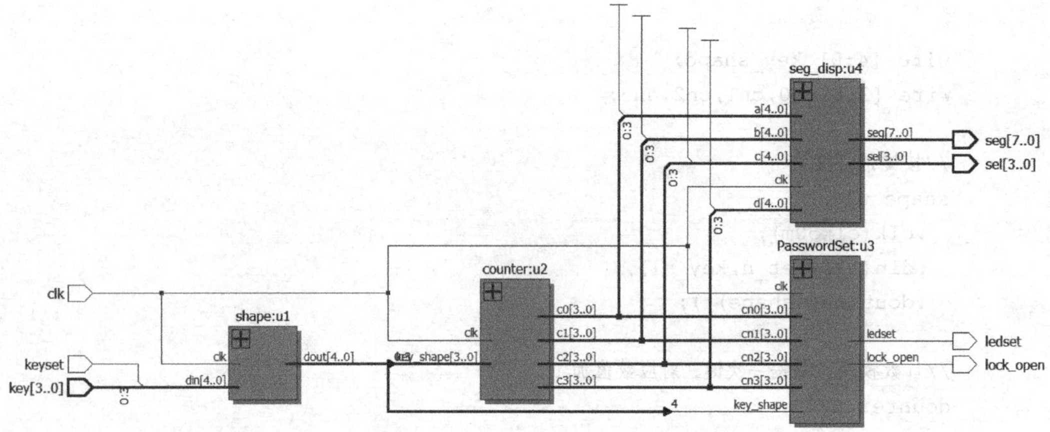

图 9-2　数字密码锁电路顶层文件的 RTL 原理图

9.3 数字密码锁功能子模块设计

9.3.1 按键消抖模块 Verilog HDL 设计

数字密码锁电路中共有 5 路按键输入，均需进行按键消抖处理。由于第 8 章已经完成了单个按键消抖模块的设计，因此数字密码锁中的消抖模块只需例化 5 个按键消抖模块即可。

shape.v 模块的 Verilog HDL 代码如下。

```
//shape.v 文件中的代码
module shape(
    input clk,
    input [4:0] din,
    output [4:0] dout
        );

   keyshape u1(
      .clk(clk),
      .key(din[0]),
      .shape(dout[0]));

    keyshape u2(
      .clk(clk),
      .key(din[1]),
      .shape(dout[1]));

    keyshape u3(
        .clk(clk),
         .key(din[2]),
```

```
            .shape(dout[2]));

        keyshape u4(
           .clk(clk),
           .key(din[3]),
           .shape(dout[3]));

         keyshape u5(
              .clk(clk),
              .key(din[4]),
              .shape(dout[4]));
       endmodule
```

文件的代码比较简单，对 keyshape.v 文件重复例化了 5 次，输入、输出均为 5bit 信号，1bit 信号对应一个按键消抖模块。

9.3.2　计数模块 Verilog HDL 设计

计数模块完成对按键次数的计数功能，经过按键消抖后的信号使得每按一次键仅输出一个周期的高电平脉冲，因此计数模块可检测输入信号的高电平状态，且每检测到一次高电平则计数器加 1，控制计数器为十进制计数器即可。实例中需要对 4 个按键进行计数，对每个按键进行计数的 Verilog HDL 代码几乎一致，下面给出计数模块 counter.v 的 Verilog HDL 代码。

```
    //counter.v 文件中的代码
    module counter(
         input clk,
         input [3:0] key_shape,
         output[3:0] c0,c1,c2,c3);

         reg [3:0] cn0,cn1,cn2,cn3;

        always @(posedge clk)
          if (key_shape[0]==1)
              if ( cn0>=9 )
                  cn0<=0;
              else
                  cn0<=cn0+1;

         always @(posedge clk)
         if (key_shape[1]==1)
           if ( cn1>=9 )
              cn1<=0;
           else
               cn1<=cn1+1;
```

```
    always @(posedge clk)
      if (key_shape[2]==1)
         if ( cn2>=9 )
           cn2<=0;
        else
           cn2<=cn2+1;

    always @(posedge clk)
      if (key_shape[3]==1)
        if ( cn3>=9 )
           cn3<=0;
        else
           cn3<=cn3+1;

    assign c0=cn0;
    assign c1=cn1;
    assign c2=cn2;
    assign c3=cn3;

   endmodule
```

细心的读者从上面的代码可以看出，输入信号 key_shape 实际上是计数器的时钟使能信号。而计数器只不过是驱动时钟信号为 clk、时钟使能信号为 key_shape、周期为 10 的计数器而已。或者说，程序的驱动时钟信号为 50MHz 的时钟信号 clk，但决定计时间隔的信号为消抖后的信号 key_shape。

9.3.3 密码设置模块才是核心模块

前面讨论的数码管显示模块（seg_disp.v）、按键消抖模块（shape.v）、计数器模块（counter.v），或者本身功能比较简单，或者直接复用以前设计的功能模块，每个模块的设计难度都不大，这实际上也得益于数字密码锁电路总体功能模块的划分比较合理。

开锁及密码设置等功能是数字密码锁的核心功能，这些功能均在密码设置模块 PasswordSet.v 中实现。

为便于读者理解，我们先给出模块的 Verilog HDL 代码，再对代码的设计过程进行说明。

```
//PasswordSet.v 文件中的代码
module PasswordSet(
   input clk,
   input key_shape,
   output reg lock_open,                              //高电平亮，表示锁已打开
   output ledset,                                     //高电平表示处于密码设置状态
   input [3:0]cn0,
   input[3:0]cn1,
```

```
    input[3:0]cn2,
    input[3:0]cn3);

  //设置初始密码
   reg [3:0] ps0=4;                              //第 13 行
   reg [3:0] ps1=3;                              //第 14 行
   reg [3:0] ps2=2;                              //第 15 行
   reg [3:0] ps3=1;                              //第 16 行

  //检测密码设置完成的状态                        //第 18 行
   reg middleset=0;
   reg mid_tem=0;
   always @(posedge clk)
   mid_tem<=middleset;
   wire ps_set;
   assign ps_set=mid_tem&(~middleset);           //第 24 行

  //密码设置完成后，更新当前的密码
   always @(posedge clk)                         //第 27 行
     if (ps_set) begin
       ps0<=cn0;
       ps1<=cn1;
       ps2<=cn2;
       ps3<=cn3;
       end                                       //第 33 行

       always @(posedge clk)                     //第 34 行
      //当密码输入正确时，若检测到按下密码设置按键，则设置密码状态反转一次
      if ((cn0==ps0)&(cn1==ps1)&(cn2==ps2)&(cn3==ps3)&(key_shape==1))
         middleset<=!middleset;
      else if (key_shape==1)
       //如果密码输入不正确，检测到按下密码设置按键，则始终处于
       //密码设置完成（无法设置密码）状态
         middleset<=0;                           //第 41 行

       //输出密码设置状态指示信号
       assign ledset=middleset;                  //第 44 行

     //若密码输入正确，则指示锁打开
     always @(*)                                 //第 47 行
       if ((cn0==ps0)&(cn1==ps1)&(cn2==ps2)&(cn3==ps3))
         lock_open<=1;
       else lock_open<=0;                        //第 50 行

    endmodule
```

数字密码锁的密码存储在 4 个 reg 类型的变量 ps0、ps1、ps2、ps3 中，定义这 4 个变量时同时赋初值，作为数字密码锁的初始密码。程序文件中后续的代码通过按键对这几个 reg 变量进行修改，从而实现重置密码的目的。第 47～50 行为密码比对及开锁代码，当检测到 4 个输入信号（根据按键进行计数的信号）的值与存储密码的 4 个变量的值相同时，指示开锁状态的信号 lock_open 置高电平，表示开锁。

程序中的第 34～41 行用于产生密码设置信号。当检测到 4 个输入信号的值与存储的密码相同，且密码设置按键按下（key_shape==1）时，middleset 信号反转一次（定义 middleset 信号初值为 0），否则 middleset 始终为 0。因此，在开锁状态下且按下密码设置按键时，middleset 会由低电平转换成高电平。

当 middleset 为高电平时，用户通过按键控制 4 个计数器的值，相当于改变 4 个输入信号 cn0～cn3 的值。用户通过按键设置好新的密码时，再次按下密码设置按键（key_shape==1），根据第 41 行，middleset 由高电平转换成低电平。此时，middleset 相当于产生了一个下降沿信号，根据第 18～24 行，ps_set 将产生一个周期的高电平脉冲。再根据第 27～33 行，存储密码的变量 ps0、ps1、ps2、ps3 分别更新为 4 个输入信号 cn0、cn1、cn2、cn3 的值，从而完成密码的重置。

完成代码设计后，添加引脚约束文件，经程序编译后，即可将程序下载到 CGD100 开发板上验证数字密码锁电路的功能。读者可在本书配套资料中的“\chp9\E9_1_password”目录下查看完整的数字密码锁电路工程文件。

9.4 小结

本章详细讨论了数字密码锁电路的 Verilog HDL 设计，学习要点可归纳为：

（1）理解数字密码锁电路的总体设计思路。

（2）熟悉应用成熟模块完成工程实例设计的方法。

（3）理解密码设置模块的 Verilog HDL 设计过程。

（4）完成数字密码锁电路的设计及板载测试。

第 10 章

简易电子琴电路设计

电子琴电路是很多 FPGA 学习者喜闻乐见的实例电路。通过控制方波信号的频率驱动蜂鸣器产生不同音调的声音，即可实现电子琴电路的基本功能。本章详细讨论简易电子琴电路的 Verilog HDL 设计。该电子琴可实现人工琴键演奏以及自动播放乐曲的功能。

10.1 音符产生原理

乐曲都是由一连串的音符组成的，按照乐曲的乐谱依次输出这些音符所对应的频率，就可以在扬声器上连续地发出各个音符的音调。为了准确地演奏一首乐曲，仅仅让扬声器发出声音是远远不够的，还必须准确地控制乐曲的节奏，即每个音符的持续时间。由此可见，乐曲中每个音符的发音频率以及音符持续的时间是乐曲能够连续演奏的两个关键因素。

乐曲的 12 平均律规定：每 2 个八度音之间的频率相差约 1 倍，比如简谱中的低音 1 与高音 1 的频率分别为 262Hz 和 523Hz。在 2 个八度音之间，又可分为 12 个半音。另外，音符 A（简谱中的低音 5）的频率为 392Hz，音符 E 到 F 之间、B 到 C 之间为半音，其余为全音。由此可以计算出简谱中从低音 1 至高音 7 之间每个音符的频率。简谱音名与频率的对应关系如表 10-1 所示。

表 10-1　简谱音名与频率的对应关系

音　名	频率（Hz）	音　名	频率（Hz）	音　名	频率（Hz）
低音 1	262	中音 1	523	高音 1	1047
低音 2	296	中音 2	587	高音 2	1175
低音 3	330	中音 3	659	高音 3	1319
低音 4	350	中音 4	698	高音 4	1397
低音 5	392	中音 5	784	高音 5	1568
低音 6	440	中音 6	880	高音 6	1760
低音 7	494	中音 7	988	高音 7	1976

根据音符产生原理，产生各音符所需的频率可以使用分频器来得到，由于各音符对应的频率多为非整数，而分频系数又不能为小数，所以必须将计算得到的分频数四舍五入取整数。若分频器时钟频率过低，则由于分频系数过小，四舍五入取整数后的误差较大；若分频器时钟频率过高，虽然误差变小，但分频系数将会变大。在实际的设计中应综合考虑这两方面的因素，在尽量减小频率误差的前提下取合适的时钟频率。实际上，只要各个音符间的相对频率关系不变，演奏出的乐曲听起来就不会走调。

CGD100 开发板上的晶振时钟频率为 50MHz，设置分频器的基准频率为 1.5625MHz。在具体设计 Verilog HDL 程序时，可以首先设计 32 倍的分频器产生 1.5625MHz 的时钟信号 sysclk，然后对该信号进行分频，产生所需要频率的音符信号。

产生音符的方法有多种，一种比较简单的方法是对 sysclk 进行循环计数，当计满一个周期时对音符频率信号取一次反。由于信号翻转 2 次才为一个周期，因此采用这种方法得到的计数周期为音符周期的一半。比如要产生 523Hz 的中音 1 信号，则分频器的计数周期为 1.5625M÷2÷523=1494。简谱音名对应的分频器计数周期如表 10-2 所示。

表 10-2 简谱音名对应的分频器计数周期

音名	频率（Hz）	计数周期	音名	频率（Hz）	计数周期
低音 1	262	2982	中音 5	784	996
低音 2	296	2639	中音 6	880	888
低音 3	330	2367	中音 7	988	791
低音 4	350	2232	高音 1	1047	746
低音 5	392	1993	高音 2	1175	665
低音 6	440	1776	高音 3	1319	592
低音 7	494	1582	高音 4	1397	559
中音 1	523	1494	高音 5	1568	498
中音 2	587	1331	高音 6	1760	444
中音 3	659	1186	高音 7	1976	395
中音 4	698	1119			

10.2 琴键功能电路设计

10.2.1 顶层模块设计

实例 10-1：琴键功能电路顶层模块设计

CGD100 开发板上共有 8 个按键，可以采用其中的 7 个按键分别产生 7 个中音音符。为了进一步讨论 Verilog HDL 语法中的 if…else 使用方法，我们仅使用 5 个按键来实现 7 个中音音符，读者在理解电子琴设计原理之后，可以自行修改代码，采用 7 个按键分别产生 7 个中音音符。

为了采用 5 个按键实现 7 个中音音符的声音效果，除 5 个按键（key0、key1、key2、

key3、key4）分别代表一个中音音符（中音 1～5）外，另外设置同时按 key0、key1 时产生中音 6，设置同时按下 key0、key2 时产生中音 7。

经过前面的分析可知，琴键功能电路的核心仍然是计数器。只需要根据不同的按键顺序设计不同的计数周期，再根据计数值进行分频即可产生按键所对应的音符信号。

琴键功能电路的设计思路并不复杂，但在编写 Verilog HDL 代码时仍需要合理考虑电路模块的通用性、功能独立性、可扩展性，以及考虑如何使信号功能更加明确、易于使用。

根据表 10-2，由于音符分高、中、低 3 种音调，每种单调共 7 个音符，可以采用 2 个信号分别表示音调及音符，输入时钟频率设置为 1.5625MHz。因此，设计音符产生模块（note.v）的输入为 1.5625MHz 的时钟信号 sysclk、音调信号 tone[1:0]、音符信号 num[2:0]，输出为对应频率的音符 beep。

琴键模块（key_piano.v）的功能在于根据按键状态，设置对应的音调信号 tone[1:0]及音符信号 num[2:0]。

对于完整的琴键功能电路来讲，还需设计一个顶层文件 Synthesizer0.v，在文件中例化 note.v 及 key_piano.v，并将 50MHz 的晶振时钟分频产生 1.5625MHz 的时钟信号。

顶层文件 Synthesizer0.v 中的 Verilog HDL 代码如下。

```
//Synthesizer0.v中的代码
module Synthesizer0(
     input clk50m,              //系统时钟信号，50MHz
      //5 个按键，对应 5 个中音音符，key_n[1:0]=2'b11 时为中音 6，{key_n[2]、key_n[0]}=2'b11 时为中音 7
     input  [4:0]key_n,
     //显示当前音符：led[7:1]分别代表音符 1~7，led[0]熄灭时代表低音
     //led[0]点亮时代表中音，led[0]以 4Hz 闪烁时代表高音
     output [7:0] led,
     output beep);              //蜂鸣器，输出对应频率的音符

     reg [4:0] cnt_sys=0;
     wire sysclk;
     wire [2:0] num_key;
     wire [1:0] tone_key;

      //对 clk50m 进行 32 分频，得到 1.5625MHz 时钟信号 sysclk
      always @(posedge clk50m)
        cnt_sys <= cnt_sys+1;

      assign sysclk = cnt_sys[4];

      //琴键模块
      key_piano u1(
       .key_n(key_n),           //5 个按键
       .tone(tone_key),         //00 代表低音，01 代表中音，10 代表高音
       .num(num_key));          //代表音符 1~7
```

```
    //音符产生模块
    note u2(
        .sysclk(sysclk),        //系统时钟信号，1.5625MHz
        .tone(tone_key),        //音调，00-低音，01-中音，10-高音
        .num(num_key),          //音符，001~111 分别代表音符 1~7
        .led(led),              //显示当前音符
       .beep(beep));            //蜂鸣器

endmodule
```

10.2.2 琴键模块设计

琴键模块可以完全用组合逻辑电路来实现，只需根据按键状态输出对应频率的音调及音符即可。由于 CGD100 开发板上的独立按键只有 5 个，为实现 7 个中音音符的输出，音符 6、7 采用了组合按键的方法实现。正由于组合按键功能的设计，我们可以重新理解一下 if…else 语句本身具有的优先级电路描述特性。

```
    //key_piano.v 中的代码
    module key_piano(                             //第 1 行
  //5 个按键对应 5 个中音音符，key_n[1:0]=2'b11 时为中音 6，{key_n[2],key_n[0]}=2'b11 时为中音 7
  input  [4:0]key_n,
        output [1:0] tone,                        //00 代表低音，01 代表中音，10 代表高音
        output reg [2:0] num);                    //1~7 分别代表音符 1~7

     assign tone = 2'd1;                          //通过按键产生中音

     //根据按键状态，产生相应的音调及音符
     always @(*)                                  //第 10 行
         if (key_n[1:0]==2'b00) num <= 3'd6;                          //第 11 行
         else if ({key_n[2],key_n[0]}==2'b00) num <= 3'd7;            //第 12 行
         else if (!key_n[0]) num <= 3'd1;                             //第 13 行
         else if (!key_n[1]) num <= 3'd2;                             //第 14 行
         else if (!key_n[2]) num <= 3'd3;                             //第 15 行
         else if (!key_n[3]) num <= 3'd4;                             //第 16 行
         else if (!key_n[4]) num <= 3'd5;                             //第 17 行
         else num <= 3'd0;                                            //第 18 行

    endmodule
```

由于该模块为组合逻辑电路，因此没有时钟输入信号。琴键模块的关键代码为第 10～18 行，采用 always 语句块及 if…else 语句完成琴键功能。第 1 条 if 语句用于判断 key_n[1:0] 是否为 2'b11，即 key_n[1]、key_n[0]是否同时按下，若按下，则输出对应的音符 6。根据 if…else 的语法规则，这条语句的优先级别最高，若成立，则后面的语句不再执行。当 key_n[1:0]

不为 2'b11 时，第 12 行再判断 key_n[2]、key_n[0]是否同时按下，若按下，则输出对应的音符 7，且后面的语句不再执行。而后依次判断是否有单个按键按下，若有某个按键按下，则输出按键对应的音符，且 key_n[0]~key_n[4]的优先级依次降低。

根据上述代码的设计原理，若某时刻仅按下某一个按键，则输出该按键对应的音符；若某时刻同时按下 2 个及以上按键，则首先判断是否为音符 6，其次判断是否为音符 7，再次根据 5 个按键的优先级输出优先级最高的按键对应的音符。因此，上述代码可以正确地完成按键产生对应音符的功能。

如果将上述代码中对按键的判断顺序调整一下，先判断音符 1～5，再判断音符 6～7，形成的代码如下。

```
//修改后的代码
    always @(*)                                                //第 10 行
    if (!key_n[0]) num <= 3'd1;                                //第 11 行
    else if (!key_n[1]) num <= 3'd2;                           //第 12 行
    else if (!key_n[2]) num <= 3'd3;                           //第 13 行
    else if (!key_n[3]) num <= 3'd4;                           //第 14 行
    else if (!key_n[4]) num <= 3'd5;                           //第 15 行
    else if (!key_n[1:0]==2'b00) num <= 3'd6;                  //第 16 行
    else if ({key_n[2],key_n[0]}==2'b00) num <= 3'd7;          //第 17 行
else num <= 3'd0;                                              //第 18 行
```

大家思考一下，修改后的代码可以产生音符 6 和音符 7 吗？

当某时刻同时按下 key_n[1]和 key_n[0]时，程序设计的目的是 num 输出 3'd6，实际上程序执行到第 11 行时，由于 key_n[0]为 1'b0，num 输出为 3'd1，不再执行后面的语句。因此，当某时刻同时按下 key_n[1]和 key_n[0]时，num 输出 3'd1，无法输出 3'd6。同理，程序也始终无法输出 3'd7 的状态，即无法产生音符 7。这正是由于 if…else 描述的语句具有优先级，当两个按键同时按下时，由于第 11～15 行必定有一条语句满足条件，程序也就不会执行到第 16、17 行。

10.2.3 音符产生模块设计

根据前面讨论的音符产生原理，音符产生模块 note.v 的核心就是具有不同分频比的分频器，而分频器的实质就是计数器。音符产生模块 note.v 的核心功能在于根据输入的音调信号 note[1:0]和音符信号 num[2:0]实现对 1.5625MHz 时钟信号 sys_clk 的分频。下面是 note.v 模块的代码。

```
//note.v 模块代码
module note(
      input sysclk,                           //系统时钟信号，1.5625MHz
      input [1:0] tone,                       //音调，00-低音，01-中音，10-高音
      input [2:0] num,                        //音符，001~111 分别代表音符 1~7
      //显示当前音符：led[7:1]分别代表音符 1~7，led[0]熄灭时代表低音，led[0]点亮时代表中音
      //led[0]以 4Hz 频率闪烁时代表高音
```

```
    output reg [7:0] led,
    output beep);                                         //蜂鸣器

  reg [11:0] cnt_note=0;
  reg [11:0] number=0;
  reg beep_tem=0;

  reg f4=0;
  reg [17:0] cnt4hz=0;

  //通过分频器产生 4Hz 频率信号
  always @(posedge sysclk)                                //第 19 行
     if (cnt4hz<203124)
        cnt4hz <= cnt4hz + 1;
     else begin
        cnt4hz <= 0;
        f4 <= !f4;
        end                                               //第 25 行

    //根据输入的音调及音符，设置相应的计数周期
  always @(*)                                             //第 28 行
     case ({tone,num})
       5'b00_001: begin number <= 12'd2982; led[0] <= 0; led[7:1] <= 7'b0000001; end
       5'b00_010: begin number <= 12'd2639; led[0] <= 0; led[7:1] <= 7'b0000010; end
       5'b00_011: begin number <= 12'd2367; led[0] <= 0; led[7:1] <= 7'b0000100; end
       5'b00_100: begin number <= 12'd2232; led[0] <= 0; led[7:1] <= 7'b0001000; end
       5'b00_101: begin number <= 12'd1993; led[0] <= 0; led[7:1] <= 7'b0010000; end
       5'b00_110: begin number <= 12'd1776; led[0] <= 0; led[7:1] <= 7'b0100000; end
       5'b00_111: begin number <= 12'd1582; led[0] <= 0; led[7:1] <= 7'b1000000; end
       5'b01_001: begin number <= 12'd1494; led[0] <= 1; led[7:1] <= 7'b0000001; end
       5'b01_010: begin number <= 12'd1331; led[0] <= 1; led[7:1] <= 7'b0000010; end
       5'b01_011: begin number <= 12'd1186; led[0] <= 1; led[7:1] <= 7'b0000100; end
       5'b01_100: begin number <= 12'd1119; led[0] <= 1; led[7:1] <= 7'b0001000; end
       5'b01_101: begin number <= 12'd996; led[0] <= 1; led[7:1] <= 7'b0010000; end
       5'b01_110: begin number <= 12'd888; led[0] <= 1; led[7:1] <= 7'b0100000; end
       5'b01_111: begin number <= 12'd791; led[0] <= 1; led[7:1] <= 7'b1000000; end
       5'b10_001: begin number <= 12'd746; led[0] <= f4; led[7:1] <= 7'b0000001; end
       5'b10_010: begin number <= 12'd665; led[0] <= f4; led[7:1] <= 7'b0000010; end
       5'b10_011: begin number <= 12'd592; led[0] <= f4; led[7:1] <= 7'b0000100; end
       5'b10_100: begin number <= 12'd559; led[0] <= f4; led[7:1] <= 7'b0001000; end
       5'b10_101: begin number <= 12'd498; led[0] <= f4; led[7:1] <= 7'b0010000; end
       5'b10_110: begin number <= 12'd444; led[0] <= f4; led[7:1] <= 7'b0100000; end
       5'b10_111: begin number <= 12'd395; led[0] <= f4; led[7:1] <= 7'b1000000; end
       default : begin number <= 12'd0;   led[0] <= f4; led[7:1] <= 7'b0000000; end
  endcase                                                 //第 52 行
```

```
    //对 sysclk 进行分频，得到对应频率的音符信号 beep
    assign beep = beep_tem;
    always @(posedge sysclk)                              //第 56 行
       if (cnt_note < (number-1))
          cnt_note <= cnt_note+1;
       else begin
          cnt_note <= 0;
          beep_tem <= !beep_tem;                          //第 61 行
          end                                             //第 62 行

endmodule
```

为了增强电子琴的声光效果，程序设计了 LED 灯来显示当前的音符状态。完整的高、中、低音共 27 个音符，由于 CGD100 仅 8 个 LED 灯，因此采用 LED[0]来表示 3 个不同的音调。当 LED[0]为 0 时表示低音，为 1 时表示中音，以 4Hz 频率闪烁时为高音。程序中的第 19～25 行通过分频器产生了频率为 4Hz 的信号 f4。

根据表 10-2，不同的音符（音名）对应不同的计数周期，即不同的分频比。第 29～52 行代码为一个 case 语句，根据 tone 和 num 的值设置计数器 cnt_note 的周期 number 及 LED 的状态。这段代码的本质是第 5 章讨论的译码器电路。

第 56～62 行描述了一个周期为 number 的计数器 cnt_note，而 number 的值是由 tone 和 num 的值确定的。第 61 行生成音符信号 beep_tem，并送至模块的端口作为 beep 信号输出。

至此，琴键功能电路的 Verilog HDL 代码就编写完成了。新建引脚约束文件，重新编译程序，即可下载到开发板上开始弹奏属于自己的电子琴了。

读者可以在开发板配套资料中的“\Chp10\Synthesizer0”目录下查阅完整的工程文件。

10.3 自动演奏乐曲《梁祝》

10.3.1 自动演奏乐曲的原理

音符的持续时间必须根据乐曲的演奏速度及每个音符的节拍数来确定。因此，要控制音符的音长，就必须知道乐曲的速度和每个音符所对应的节拍数。如果将全音符的持续时间设为 1s 的话，一拍应该持续的时间为 0.25s，则只需要提供一个 4Hz 的时钟频率即可产生四分音符的时长。

至于音长的控制，在自动演奏模块中，每个乐曲的音符是按地址存放的，播放乐曲时按 4Hz 的时钟频率依次读取简谱，每个音符的持续时间为 0.25s。如果乐谱中某个音符为三拍音长，则只需连续读取 3 个相同的音符即可。同理，连续读取 4 个相同的音符就可以产生四拍音长。

比如，要产生图 10-1 所示的一段乐曲，则需要以 4Hz 的频率依次读取的音符为：低音 3、低音 3、低音 3、低音 3、低音 5、低音 5、低音 5、低音 6、中音 1、中音 1、中音 1、中音 2、低音 6、中音 1、低音 5、低音 5。

图 10-1 《梁祝》中的一段简谱

10.3.2 自动演奏乐曲《梁祝》片段

乐曲《梁祝》的一段简谱如图 10-2 所示。

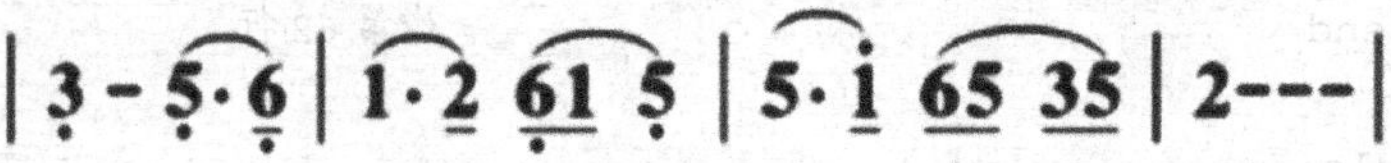

图 10-2 乐曲《梁祝》的一段简谱

根据前面对乐曲演奏原理的讨论，采用 FPGA 实现《梁祝》片段的演奏，只需根据简谱依次产生相应的音符即可。由于本章前面已经完成了音符电路模块的 Verilog HDL 设计，输出音调 tone[1:0]及音符 num[2:0]即可产生相应的声音，因此接下来编写的乐曲演奏模块只需根据图 10-2 依次输出对应的 tone 及 num 信号即可。

乐曲演奏模块 music.v 的 Verilog HDL 代码如下。

```
    //music.v 代码
    module music(
        input sysclk,               //系统时钟信号，1.5625MHz
        output reg [1:0] tone,      //音调，00-低音，01-中音，10-高音
        output reg [2:0] num);      //音符，001~111 分别代表音符 1~7

     reg [11:0] cnt_note=0;
     reg [11:0] number=0;

     reg clk_f4=0;
     reg [17:0] cnt4hz=0;
     reg [7:0] cn_music=0;

     //通过分频器产生 4Hz 频率信号
     always @(posedge sysclk)
        if (cnt4hz<203124)
           cnt4hz <= cnt4hz + 1;
        else begin
           cnt4hz <= 0;
           clk_f4 <= !clk_f4;
           end

     //产生乐曲片段长度的计数器，循环计数，实现循环播放
     always @(posedge clk_f4)
       if (cn_music < 90)
           cn_music <= cn_music + 1;
       else
```

```
        cn_music <= 0;

    //根据乐谱输出音调及音符数据
    always @(posedge clk_f4)
      case (cn_music)
          'd0: begin tone<=0; num <= 3; end
          'd1: begin tone<=0; num <= 3; end
          'd2: begin tone<=0; num <= 3; end
          'd3: begin tone<=0; num <= 3; end
          'd4: begin tone<=0; num <= 5; end
          'd5: begin tone<=0; num <= 5; end
          'd6: begin tone<=0; num <= 5; end
          'd7: begin tone<=0; num <= 6; end
          'd8: begin tone<=1; num <= 1; end
          'd9: begin tone<=1; num <= 1; end
          'd10: begin tone<=1; num <= 1; end
          'd11: begin tone<=1; num <= 2; end
          'd12: begin tone<=0; num <= 6; end
          'd13: begin tone<=1; num <= 1; end
          'd14: begin tone<=0; num <= 5; end
          'd15: begin tone<=1; num <= 5; end
          'd16: begin tone<=1; num <= 5; end
          'd17: begin tone<=1; num <= 5; end
          'd18: begin tone<=2; num <= 1; end
          'd19: begin tone<=1; num <= 6; end
          'd20: begin tone<=1; num <= 5; end
          'd21: begin tone<=1; num <= 3; end
          'd22: begin tone<=1; num <= 5; end
          'd23: begin tone<=1; num <= 2; end
          'd24: begin tone<=1; num <= 2; end
          'd25: begin tone<=1; num <= 2; end
          'd26: begin tone<=1; num <= 2; end
          'd27: begin tone<=1; num <= 2; end
          'd28: begin tone<=1; num <= 2; end
          'd29: begin tone<=1; num <= 2; end
          'd30: begin tone<=1; num <= 2; end
          'd31: begin tone<=1; num <= 2; end
          'd32: begin tone<=1; num <= 2; end
          'd33: begin tone<=1; num <= 2; end
          'd34: begin tone<=1; num <= 2; end
          'd35: begin tone<=1; num <= 3; end
          'd36: begin tone<=0; num <= 7; end
          'd37: begin tone<=0; num <= 6; end
          'd38: begin tone<=0; num <= 5; end
          'd39: begin tone<=0; num <= 5; end
          'd40: begin tone<=0; num <= 6; end
```

```
'd41: begin tone<=1; num <= 1; end
'd42: begin tone<=1; num <= 1; end
'd43: begin tone<=1; num <= 2; end
'd44: begin tone<=1; num <= 2; end
'd45: begin tone<=0; num <= 3; end
'd46: begin tone<=0; num <= 3; end
'd47: begin tone<=1; num <= 1; end
'd48: begin tone<=1; num <= 1; end
'd49: begin tone<=0; num <= 6; end
'd50: begin tone<=0; num <= 5; end
'd51: begin tone<=0; num <= 6; end
'd52: begin tone<=1; num <= 1; end
'd53: begin tone<=0; num <= 5; end
'd54: begin tone<=2; num <= 1; end
'd55: begin tone<=1; num <= 5; end
'd56: begin tone<=0; num <= 5; end
'd57: begin tone<=0; num <= 5; end
'd58: begin tone<=0; num <= 5; end
'd59: begin tone<=0; num <= 5; end
'd60: begin tone<=0; num <= 5; end
'd61: begin tone<=0; num <= 5; end
'd62: begin tone<=0; num <= 5; end
'd63: begin tone<=0; num <= 5; end
'd64: begin tone<=0; num <= 5; end
'd65: begin tone<=0; num <= 5; end
'd66: begin tone<=0; num <= 5; end
'd67: begin tone<=1; num <= 3; end
'd68: begin tone<=1; num <= 3; end
'd69: begin tone<=1; num <= 3; end
'd70: begin tone<=1; num <= 3; end
'd71: begin tone<=0; num <= 5; end
'd72: begin tone<=0; num <= 7; end
'd73: begin tone<=0; num <= 7; end
'd74: begin tone<=1; num <= 2; end
'd75: begin tone<=1; num <= 2; end
'd76: begin tone<=0; num <= 6; end
'd77: begin tone<=1; num <= 1; end
'd78: begin tone<=0; num <= 5; end
'd79: begin tone<=0; num <= 5; end
'd80: begin tone<=0; num <= 5; end
'd81: begin tone<=0; num <= 5; end
'd82: begin tone<=0; num <= 5; end
'd83: begin tone<=0; num <= 5; end
'd84: begin tone<=1; num <= 5; end
'd85: begin tone<=1; num <= 5; end
'd86: begin tone<=0; num <= 6; end
```

```
            'd87: begin tone<=1; num <= 1; end
            'd88: begin tone<=0; num <= 5; end
            'd89: begin tone<=0; num <= 5; end
            'd90: begin tone<=0; num <= 5; end
            default : begin tone<=0; num <= 5; end
        endcase

endmodule
```

10.4 完整的电子琴电路设计

前面已完成了琴键功能电路的设计，以及自动演奏《梁祝》乐曲的模块。根据 music.v 模块的功能，只需输入 1.5625MHz 的时钟信号，即可自动输出《梁祝》乐曲，驱动蜂鸣器实现乐曲的自动播放。因此，接下来我们只需要将两个功能集成在一个项目中即可。

修改 synthesizer 项目的顶层文件，通过按键 key[4:3]来控制琴键功能及自动演奏功能之间的切换。当 key[4:3]同时按下时，CGD100 自动演奏《梁祝》乐曲，否则实现琴键功能。修改后的顶层文件代码如下。

```
//完整的电子琴电路 Verilog HDL 代码
module Synthesizer1(
    input clk50m,                      //系统时钟信号，50MHz
    //实现琴键功能时，5 个按键分别对应 5 个中音音符
    //key_n[1:0]=2'b00 时为中音 6，{key_n[2]、key_n[0]}=2'b00 时为中音 7
    input [4:0]key_n,
    input key_music,                   //按下时（低电平）播放单音乐，否则为琴键功能
    //显示当前音符：led[7:1]分别代表音符 1~7，
    //led[0]熄灭时代表低音，led[0]点亮时代表中音，led[0]以 4Hz 闪烁时代表高音
    output [7:0] led,
    output beep);                      //蜂鸣器

    wire sysclk;
     reg [4:0] cnt_sys=0;
     wire [2:0] num_key,num_music;
    wire [1:0] tone_key,tone_music;
     reg [2:0] num_note;
     reg [1:0] tone_note;

    //对 clk50m 进行 32 分频，得到 1.5625MHz 时钟信号 sysclk
    always @(posedge clk50m)
      cnt_sys <= cnt_sys+1;

    assign sysclk = cnt_sys[4];

   //如果 key_music 按下，则自动播放乐曲，否则为琴键功能
```

```
    always @(*)
      if (!key_music) begin
           tone_note <= tone_music;
           num_note <= num_music;
           end
        else begin
           tone_note <= tone_key;
           num_note <= num_key;
           end

    //琴键模块
    key_piano u1(
       .key_n(key_n),
       .tone(tone_key),                 //00 代表低音，01 代表中音，10 代表高音
       .num(num_key));                  //1~7 分别代表音符 1~7

    //音符产生模块
    note u2(
       .sysclk(sysclk),                 //系统时钟信号，1.5625MHz
       .tone(tone_note),                //音调，00 代表低音，01 代表中音，10 代表高音
    .num(num_note),                     //音符，001~111 分别代表音符 1~7
       .led(led),
       .beep(beep));                    //蜂鸣器

     //乐曲演奏模块
     music u3(
       .sysclk(sysclk),
       .tone(tone_music),
       .num(num_music));

endmodule
```

完成代码设计后，添加引脚约束文件，完成程序编译，即可将程序下载到开发板上验证电子琴电路功能。读者可在本书配套资料中的“\chp10\synthesizer1”目录下查看完整的电子琴电路工程文件。

10.5 小结

本章详细讨论了电子琴电路的 Verilog HDL 设计。本章的学习要点可归纳为：

（1）理解电子琴电路的总体设计思路。

（2）掌握音符产生的原理。

（3）理解琴键模块及乐曲演奏模块的 Verilog HDL 设计过程。

（4）完成电子琴电路的设计及板载测试。

第 11 章

应用广泛的串口通信电路

本章首先讨论串口通信电路的基本原理及 Verilog HDL 设计方法，而后详细讨论采用串口通信方式，通过计算机控制秒表电路的 Verilog HDL 设计过程。

11.1 RS-232 串口通信的概念

串口通信协议是计算机上一种通用的设备通信协议，大多数计算机包含两个基于 RS-232 协议的串口。串口通信协议也是仪器仪表设备通用的通信协议，可以用于获取远程采集设备的数据。为使计算机、手机及其他通信设备互相通信，目前已经对串行通信建立了几个一致的概念和标准。这些概念和标准涉及三个方面：传输速率、电特性、信号名称和接口标准。

串口通信的概念非常简单，串口按位（bit）发送和接收字节（Byte）。尽管按字节传输的串行通信速度较低，但是串口可以在使用一根数据线发送数据的同时用另一根数据线接收数据。串口通信很简单并且能够实现较长距离通信，比如 IEEE 488 定义串口通信的长度可达 1 200 m。串口用于 ASCII 码字符的传输时，通常使用 3 根线：地线、发送数据线、接收数据线。由于串口通信是异步的，因而端口能够在一根线上发送数据的同时在另一根线上接收数据。完整的串口通信还定义了用于握手的接口。串口通信最重要的参数是波特率、数据位、停止位和奇偶校验位。对于两个相互通信的端口，这些参数必须匹配。

1）波特率

波特率是一个衡量通信速度的参数，表示每秒传送的符号个数。当每个符号只有 2 种状态时，则每个符号表示 1 位信息，此时波特率表示每秒传送的位数。例如，300 波特表示每秒传送 300 位数据。我们提到的时钟周期，就是指波特率参数（例如，如果协议需要 4800bit/s 的波特率，那么时钟频率就是 4800Hz）。这意味着串口通信在数据线上的抽样频率为 4800Hz。标准波特率包括 110bit/s、300bit/s、600bit/s、1200bit/s、4800bit/s、9600bit/s 和 19200bit/s。大多数端口的接收波特率和发送波特率可以分别设置，而且可以通过编程来指定。

2）数据位

数据位是衡量串口通信中每次传送的实际位数的参数。当计算机发送一个信息包时，实际的数据不一定全是 8 位的，标准的值有 4 位的、5 位的、6 位的、7 位的和 8 位的。如何设置取决于用户传送的信息。例如，标准的 ASCII 码是 0～127（7 位）。扩展的 ASCII 码是 0～255（8 位）。如果数据使用简单的文本（标准 ASCII 码），那么每个数据包使用 7 位数据，包括起始位和停止位、数据位和奇偶校验位。

3）停止位

停止位指单个数据包的最后 1 位数据，是单个数据包的结束标志。典型的值为 1 位、1.5 位和 2 位。由于数据是在传输线上定时的，并且每一个设备都有自己的时钟，在通信中的两台设备间会出现不同步，因此停止位不仅仅表示传输的结束，而且提供计算机校正时钟同步的机会。停止位的位数越多，对收、发时钟同步的容忍程度越大，数据的传输效率就越低。

4）奇偶校验位

奇偶校验是串口通信中的一种简单的检错方式，包括奇校验、偶校验、高电平校验、低电平校验。当然，没有校验位也可以进行正常通信。对于需要进行奇偶校验的情况，串口会设置校验位（数据位后面的一位），用一位来确保传输的数据有偶数个或者奇数个逻辑高电平位。例如，如果数据是 011，那么对于偶校验，校验位为 0，保证逻辑高电平的位数是偶数个；对于奇校验，校验位为 1，这样整个数据单元就有奇数个（3 个）逻辑高电平位。高电平校验和低电平校验不检查传输的数据单元，只是简单地将校验位设为逻辑高电平或者逻辑低电平，这样就使得接收设备能够知道 1 位的状态，有机会判断是否有噪声干扰了通信或者收、发双方出现了不同步现象。

11.2 串口硬件电路原理分析

在 FPGA 平台上采用 Verilog HDL 语言实现串口通信的收、发功能，即实现计算机串口与 CGD100 开发板之间的串口数据传输。要求 FPGA 电路板能同时通过 RS-232 串口发送字符数据，并接收来自计算机的字符数据；数据传输速率为 9600bit/s；停止位为 1 位，数据位为 8 位，无奇偶校验位；系统时钟频率为 50 MHz；电路板同时将接收到的数据通过串口向计算机发送。

为简化设计，本实例只使用了串口通信中的三根信号线（发送数据线、接收数据线、地线），没有使用握手信号。CGD100 开发板上的串口电路原理图如图 11-1 所示。

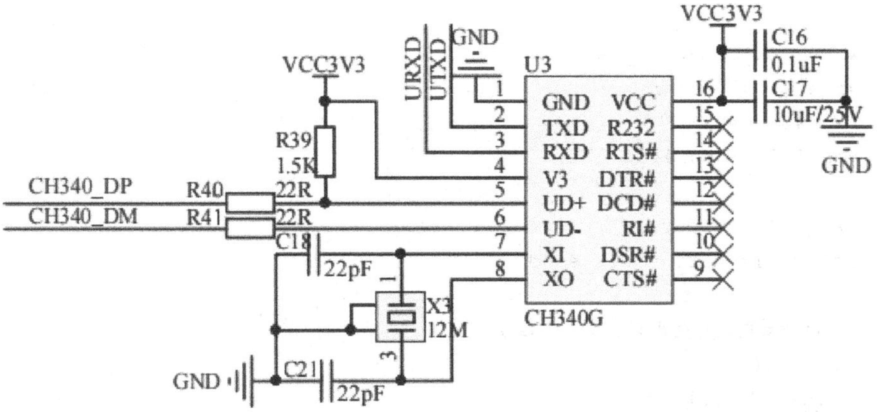

图 11-1　串口电路原理图

开发板上的串口电路采用的是 USB 转串口芯片 CH340G。CH340G 芯片内部已集成了收发缓冲器，需外接晶振及极少的外围电路，使用简单、性能稳定。图 11-1 左侧的 CH340_DP、CH340_DM 信号线接 USB 插座，可直接通过 USB 线与计算机连接，UTXD 和 URXD 为 3.3V 的串口发送及接收信号，可直接与 FPGA 的 I/O 端口连接。因此，在 CGD100 开发板上设计串口通信程序，仅需要接收 UTXD 发送的数据，并按 RS-232 协议向 URXD 引脚发送数据即可。

11.3 串口通信电路 Verilog HDL 设计

11.3.1 顶层文件的 Verilog HDL 设计

实例 11-1：串口通信电路设计

在 CGD100 开发板上完成串口通信电路设计，电路板接收计算机端发送的 1 字节数据，并将接收到的数据每隔 1s 发送至计算机端。

对于 FPGA 实现来讲，输入信号为 50MHz 的时钟信号（clk50m）及串口送入的信号（rs232_rec），主要输出信号为送至串口的信号（rs232_txd）。

为便于读者对整个程序的理解，下面先给出顶层文件 uart.v 中的代码。

```
//uart.v 中的代码
module uart(
    input clk50m,              //系统时钟信号：50MHz
    input rs232_rec,           //串口接收信号
   output dv,                  //接收数据有效信号，1 个 clk_uart 时钟周期高电平
   output clk_uart,            //串口波特率时钟信号
   output [7:0]led,            //接收到的数据
    output rs232_txd);         //串口发送信号
```

```
    wire clk_send,clk_rec;
    wire [7:0] data;
    reg start=0;
    reg [13:0] cn14=0;

    assign led = data;
    assign clk_uart = clk_send;

    // 时钟模块，产生串口收发时钟信号
    clock u1(
       .clk50m(clk50m),
       .clk_txd(clk_send),    //9600Hz
       .clk_rxd(clk_rec));    //19200Hz

    //发送模块，将 data 数据按串口协议发送，每检测到 start 为高电平时发送一帧数据
    send u2(
       .clk_send(clk_send),
       .start(start),
       .data(data),
       .txd(rs232_txd));

    //接收模块，接收串口发来的数据，转换成 data 信号
    rec u3(
       .clk_rec(clk_rec),
       .rxd(rs232_rec),
       .dv(dv),
       .data(data));

    //产生发送控制信号 start，每秒出现一个高电平脉冲
    always@(posedge clk_send)
    begin
       if (cn14==9599)
          cn14<=0;
       else cn14<=cn14+1;
       if (cn14==0)
          start<=1;
       else start<=0;
    end

endmodule
```

由代码可以清楚地看出，系统由 1 个时钟模块（u1：clock）、1 个串口发送模块（u2：send）、1 个串口接收模块（u3：rec）组成。其中，时钟模块用于产生与波特率相对应的收、发时钟信号；接收模块用于接收串口送来的数据；发送模块用于将接收到的数据通过串口

发送出去。其中发送模块的 start 信号为发送触发信号，当出现一个 clk_send 时钟周期的高电平脉冲信号时，向串口发送一帧 data 数据。程序结尾处设计了一个产生 start 信号的进程，每秒（频率为 9600Hz 的发送时钟 clk_send 计满 9600 个数）产生一个周期的高电平信号 start。

11.3.2 时钟模块的 Verilog HDL 设计

串口的波特率有多种，最常用的是 9600bit/s。为简化设计，该实例仅设计一种 9600bit/s 的波特率。串口通信协议属于异步传输协议，由于异步传输的时钟频率要求不是很高，因此可以采用对系统时钟信号进行分频的方法产生所需的时钟信号。下面先给出时钟模块的 Verilog HDL 代码，而后对其进行讨论。

```
//clock.v 中的代码
module clock(
    input clk50m,
    output clk_txd,
    output clk_rxd);

    reg [11:0] cn12=0;
    reg clk_tt=0;
    reg [11:0] cn11=0;
    reg clk_rt=0;

    //产生 9600Hz 的发送时钟信号
    //50 000 000/9600≈5208 每 2604 个数翻转一次，产生 9600Hz 的时钟
    always@(posedge clk50m)
        if (cn12==2603) begin
            cn12<=0;
            clk_tt<=!clk_tt;
            end
        else
            cn12<=cn12+1;

    //产生 19200Hz 的接收时钟信号
    //50 000 000/19200≈2604 每 1302 个数翻转一次，产生 19200Hz 的时钟
    always@(posedge clk50m)
        if (cn11==1301) begin
            cn11<=0;
            clk_rt<=!clk_rt;
            end
        else
            cn11<=cn11+1;

    assign clk_txd=clk_tt;
```

```
    assign clk_rxd=clk_rt;

endmodule
```

从上面的代码中可知，发送时钟信号的频率与波特率相同，而接收时钟信号的频率则为波特率的 2 倍。对于发送时钟信号的计数器而言，由于计数器的计数范围为 0～2603，共 2604 个数，每计满一个周期 clk_tt 翻转一次，一个周期内共翻转 2 次，每完成 2 个周期的计数为 5208，相当于对 50MHz 信号进行 5208 分频，产生 9600Hz 的发送时钟信号。产生接收时钟信号的方式与此类似，仅需修改计数器的计数周期。

发送时钟的频率与波特率相同，这很容易理解，即发送数据时，按波特率及规定的格式向串口发送数据即可。接收时钟的频率在数值上之所以设置成波特率的 2 倍，则是为了避免接收时钟与数据传输速率（波特率）之间的偏差导致数据接收错误。

11.3.3　接收模块的 Verilog HDL 设计

本实例不涉及握手信号及校验信号，接收模块的 Verilog HDL 设计也比较简单。基本思路是用接收时钟信号对输入数据信号线 rs232_rec（接收模块文件中的信号名称为 rxd）进行检测，当检测到下降沿时（根据 RS-232 串口通信协议，空闲位为 1，起始位为 0）表示接收到有效数据，开始连续接收 8 位数据，并存放在接收寄存器中，接收完成后通过 data 端口输出。

由前面的讨论可知，异步传输对时钟信号频率的要求不是很高，原因是每个字符均有用于同步检测的起始位和停止位。换句话说，只要在每个字符（本实例为 8 位）的传输过程中，不要因为收、发时钟信号的不同步而引起数据传输错误即可。对于串口数据接收端来讲，下面分析一下采用频率与波特率相同的时钟信号接收数据时，可能出现数据检测错误的情况。

图 11-2 仅画出了接收串口数据的时序图。如果采用频率与波特率相同的时钟信号来接收串口数据，则每个时钟周期内（假设采用时钟信号的上升沿来采样数据）只对数据线 rxd 采样一次数据。由于接收端不知道发送数据信号的相位和频率（虽然收、发端约定好了波特率，但两者之间因为晶振的性能差异，两者的频率仍然无法完全一致），因此接收端产生的时钟信号与数据信号的相位及频率存在偏移。若接收端的首次采样时刻（clk_send 的上升沿）与数据跳变沿接近，则所有采样时刻均会与数据跳变沿十分接近，由于时钟信号的相位抖动及频率偏移，很容易产生数据检测错误的情况。

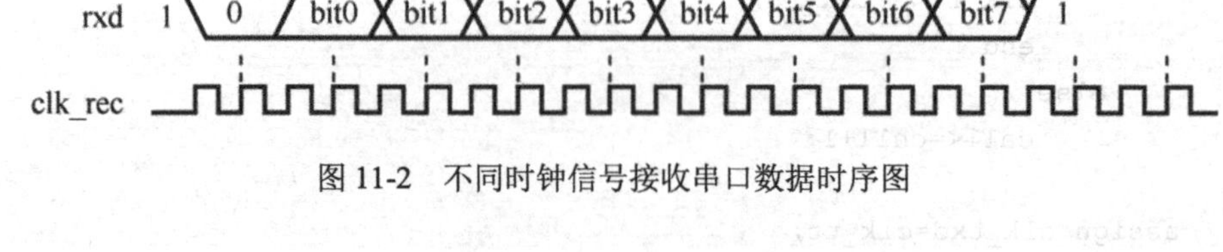

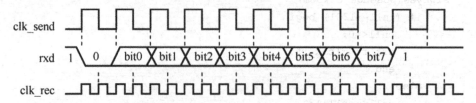

图 11-2　不同时钟信号接收串口数据时序图

如果采用频率为 2 倍波特率（或者更高频率）的时钟信号对数据进行检测，则首先利用频率为 2 倍波特率的时钟信号 clk_rec 检测数据的起始位（rxd 的初次下降沿），而后间隔一个 clk_rec 时钟周期对接收数据进行采样。由于 clk_rec 的频率是波特率的 2 倍，因此可以设定数据的采样时刻为检测到 rxd 跳变沿后的一个 clk_rec 时钟周期处，即接收到的每个 rxd 数据码元的中间位置，从而有利于保证检测时刻数据的稳定性。这样，只有收、发时钟信号的频率偏移大于 1/4 个码元周期的情况才可能出现数据检测错误，从而大大减小数据检测错误的概率，增强接收数据的可靠性。

经过上面的分析，相信读者比较容易理解下面给出的数据接收模块的代码。

```
//rec.v 中的代码
module rec(
     input clk_rec,
     input rxd,
    output reg dv,
     output reg [7:0] data);

    reg rxd_d=0;
     reg rxd_fall=0;
     reg [4:0] cn5=0;
     reg [7:0] dattem=0;

     //检测串口接收信号 rxd 的下降沿，表示开始接收数据
     always @(posedge clk_rec)
        begin
             rxd_d<=rxd;
            if ((!rxd)&rxd_d)
                 rxd_fall <=1;
             else
                 rxd_fall <=0;
          end

     //由于 clk_rec 的频率为波特率的 2 倍，在检测到 rxd 下降沿之后，连续计 20 个数
     always @(posedge clk_rec)
        begin
           if ((rxd_fall ==1)&(cn5==0))
              cn5<=cn5+1;
           else if ((cn5>0)&(cn5<19))
              cn5<=cn5+1;
           else if (cn5>18)
              cn5<=0;
          end

    //根据计数器 cn5 的值，依次将串口数据存入 dattem 寄存器
```

```
    always @(posedge clk_rec)
        case (cn5)
            2:dattem[0]<=rxd;
            4:dattem[1]<=rxd;
            6:dattem[2]<=rxd;
            8:dattem[3]<=rxd;
            10:dattem[4]<=rxd;
            12:dattem[5]<=rxd;
            14:dattem[6]<=rxd;
            16:dattem[7]<=rxd;
            //接收完成后，输出完整的数据
            18: data <= dattem;
        endcase

   //产生一个波特率时钟周期的高电平有效信号，指示接收到有效数据
   always @(posedge clk_rec)
    if (cn5>=18) dv <= 1'b1;
    else dv <= 1'b0;
endmodule
```

程序首先设计了一个下降沿检测电路，产生一个高电平脉冲的下降沿检测信号 rxd_fall。根据串口通信协议，高电平为停止位，低电平为起始位，因此检测到 rxd 的下降沿，即可判断串口传输一帧数据的起始时刻。

程序接下来的进程根据 rxd_fall 信号设计了一个计数器 cn5，从 0 持续计至 19，即计 20 个数。由于 clk_rec 的频率为波特率的 2 倍，每帧数据长度为 8 位，加上起始位及停止位，共 10 位，计数至 20，刚好计满传输完一帧数据的时间。

程序根据计数器 cn5 的状态，每间隔一个计数值取出 1 位数据存储在 datatem 寄存器中，最终将接收到的一帧完整数据由 data 端口输出，完成数据接收。

程序最后根据 cn5 的状态，当其大于或等于 18，即在 18、19 两个状态情况下，输出高电平信号 dv，用于指示接到的数据有效。由于 clk_rec 的频率为 clk_send 的 2 倍，因此 dv 信号的高电平持续时间为一个波特率时钟周期，该信号通过端口输出，便于其他模块判断串口接收到的数据是否有效。

11.3.4 发送模块的 Verilog HDL 设计

数据发送模块只需将起始位及停止位加至数据的两端，然后在发送时钟的节拍下逐位向外发送即可。为便于与其他模块有效连接，发送模块设计了一个触发信号 start，当检测到 start 为高电平时，发送一帧 data 数据。

下面直接给出数据发送模块的 Verilog HDL 代码。

```
// send.v 中的代码
module send(
```

```
    input clk_send,
    input start,
    input [7:0] data,
    output reg txd );

    //检测到 start 为高电平时，连续计 10 个数
    reg [3:0] cn=0;
    always @(posedge clk_send)
        if (cn>4'd8)
           cn <=0;
        else if (start==1)
           cn <= cn + 1;
        else if (cn>0)
           cn <= cn + 1;

    //根据计数器 cn 的值，依次发送起始位、数据位、停止位
    always @(*)
        case (cn)
           1: txd<=0;
           2: txd<=data[0];
           3: txd<=data[1];
           4: txd<=data[2];
           5: txd<=data[3];
           6: txd<=data[4];
           7: txd<=data[5];
           8: txd<=data[6];
           9: txd<=data[7];
           default txd<=1;
        endcase

endmodule
```

程序首先设计了一个计数器 cn，当检测到 start 为高电平时开始计数，从 0 计至 9。由于 clk_send 的频率与波特率相同，则每个计数周期发送 1 位数据即可。根据串口通信协议，需依次发送起始位 0，而后从数据的最低位开始依次完成 8 位数据的发送，最后发送停止位 1，共完成 10 位数据的发送。

11.3.5　FPGA 实现及板载测试

编写完成整个系统的 Verilog HDL 代码之后，根据 CGD100 开发板电路添加引脚约束文件，重新编译工程，即可下载到开发板上进行板载测试。

根据 CGD100 的电路原理图，可以得到 RS-232 串口通信电路 FPGA 程序的对外接口信号和 FPGA 芯片引脚的对应关系，如表 11-1 所示。

表 11-1 RS-232 串口信号定义

对外接口信号名称	FPGA 芯片引脚编号	传 输 方 向	功 能 说 明
clk50m	11	→FPGA	50MHz 的时钟信号
rs232_rec	49	→FPGA	计算机发送至 FPGA 的串口信号
rs232_txd	48	FPGA→	FPGA 发送至计算机的串口信号

在串口通信程序中添加引脚约束文件，按表 11-1 设置对应信号及引脚的约束位置，生成 fs 文件，并下载到 CGD100 开发板中。

完成串口通信接口调试，还需在计算机上安装串口芯片 CH340G 的驱动程序，以及串口调试助手软件。打开串口调试助手软件，在“串口设置”栏的“串口”下拉列表中选中驱动程序设置的串口编号（如 COM3），设置波特率为 9600，数据位为 8，校验位为 None，停止位为 1，“流控”为 none，选中“Hex”单选按钮，勾选“自动换行”“显示时间”复选框，单击软件界面右下方的“打开”按钮，则“打开”按钮自动切换成“发送”按钮，此时软件的信息窗口中每隔一秒显示“00”字符，表示计算机收到了 CGD100 开发板发送的“00”字符，如图 11-3 所示。

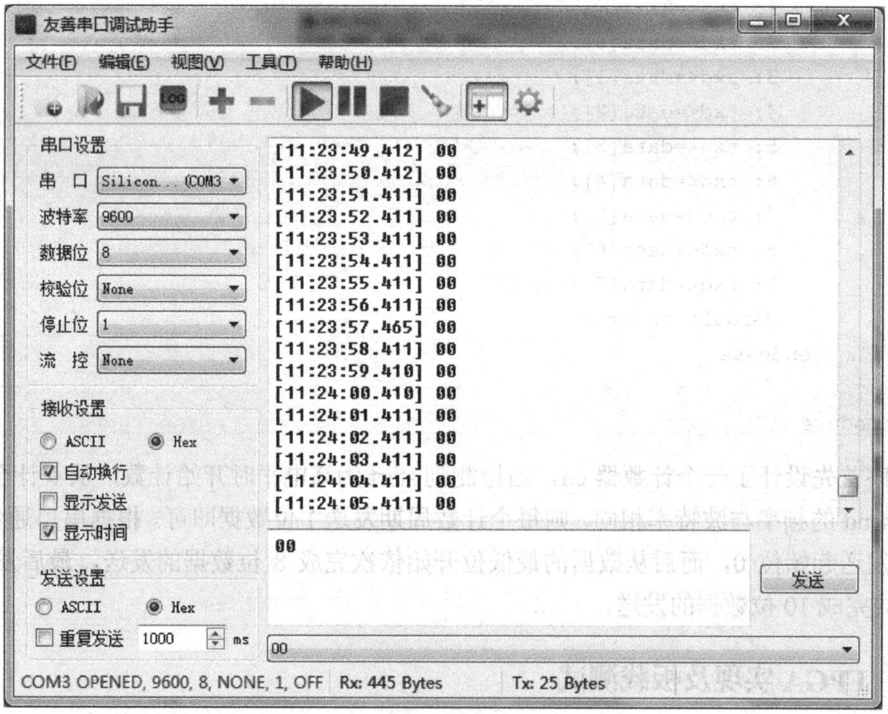

图 11-3 串口收、发“00”字符界面

在软件界面下方的编辑框中输入字符“AB”，单击“发送”按钮，计算机将“AB”字符按协议向 CGD100 发送，由于程序中实现了将接收到的数据再回送至计算机的功能，因此在串口软件界面中可以看见送回的“AB”字符，如图 11-4 所示。

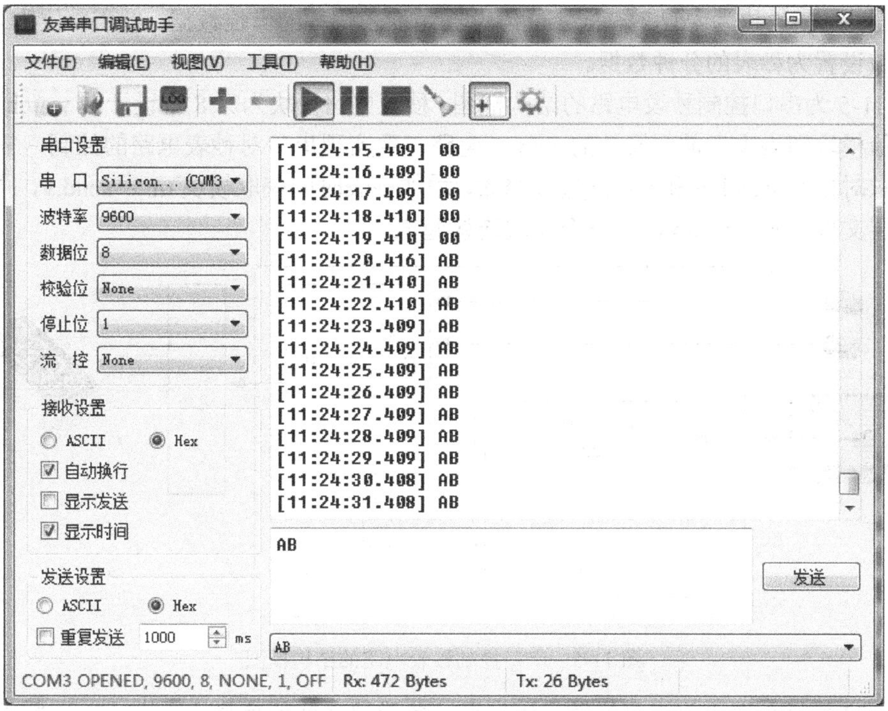

图 11-4　串口收、发“AB”字符界面

读者可在本书配套资料中的“chp11/E11_1_uart”文件夹下查阅完整的串口通信 FPGA 工程文件。

11.4 采用串口控制秒表电路

11.4.1 设计需求分析

实例 11-2：串口控制秒表电路设计

串口通信本身可以完成计算机与外设之间的低速通信。前面设计的电路实现了计算机与 CGD100 开发板之间的通信。通信的本质是数据传输及信息交换。我们在第 8 章完成了秒表电路的设计，秒表电路具有复位及启停功能，且这些功能都是采用按键实现的。接下来我们对秒表电路进行完善，具体增加的功能主要有以几项：

（1）通过串口、按键实现秒表的复位功能。K8 键为复位键，串口发送“FF”时复位。

（2）通过串口、按键控制秒表的启、停。K1 键为启停键，串口发送“F0”时停止计时，发送“F1”继续计时。

（3）通过串口读取当前的秒表时间信息。串口发送“F2”时读取当前时间，并在串口调试助手窗口中显示。

（4）通过串口设置当前的秒表时间信息。设置方式为：当串口数据高 4 位为 4'd0 时，低 4 位值设置为秒表的秒的十分位数据；当高 4 位为 4'd1 时，低 4 位值设置为秒表的秒的个位数据；当高 4 位为 4'd2 时，低 4 位值设置为秒表的秒的十位数据；当高 4 位为 4'd3 时，低 4 位值设置为秒表的分钟数据。

图 11-5 为串口控制秒表电路的结构框图。秒表电路模块为第 8 章设计的 watch.v 电路，串口通信模块即为本章前面设计的 uart.v 电路。要实现串口对秒表电路的控制，需要根据设计需求对模块 watch.v 和 uart.v 进行修改，增加秒表时间获取模块 time_send.v，同时新建一个顶层文件 uart_watch.v，将三个模块连接起来。

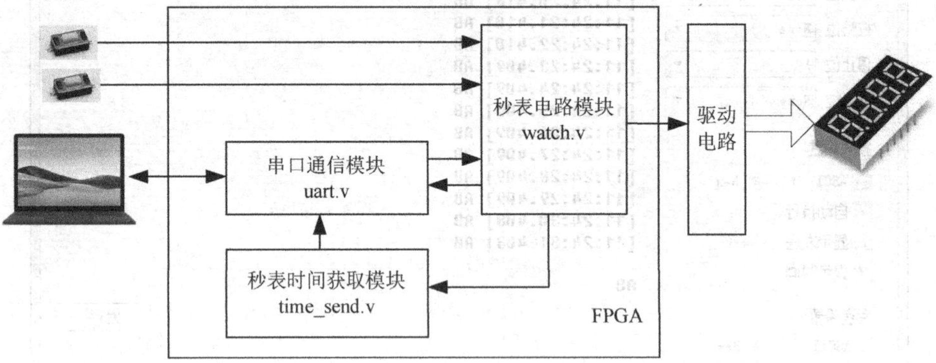

图 11-5 串口控制秒表电路的结构框图

如何完善每个模块的接口信号，如何设计各模块之间的信息交互方式，这些都是工程师需要仔细考虑的问题。接下来我们讨论顶层文件代码，并对各模块之间的信息交互方式进行说明。

11.4.2 顶层文件的 Verilog HDL 设计

顶层文件 uart_watch.v 的 Verilog HDL 代码如下。顶层文件中例化了 3 个模块：秒表电路模块（watch.v）、串口通信模块（uart.v）和秒表时间获取模块（time_send.v）。

```
//uart_watch.v 文件中的代码
module uart_watch(
    input  rst_n,                        //复位信号，低电平有效
    input  clk50m,                       //系统时钟信号，50MHz
    input  rs232_rec,                    //串口接收信号，9600bit/s
    output rs232_txd,                    //串口发送信号，9600bit/s
    output [7:0] seg_dp,                 //段码
    output [3:0] seg_s,                  //数码管位选通信号
    input  stop);                        //秒表启停控制信号

    wire [3:0] sec_div,sec_low,sec_high,min;
     wire [7:0] data_rec,data_send;
     wire reset_n,clk_uart,dv;

     //秒表电路模块
     watch u1  (
```

```
        .rst_n(reset_n),                //输入，复位信号，由串口和按键共同控制产生的复位信号
        .clk50m(clk50m),
        .dv(dv),                        //输入，接收数据有效，高电平脉冲
         .data_rec(data_rec),           //输入，串口接收到的 8 位信号
         .seg_dp(seg_dp),
         .seg_s(seg_s),
         .sec_high(sec_high),           //输出，4 位数据，表示秒的十位
         .sec_low(sec_low),             //输出，4 位数据，表示秒的个位
         .sec_div(sec_div),             //输出，4 位数据，表示秒的十分位
         .min(min),                     //输出，4 位数据，表示分钟
         .stop(stop));

   //串口通信模块
   uart u2 (
          .clk50m(clk50m),
          .rs232_rec(rs232_rec),
          .led(data_rec),               //输出，串口接收到的 8 位信号
          .dv(dv),                      //输出，接收数据有效，高电平脉冲
          .clk_uart(clk_uart),          //输出，波特率时钟信号
          .rs232_txd(rs232_txd),
          .start(start),                //输入，发送一帧数据的触发信号
          .data_send(data_send));       //输入，需要发送的 8 位数据

    //秒表时间获取模块
    time_send u3(
       .rst_n(rst_n),                   //按键复位信号，高电平有效
        .dv(dv),                        //接收数据有效信号，1 个 clk_rec 时钟周期高电平信号
        .clk_uart(clk_uart),            //串口波特率时钟信号
        .data_rec(data_rec),            //输入，串口接收到的 8 位信号
        .sec_div(sec_div),              //输入，4 位数据，表示秒的十分位
        .sec_low(sec_low),              //输入，4 位数据，表示秒的个位
        .sec_high(sec_high),            //输入，4 位数据，表示秒的十位
        .min(min),                      //输入，4 位数据，表示分钟
        .start(start),                  //输出，发送一帧数据的触发信号
       .reset_n(reset_n),               //串口与按键共同控制的复位信号，高电平有效
       .data_send(data_send));          //输出，需要发送的 8 位数据

endmodule
```

与前面讨论的串口通信电路相比，本实例中需要对串口通信模块的顶层文件进行完善，即将发送起始信号 start 由程序端口引入，由 time_send.v 模块产生 start 信号触发串口的数据发送状态，需要发送的数据由程序端口 data_send 送入。

秒表时间获取模块 time_send.v 根据串口控制命令收集当前的秒表时间信息，并将秒表时间信息组成 2 帧数据（4 位 min 和 4 位 sec_high 组成 1 帧 8 位数据，4 位 sec_low 和 4 位 sec_div 组成 1 帧 8 位数据）依次通过串口发送出去。串口数据发送功能由串口通信模块

uart.v 完成，秒表时间获取模块只需产生一个 clk_uart 时钟周期的高电平信号 start，同时将当前的秒表时间信息组合成 1 帧 8 位数据 data_send 传输给 uart.v 模块即可。秒表时间获取模块还要响应串口控制命令产生复位信号，且与复位按键信号合成一路全局复位信号，用于秒表电路的复位。

秒表电路模块 watch.v 需要响应串口控制命令完成秒表时间的设置，因此需要在第 8 章秒表电路的基础上对代码进行完善。

接下来我们讨论秒表时间获取模块的设计思路，以及秒表电路模块的完善过程。

11.4.3 秒表时间获取模块 Verilog HDL 设计

秒表时间获取模块主要完成两项功能：一是响应串口控制命令产生复位信号；二是响应串口控制命令将获取到的秒表时间信息送至串口通信模块发送出去。本实例设置 8'hff 为复位命令，即计算机通过串口向 CGD100 发送 8'hff，完成对秒表电路的复位；设置 8'hf2 为时间获取命令，当 CGD100 接收到 8'hf2 时，通过串口将秒表时间信息发送出去。

先来看看秒表时间获取模块的 Verilog HDL 代码。

```
//time_send.v 文件中的代码
module time_send(
  input  rst_n,                 //按键复位信号，低电平有效
  input  dv,                    //接收数据有效信号，1 个 clk_rec 时钟周期高电平信号
  input  clk_uart,              //串口波特率时钟
  input [7:0] data_rec,
  input [3:0] sec_div,
  input [3:0] sec_low,
  input [3:0] sec_high,
  input [3:0] min,
  output reg start,
  output reset_n,               //串口与按键共同控制的复位信号，低电平有效
  output reg[7:0] data_send);

   reg [3:0] cn4;
   reg uart_rst_n=1;

   //检测到串口控制命令为 8'hff 时，产生一个时钟周期的复位信号
   always @(posedge clk_uart)                  //第 19 行
     if ((data_rec==8'hff) && dv)              //第 20 行
        uart_rst_n <= 1'b0;                    //第 21 行
   else                                        //第 22 行
        uart_rst_n <= 1'b1;                    //第 23 行

   //串口与按键联合控制的复位信号
   assign reset_n = rst_n && uart_rst_n;       //第 26 行

   //检测到读取时钟命令 data_rec[7:0]=8'hf2，产生 13 个计数
```

```
    always @(posedge clk_uart)                          //第 29 行
       if ((data_rec==8'hf2) && dv &&(cn4==0))
           cn4 <= cn4 + 1;
        else if ((cn4>0)&(cn4<12))
           cn4<=cn4+1;
        else if (cn4>11)
           cn4<=0;                                       //第 35 行

    //根据 cn4 的计数值，依次通过串口发送秒表计数值
    always @(posedge clk_uart)                          //第 38 行
     if (cn4==1) begin
         start <= 1'b1;
         data_send <= {min,sec_high};
         end
     else if (cn4==12) begin
         start <= 1'b1;
         data_send <= {sec_low,sec_div};
         end
     else
         start <= 1'b0;                                 //第 48 行

endmodule
```

程序中第 19～23 行为串口产生复位信号的代码。第 20 行检测串口数据是否为 8'hff 且数据有效信号 dv 是否为高电平，若两个条件均满足，则设置 uart_rst_n 为低电平，否则为高电平。由于串口接收模块 rec.v 在每次接收到新的数据后，在将接收到的数据送出时，还提供持续一个波特率时钟周期高电平的有效信号 dv，因此每次检测到 8'hff 时均会产生一个波特率时钟周期低电平的信号 uart_rst_n，从而实现了合理响应复位命令的功能：产生复位信号，但不至于始终处于复位状态。第 26 行将 uart_rst_n 与复位按键信号进行“与”后输出信号 reset_n，达到串口复位和按键复位均可实现秒表电路复位的效果。

第 35～39 行检测串口控制命令 8'hf2，且持续产生 13 个 clk_uart 时钟周期的高电平信号。在按键消抖电路模块、串口发送模块、串口接收模块中都有类似的功能代码，即检测到某种状态，产生一定的计数值。比如按键消抖电路中，检测到按键下降沿后，产生 20ms 的计数；串口发送模块中，检测到 start 信号后，产生 10 个波特率时钟周期的计数；串口接收模块中，检测到接收起始信号后，产生 20 个接收时钟周期的计数。由于每发送 1 帧 8 位数据需要 10 个波特率时钟周期，考虑 1 个周期时间余量，在 cn4 分别为 1、12 时依次发送{min,sec_high}及{sec_low,sec_div}信号，同时设置发送起始信号 start 为高电平。发送功能由第 38～48 行代码完成。

11.4.4　完善秒表电路顶层模块 Verilog HDL 代码

根据本实例的设计需求，要实现串口设置秒表启停、设置秒表的时间、读取秒表的时间信息的功能。第 8 章完成的秒表电路具备按键控制秒表启停的功能。因此首先需要修改

watch.v 代码，增加与串口通信模块之间的数据交互接口，同时修改 watch_counter.v 文件中的代码，完成秒表启停、设置时间、读取时间的功能。

修改后的秒表电路顶层文件中的代码如下。

```
//watch.v 文件中的代码
module watch(
   input  rst_n,
   input  clk50m,
   output [7:0] seg_dp,
   output [3:0] seg_s,
   input  stop,

input [7:0] data_rec,         //增加输入，串口数据接口
input dv,                     //增加输入，增加数据接收有效信号，1个clk_uart周期高电平
output [3:0] sec_div,         //增加输出，秒的十分位
   output [3:0] sec_low,      //增加输出，秒的个位
   output [3:0] sec_high,     //增加输出，秒的十位
   output [3:0] min);         //增加输出，分钟

    wire [3:0] second_div,second_low,second_high,minute;

    //将秒表时间信号送至模块端口输出
     assign sec_div = second_div;                  //第 19 行
     assign sec_low = second_low;                  //第 20 行
     assign sec_high = second_high;                //第 21 行
     assign min = minute;                          //第 22 行

     //秒表计数模块
     watch_counter u2 (
        .rst_n(rst_n),
        .clk(clk50m),
        .data_rec(data_rec),
        .dv(dv),
        .second_div(second_div),
         .second_low(second_low),
         .second_high(second_high),
         .minute(minute),
         .stop(stop));

    //4个八段数码管显示模块
    seg_disp u3 (
          .clk(clk50m),
          .a({1'b1,second_div}),
          .b({1'b0,second_low}),
          .c({1'b1,second_high}),
          .d({1'b0,minute}),
```

```
        .seg(seg_dp),
        .sel(seg_s));

endmodule
```

程序端口增加了串口数据信号 data_rec、数据有效信号 dv 及 4 个秒表计数信号，这些端口信号均与秒表计数模块 watch_counter.v 进行交互，与段码显示模块没有关联，因此只需修改 watch_counter.v 模块即可。其中第 19～22 行已完成了秒表时间信号送至模块端口的功能，因此秒表计数模块需要响应串口控制命令控制秒表的启停，设置秒表时间。

11.4.5　完善秒表计数模块 Verilog HDL 代码

串口控制秒表停止、启动的命令分别为 8'hf0 和 8'hf1，需要使串口及按键同时控制秒表的启、停。无论秒表当前是否处于计数状态，当串口发送 8'hf0 时秒表立即停止计数，此时启停按键动作一次则秒表继续计数，再次动作一次则停止计数；无论秒表当前是否处于计数状态，当串口发送 8'hf1 时秒表均处于计数状态，此时启停按键动作一次则秒表停止计数，再次动作一次则继续计数。读者要仔细理解串口启停与按键启停之间的逻辑关系，便于正确设计出秒表计数模块的 Verilog HDL 代码。

秒表时间的命令字设置方式为：当串口数据高 4 位为 4'd0 时，低 4 位值设置为秒表的 sec_div 数据；当高 4 位为 4'd1 时，低 4 位值设置为秒表的 sec_low 数据；当高 4 位为 4'd2 时，低 4 位值设置为秒表的 sec_high 数据；当高 4 位为 4'd3 时，低 4 位值设置为秒表的 min 数据。

下面是修改后的秒表计数模块 watch_counter.v 的 Verilog HDL 代码。

```
//修改后的 watch_counter.v 文件代码
module watch_counter(
    input rst_n,
    input clk,
    input stop,
    input dv,                                          //增加的数据有效信号
    input [7:0] data_rec,                              //增加的串口数据信号
    output [3:0] second_div,
    output [3:0] second_low,
    output [3:0] second_high,
    output [3:0] minute);

    reg [3:0] min,sec_div,sec_low,sec_high;
    reg [40:0] cn_div;

    wire shape;
    reg start_stop=0;

    keyshape u1(
      .clk(clk),
```

```
    .key_n(stop),
    .shape(shape));

  //完成串口及按键同时控制秒表启、停功能
  always @(posedge clk)                                //第 25 行
     begin
       if ((data_rec==8'hf0) && dv) begin           //uart 控制计数停止 第 27 行
         if (!start_stop)
           start_stop <= 1'b1;
         end                                           //第 30 行
       else if ((data_rec==8'hf1) && dv) begin     //uart 控制计数开始  第 31 行
           if (start_stop)
             start_stop <= 1'b0;
           end                                         //第 34 行
       else if (shape)                                 //第 35 行
           start_stop <= !start_stop;                 //按键控制启停
       end                                             //第 37 行

   //产生周期为 0.1s 的计数器 cn_div
   always @(posedge clk or negedge rst_n)
     if (!rst_n)
       cn_div <= 0;
     else if ((!start_stop) || (cn_div==4999999))
       if (cn_div>=4999999)
         cn_div<=0;
      else
         cn_div<=cn_div+1;

   //产生秒的十分位计数值 sec_div
   always @(posedge clk or negedge rst_n)
      if (!rst_n)
         sec_div <= 0;
      else if ((data_rec[7:4]==4'd0) && dv)     //增加的设置时间代码  第 53 行
         sec_div <= data_rec[3:0];                 //增加的设置时间代码  第 54 行
      else if (cn_div==4999999)
         if (sec_div>=9)
           sec_div<=0;
         else
           sec_div<=sec_div+1;

  //产生秒的个位计数值 sec_low
  always @(posedge clk or negedge rst_n)
     if (!rst_n)
       sec_low <= 0;
     else if ((data_rec[7:4]==4'd1)  && dv)      //增加的设置时间代码
       sec_low <= data_rec[3:0];                   //增加的设置时间代码
```

```
    else if ((cn_div==4999999)&(sec_div==9))
      if (sec_low>=9)
        sec_low<=0;
      else
        sec_low<=sec_low+1;

  //产生秒的十位计数值 sec_high
  always @(posedge clk or negedge rst_n)
    if (!rst_n)
      sec_high <= 0;
    else if ((data_rec[7:4]==4'd2) && dv)          //增加的设置时间代码
      sec_high <= data_rec[3:0];                   //增加的设置时间代码
    else if ((cn_div==4999999)&(sec_div==9)&(sec_low==9))
      if (sec_high>=5)
        sec_high<=0;
      else
        sec_high<=sec_high+1;

  //产生分钟的计数值 min
  always @(posedge clk or negedge rst_n)
    if (!rst_n)
      min <= 0;
    else if ((data_rec[7:4]==4'd3) && dv)          //增加的设置时间代码
      min <= data_rec[3:0];                        //增加的设置时间代码
    else if ((cn_div==4999999)&(sec_div==9)&(sec_low==9)&(sec_high==5))
      if (min>=9)
        min<=0;
      else
        min<=min+1;

  assign minute = min;
  assign second_div = sec_div;
  assign second_low = sec_low;
  assign second_high =sec_high;

endmodule
```

程序中第 25～37 行完成控制秒表启停的功能。当检测到串口数据为 8'hf0 时，判断 start_stop 信号的状态，若为低电平（启动计数），则设置 start_stop 为高电平（停止计数）；当检测到串口数据为 8'hf1 时，判断 start_stop 信号的状态，若为高电平（停止计数），则设置 start_stop 为低电平（启动计数）；当没有检测到 8'hf0 或 8'hf1 时，每检测到一次按键消抖后的信号 shape 为高电平，变换一次启停状态。

对于秒的十分位数据信号，增加的设置秒表时间代码为第 53～54 行。当检测到串口数据的高 4 位为 1（data_rec[7:4]==4'd1）时，将数据的低 4 位值设置为秒的十分位数据（sec_div<=data_rec[3:0]）。其他几位秒表时间信息的设置代码与 sec_div 的设置代码类似。

读者可在本书配套资料中的“Chp11/E11_2_uart_watch”目录中查看完整的工程文件，并将编译后的程序下载到 CGD100 开发板上测试验证。

11.4.6 FPGA 实现及板载测试

编写完成整个系统的 Verilog HDL 代码之后，根据 CGD100 开发板电路添加引脚约束文件，重新编译工程，即可下载到开发板上进行板载测试。

上电后，数码管显示秒表计时状态；按下复位键 K8，秒表清零；按下启停按键 K1，则秒表在计时及停止计时状态之间切换。

通过串口发送“FF”，此时秒表清零；通过串口发送“F0”，秒表停止计时；通过串口发送“F1”，秒表继续计数；通过串口发送“F2”，可以从串口调试助手界面中读取当前的秒表时间；依次通过串口发送十六进制数“35、24、13、02”，可以设置当前的秒表时间为 5 分 43.2 秒。

11.5 小结

本章设计了一个具备双向传输功能的串口通信电路，同时完成了采用串口控制秒表电路的 FPGA 程序设计，对设计过程进行了详细的分析。本章的学习要点可归纳为：

（1）理解串口通信原理，理解串口通信协议。

（2）掌握串口通信电路的 Verilog HDL 设计过程。

（3）理解为了准确接收数据，提高串口接收时钟信号速率的原因。

（4）进一步熟悉并掌握合理规划各模块功能的思路和方法。

（5）完成串口控制秒表电路的 Verilog HDL 设计及板载测试。

第 12 章

对状态机的讨论

描述逻辑电路的方法有多种，状态机（State Machine）就是其中的一种。从本质上来讲，逻辑电路本身就是由不同的工作状态组成的，因此一些工程师认为一切电路都可以用状态机的方式来编写 Verilog HDL 代码。事实上，每一种描述方法都有其固有的优缺点及不同的适用范围。虽然作者不推荐采用状态机的方法完成 Verilog HDL 设计，但作为一种在 FPGA 设计领域应用较为广泛的设计方法，FPGA 工程师有必要对其有一定的了解。本章采用对比分析的方法来讨论状态机的一般设计方法。

12.1 有限状态机的概念

状态机由状态寄存器和组合逻辑电路构成，能够根据控制信号按照预先设定的状态进行状态转移，是协调相关信号动作、完成特定操作的控制中心。如果电路的状态数量是有限的，则称为有限状态机（Finite State Machine，FSM）；如果状态的数量是无限的，则称为无限状态机（Infinite State Machine，ISM）。一般来讲，电路的状态均是有限的。本章仅讨论有限状态机。

有限状态机分为两类：第一类，若输出只和状态有关，与输入无关，则称为 Moore 状态机；第二类，输出不仅和状态有关，还和输入有关，则称为 Mealy 状态机。

状态机可归纳为 4 个要素，即现态、条件、动作、次态。这样的归纳主要是出于对状态机的内在因果关系的考虑。“现态”和“条件”是因，“动作”和“次态”是果。

现态：当前所处的状态。

条件：又称为“事件”，当一个条件被满足时，将会触发一个动作，或者执行一次状态的迁移。

动作：条件满足后执行的动作。动作执行完毕后，可以迁移到新的状态，也可以保持原状态。动作不是必需的，当条件满足时，也可以不执行任何动作，直接迁移到新状态。

次态：条件满足后要迁往的新状态。次态是相对于现态而言的，次态一旦被激活，就转变成新的现态了。

图 12-1 是一个典型的状态转移图，图中有 3 个状态：IDLE、S1、S2。当复位信号有效（rst=1'b1）时，进入 IDLE 状态，此时输出信号 dout=2'd0；在 IDLE 状态下，当输入信号 wi=1'b0 时，保持当前状态不变，当 wi=1'b1 时转移到 S1 状态；在 S1 状态下，输出信号 dout=2'd1，当 wi=1'b0 时转移到 IDLE 状态，当 wi=1'b1 时转移到 S2 状态；在 S2 状态下，输出信号 dout=2'd2，当 wi=1'b0 时转移到 IDLE 状态，当 wi=1'b1 时保持当前状态不变。

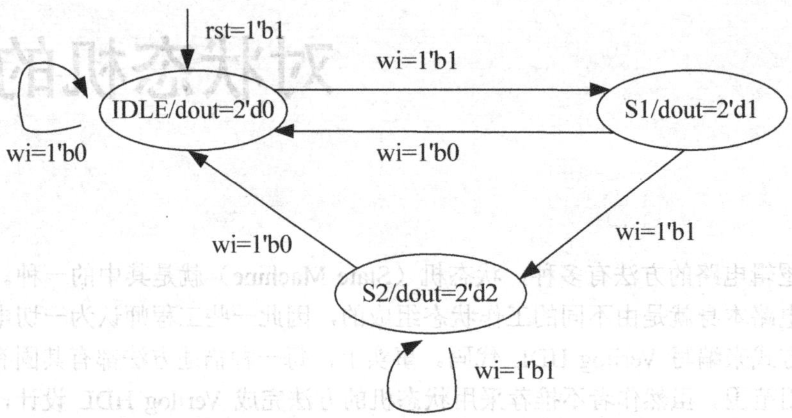

图 12-1　状态转移图

12.2 状态机的 Verilog 设计方法

12.2.1 一段式状态机 Verilog 代码

实例 12-1：一段式状态机电路设计

状态机的 Verilog HDL 设计通常采用 always 语句块、case 语句完成。与本书讨论的组合逻辑电路的设计方法相似，不同的设计思路会产生不同的设计代码。状态机的设计思路一般来讲可分为三种：一段式代码、二段式代码及三段式代码。所谓一段式代码，是指将状态转移、电路输出等内容均写在一段 always 语句块中；二段式代码是指将电路输出代码与状态转移代码分开来写，形成两个相对独立的语句段；三段式代码是指除了将电路输出代码单独编写外，将状态转移部分代码分成时序逻辑与组合逻辑两部分，其中时序逻辑部分采用时钟沿触发的 always 语句块完成，组合逻辑部分用电平敏感的 always 语句块完成。

接下来我们先采用一段式描述方法完成图 12-1 所示的电路设计。

图 12-1 描述的电路输入信号为高电平有效的复位信号 rst，1bit 位宽信号 wi，时钟信号 clk（图中未画出），输出信号为 3bit 位宽的 dout。由于图 12-1 中共有 3 种状态：IDLE、S1、S2，因此需要采用 2bit 位宽信号 state[1:0]来表示这 3 种不同的状态。下面为一段式描述方法编写的 Verilog HDL 代码。

```
//statemachine1.v 文件中的代码
module statemachine1(
    input rst,
    input wi,
    input clk,
    output reg [1:0] dout);

  reg [1:0] state, next_state;
  parameter IDLE=2'b00, S1=2'b01, S2=2'b10;

  always @(posedge clk)
     if (rst) begin
          state <= IDLE;
          dout <= 2'd0;
          end
     else
          case(state)
               IDLE: begin
                    if (wi) begin state <= S1; dout <= 2'd1;     end
                      else begin state <= IDLE; dout <= 2'd0;    end
                      end
                 S1: begin
                    if (wi) begin state <= S2; dout <= 2'd2;    end
                      else begin state <= IDLE; dout <= 2'd0;   end
                      end
                 S2: begin
                    if (wi) begin state <= S2; dout <= 2'd2;     end
                      else begin state <= IDLE; dout <= 2'd0;    end
                      end
                default: begin  state <= IDLE; dout <= 2'd0;    end
            endcase

endmodule
```

读者可以自行查看文件综合后的 RTL 原理图，由于输出信号 dout 是在具备时钟信号的 always 语句块中输出的，因此信号是通过触发器送出的。

读者可在本书配套资料中的“chp12/E12_1_statemachine”目录下查看完整的工程文件。

12.2.2　二段式状态机 Verilog 代码

实例 12-2：二段式状态机电路设计

与一段式描述方法相比，二段式描述方法中将电路的输出部分采用单独的 always 语句块来描述。下面为二段式描述方法编写的 Verilog HDL 代码。

```
//statemachine_2.v 文件中的代码
module statemachine2(
    input rst,
     input wi,
    input clk,
    output reg [1:0] dout);

    reg [1:0] state, next_state;
    parameter IDLE=2'b00, S1=2'b01, S2=2'b10;

     always @(posedge clk)
       if (rst) begin
          state <= IDLE;
          end
       else
           case(state)
                 IDLE: begin
                      if (wi) begin state <= S1;      end
                      else   begin state <= IDLE;  end
                      end
                   S1: begin
                      if (wi) begin state <= S2;      end
                        else   begin state <= IDLE;  end
                        end
                   S2: begin
                       if (wi) begin state <= S2;     end
                       else   begin state <= IDLE;  end
                       end
                 default: begin  state <= IDLE;      end
              endcase

    //电路的输出部分代码
      always @(posedge clk)
        if (rst)
             dout <= 2'd0;
        else
             case(state)
                    IDLE: dout <= 2'd0;
                    S1:   dout <= 2'd1;
                    S2:   dout <= 2'd2;
                    default: dout <= 2'd0;
               endcase

endmodule
```

二段式描述方法编写的 Verilog HDL 代码综合后的 RTL 原理图与一段式代码综合后的

RTL 原理图有一定差异，读者可自行通过云源软件进行对比。

读者可在本书配套资料中的“chp12/statemachine2”目录下查看完整的工程文件。

12.2.3 三段式状态机 Verilog HDL 代码

实例 12-3：三段式状态机电路设计

接下来我们采用三段式描述方法完成图 12-1 所示的电路设计。

```
// statemachine3
module statemachine3(
    input rst,
    input wi,
    input clk,
    output reg [1:0] dout);

   reg [1:0] state, next_state;
   parameter IDLE=2'b00, S1=2'b01, S2=2'b10;

    //采用 D 触发器完成现态 state 与次态 next_state 之间的转换
    always @(posedge clk)
      if (rst)
          state <= IDLE;
        else
          state <= next_state;

    //采用组合逻辑设置状态之间的转换关系
    always @(*)
      case(state)
           IDLE: begin
              if (wi) begin next_state <= S1;      end
               else   begin next_state <= IDLE;  end
               end
            S1: begin
              if (wi) begin next_state <= S2;      end
               else   begin next_state <= IDLE;  end
               end
            S2: begin
              if (wi) begin next_state <= S2;      end
               else   begin next_state <= IDLE;  end
               end
           default: begin  next_state <= IDLE;   end
         endcase

   //电路的输出部分代码
     always @(posedge clk)
```

```
        if (rst)
            dout <= 2'd0;
        else
            case(state)
                 IDLE: dout <= 2'd0;
                 S1:   dout <= 2'd1;
                 S2:   dout <= 2'd2;
                 default: dout <= 2'd0;
             endcase

endmodule
```

三种状态机描述电路的方法虽然编写的代码不同，但本质上是一致的，读者可以根据电路功能的复杂程度，选取合理的状态机描述方法。

12.3 计数器电路的状态机描述方法

实例 12-4：计数器电路的状态机设计

通过前面的状态机 Verilog HDL 设计实例可知，采用状态机描述功能电路的方法并不复杂，描述电路的三种思路都比较清晰。这里有一个前提，即首先要获得电路的状态转移图。而大多数工科学生在学习数字电路技术课程时，感觉比较难以理解的内容正好就是电路状态方程的描述及分析。

以十进制计数器电路为例，我们讨论一下采用状态机描述的 Verilog HDL 设计方法。

经过前面章节的学习，我们知道采用 Verilog HDL 描述一个十进制计数器电路非常简单，代码如下。

```
// counter_10.v 文件中的代码
module counter10(
    input rst,
    input clk,
     output reg [3:0] dout);

   reg [3:0] cnt;
   always @(posedge clk)
     if (rst) cnt <= 0;
     else if (cnt<9)
        cnt <= cnt + 1;
     else cnt <= 0;

   assign dout = cnt ;
 endmodule
```

如果采用状态机的方法对计数器进行描述，首先需要绘制出计数器的状态转移图，如图 12-2 所示。

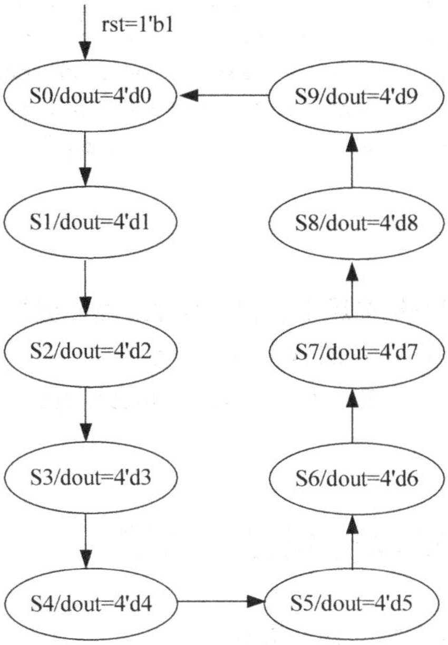

图 12-2　十进制计数器的状态转移图

从图 12-2 可知，十进制计数器共 10 个状态，且每个状态之间的转换是不需要输入信号作为触发条件的，10 个状态之间依次循环转移即可。采用状态机编写的一段式 Verilog HDL 代码如下。

```
// statemachine_counter.v 文件中的代码
module statemachine_counter(
    input rst,
    input clk,
     output reg [3:0] dout);

   reg [3:0] state;
   parameter S0=4'd0, S1=4'd1, S2=4'd2, S3=4'd3, S4=4'd4;
   parameter S5=4'd5, S6=4'd6, S7=4'd7, S8=4'd8, S9=4'd9;

     always @(posedge clk)
        if (rst) begin
            state <= S0;
              dout <= 4'd0;
              end
          else case(state)
               S0: begin  state <= S1;dout <= 4'd1; end
               S1: begin  state <= S2;dout <= 4'd2; end
               S2: begin  state <= S3;dout <= 4'd3; end
               S3: begin  state <= S4;dout <= 4'd4; end
               S4: begin  state <= S5;dout <= 4'd5; end
               S5: begin  state <= S6;dout <= 4'd6; end
```

```
            S6: begin  state <= S7;dout <= 4'd7; end
            S7: begin  state <= S8;dout <= 4'd8; end
            S8: begin  state <= S9;dout <= 4'd9; end
            S9: begin  state <= S0;dout <= 4'd0; end
        default: begin state <= S0;dout <= 4'd0; end
        endcase

endmodule
```

从上述代码看，采用状态机描述十进制计数器显然要更加繁杂些。当然，采用计数器的行为级建模方式完成图 12-1 所示的状态转移图也不是一件简单的事。

读者可以在本书配套资料中的“chp12/E12_4_statemachine_counter”目录下查阅完整的 FPGA 工程文件。

12.4 序列检测器的状态机描述方法

实例 12-5：序列检测器电路的状态机设计

我们在前面章节讨论 D 触发器时设计了一个序列检测器电路，即当输入序列中连续出现某个指定序列时，输出一个时钟周期的高电平信号，否则输出低电平信号。前面讨论的序列检测器实现了检测“110101”序列的功能，且根据设计思路，很容易设计检测其他指定序列的电路。

为便于理解状态机的 Verilog HDL 设计方法，下面以检测序列“10010”为例讨论状态机的 Verilog HDL 设计过程，整理后的状态转移图如图 12-3 所示。

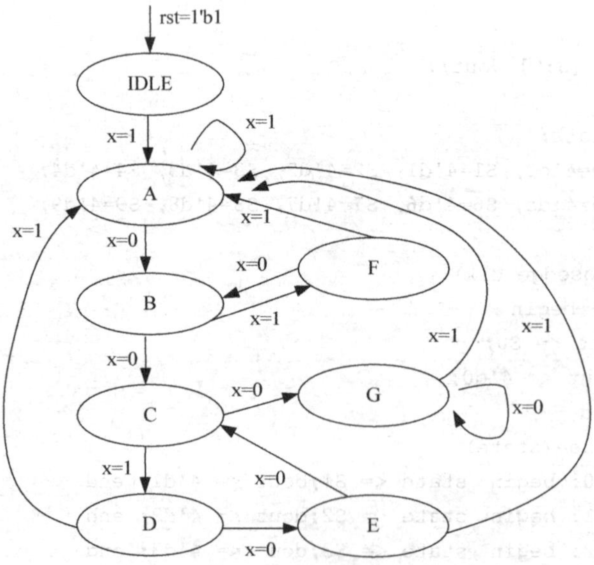

图 12-3 检测序列“10010”的状态转移图

与本章前面讨论的状态转移图相比，图 12-3 所示的状态转移图要复杂些。在开始 Verilog HDL 代码设计之前，必须先理解状态转移图中各状态之间转移的条件及关系。如图 12-3 所示，当电路复位后首先进入 IDLE 状态。A、B、C、D、E 分别表示当序列按“10010”顺序出现时的当前状态。由于输入信号为单比特序列，因此 A～E 表示单比特数据的状态。

当接收到的序列信号处于 IDLE 状态时，如果输入信号 x=1，则进入 A 状态，A 为检测器的第 1 个状态。由于序列“10010”的第 1 位为 1（左侧为第 1 位），因此设置 x=1 时为状态 A。当检测器处于状态 A 时，如果 x=0，则进入状态 B，即前 2 位数据为“10”，为“10010”中的前 2 位；如果 x=1，则当前状态为“11”，设定当前的 1 仍为“10010”的第 1 位数据，因此保持状态 A 不变。

在状态 B 的条件下，如果 x=0，前 3 位数据为“100”，则进入状态 C；如果 x=1，前 3 位数据为“101”，则设置这个状态为 F。

在状态 C 的条件下，如果 x=1，前 4 位数据为“1001”，则进入状态 D；如果 x=0，前 4 位数据为“1000”，则设置这个状态为 G（出现 3 个连续的 0）。

在状态 D 的条件下，如果 x=0，前 5 位数据为“10010”，即表示检测到指定的序列“10010”，则进入状态 E；如果 x=1，前 5 位数据为“10011”，则由于末 2 位为连续的“11”，因此直接返回状态 A。

在状态 E 的条件下，如果 x=0，则前 5 位数据为“00100”，由于末 3 位为连续的“100”，因此返回状态 C；如果 x=1，则前 5 位数据为“00101”，由于没有出现“10010”的连续位状态，因此返回状态 A。

在状态 F 的条件下，如果 x=0，连续 4 位数据为“1010”，相当于“10010”中的前 2 位数据，则返回状态 B；如果 x=1，连续 4 位数据为“1011”，相当于末 2 位为连续的“11”，则直接返回状态 A。

在状态 G 的条件下，如果 x=0，连续 4 位数据为“0000”，则保持当前状态。如果 x=1，连续 4 位数据为“0001”，则虽然没有出现“10010”的连续位状态，但末位为 1，返回状态 A。

根据前面的分析，可以写出下面的 Verilog HDL 代码。

```
// statemachine_squence.v 文件中的代码
module statemachine_squence(
   input x,           //输入数据序列
   input clk,         //时钟信号
   input rst,         //高电平有效的复位信号
   output z);         //输出信号

   reg [2:0] state;   //状态寄存器

   parameter IDLE= 3'd0, A=3'd1, B=3'd2, C=3'd3, D=3'd4;
   parameter E=3'd5, F=3'd6, G=3'd7;
```

```
    assign z=(state==E) ? 1 :0;

    always @(posedge clk or negedge rst)
      if(!rst)
        state<=IDLE;
      else
        case(state)
          IDLE: if(x==1) state<=A;
          A: if (x==0) state<=B;
          B: if (x==0) state<=C; else state<=F;
          C: if (x==1) state<=D; else state<=G;
          D: if (x==0) state<=E; else state<=A;
          E: if (x==0) state<=C; else state<=A;
          F: if (x==1) state<=A; else state<=B;
          G: if (x==1) state<=A;
          default: state<=IDLE;
        endcase

endmodule
```

从上述电路的设计过程来看，整个过程还是比较复杂的，首先绘制状态转移图就需要花费不少的精力。如果采用第 6 章的设计思路，根据 D 触发器的工作原理，可以直接写出下面的序列检测器电路 Verilog HDL 代码。

```
module statemachine_squence(
    input x,
    input clk,
    input rst,
    output z);

    //根据 D 触发器原理设计序列检测器电路
    reg [3:0] xd;
    reg zt;
    always @(posedge clk or posedge rst)
      if (rst) begin
         zt <= 0;
         xd <= 0;
         end
      else begin
         xd[0] <= x;
         xd[1] <= xd[0];
         xd[2] <= xd[1];
         xd[3] <= xd[2];
         end
```

```
    assign z=({xd,x}==5'b10010)? 1: 0;

endmodule
```

对比上面两种序列检测器电路的 Verilog HDL 代码可知，采用 D 触发器描述的序列检测器电路从设计思路到代码的简洁性上看都更具优势。

读者可以在本书配套资料中的“chp12/E12_5_statemachine_squence”目录下查阅完整的 FPGA 工程文件。

12.5 小结

从笔者本身的设计经验来看，虽然状态机在描述一些电路功能时有一定的优势，但仍建议大家尽量不采用这种方式来完成 Verilog HDL 设计，而是更加注重电路模型的建立。当然，如果电路的状态转移图更利于描述电路的工作状态，采用状态机的设计方法完成 Verilog HDL 设计不失为一种选择。

本章的学习要点可归纳为：

（1）理解状态机的概念。

（2）掌握三种状态机描述电路的方法。

（3）掌握状态转移图的分析及设计方法。

提高篇 04

提高篇包括时序约束、IP 核设计、在线逻辑分析仪调试和常用的 FPGA 设计技巧等内容。要想设计出满足时序要求的 Verilog HDL 程序，首要条件就是深刻理解 FPGA 程序运行速度的极限在何处。IP 核是经过验证的成熟设计模块，是一种提高设计效率的极佳设计方式。将 FPGA 程序下载到目标器件上可以观察电路的运行情况，在线逻辑分析仪提供了很好的调试手段。本篇最后还介绍了一些常用的 FPGA 设计技巧。

第 13 章

基本的时序约束方法

FPGA 设计虽然是通过编写 Verilog HDL 或 VHDL 代码来完成的，但与 C 语言不同的是，这些代码实际描述的是硬件电路结构。在 FPGA 芯片内，Verilog HDL 描述的电路最终映射成触发器、门电路等基本的逻辑电路结构，并且需要采用 FPGA 芯片内的布线资源进行相互连接，形成完整的功能电路。简单来讲，FPGA 芯片可以类比为一块微型电路板，而电路板的布线状态很大程度上可以影响电路的最高工作速度。FPGA 设计的时序约束种类较多，本章主要讨论周期时序约束的方法。本章最后简要讨论速度与面积互换的 FPGA 设计原则。

13.1 电路的速度极限

对于大规模 FPGA 程序设计来说，为提高整个设计的工作频率及稳定性，通常采用时钟沿触发的同步时序电路，即整个设计的 D 触发器均由一个或几个主时钟信号驱动，所有的基本逻辑模块均在统一的时钟节拍下工作。设计中的主时钟频率成为衡量系统工作的一个重要性能指标。主时钟频率越高，系统运算速度越快，芯片功耗越大，Verilog HDL 代码描述的电路在芯片上越难实现，对设计的要求越高。

根据本书第 1 章讨论的时序逻辑电路的基本结构（见图 13-1），各级 D 触发器之间通常会设计一些特定功能的组合逻辑电路，组合逻辑电路的运行需要时间，假设图 13-1 中两个组合逻辑电路的运行时延分别为 t_{c1}、t_{c2}，且 $t_{c1} < t_{c2}$，则整个系统的最小工作时钟周期 $T = t_{c2} + t_{set} + t_{hold}$。其中，D 触发器为了在 clk 上升沿到达时刻正确反映输入信号的状态，需要输入信号 D 的状态提前一段时间发生变化，这个时间称为数据建立时间 t_{set}。同样，在 clk 上升沿时刻的数据发生变化后，还要经过一定时间才能反映到输出端口，这个时间称为数据保持时间 t_{hold}。如果两个 D 触发器级联，则最小时钟工作周期 $T = t_{set} + t_{hold}$。

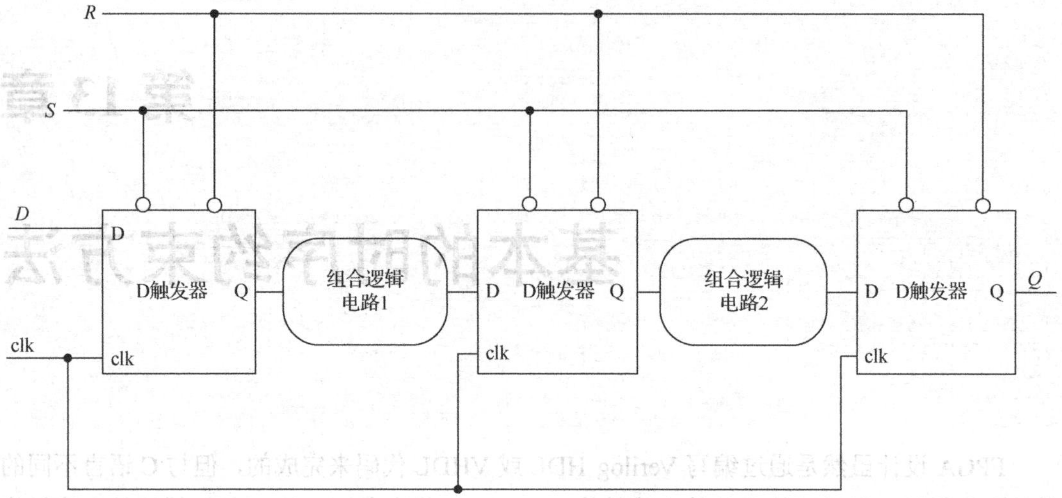

图 13-1 典型时序逻辑电路示意图

一般来讲，组合逻辑电路的传输时延要大于D触发器的数据建立时间和数据保持时间，因此，系统的最高工作频率决定于两个D触发器之间组合逻辑电路的最大传输时延。为了提高电路系统的时钟工作频率，我们需要合理设计各级D触发器之间的组合逻辑电路传输时延，使得各级电路传输时延尽量相近，或者通过拆分组合逻辑电路，在其中插入适当数量的D触发器，通过增加运算时钟周期数量（也相当于增加流水线级数）的方式提高时钟工作频率。

经过上面的分析，电路的最快工作速度，即最小工作时钟周期由FPGA芯片的D触发器的数据建立时间和数据保持时间，以及各级D触发器之间的最大组合逻辑电路处理时延决定。D触发器的性能由FPGA芯片本身决定，提高系统运行速度的关键在于合理设计电路的结构，缩短各级D触发器之间的组合逻辑电路处理时延。

上面的分析并没有考虑到布线的时延。由于FPGA芯片内部实际上是由D触发器、门电路、选择器等电路构成的复杂电路，每个单元电路之间根据Verilog HDL代码相互连接，单元电路之间的布线时延也会在较大程度上对系统的工作速度造成影响。FPGA将Verilog HDL代码综合成电路，电路在FPGA芯片内部的布局布线都是由FPGA编译工具自动完成的，但编译工具会根据工程师设定的时序约束要求进行布局布线。如果设置的时序约束合理，则可以在一定程度上提高系统的运行速度。

因此，提高系统工作频率的方法有两种：一种是优化设计思路并修改程序结构及代码；另一种是在程序的综合实现阶段添加时序约束条件，制定优化策略，并以此指导综合实现工具进行布局布线优化。

13.2 时序约束方法

13.2.1 查看计数器的逻辑电路结构

实例 13-1：计数器的时钟周期约束设计

对于同步时序电路设计来说，系统的最高工作频率指的是驱动时钟信号的工作频率。系统的工作频率除由程序结构（D 触发器之间的组合逻辑电路）和 FPGA 芯片决定外，还受到 FPGA 内部布局布线的影响。

周期时序约束，即对采用某个时钟信号作为触发信号的所有电路设置工作周期参数，FPGA 在程序综合及布局布线时，会根据用户指定的周期约束，自动优化布局布线策略，尽量满足用户指定的时序要求。

我们以下面的 5 位计数器电路为例说明时序约束的方法。5 位计数器的 Verilog HDL 代码如下。

```
//counter_time.v 文件代码
module counter_time(
    input clk,
    output  [4:0] dout);

    reg [4:0] cn;
    always @(posedge clk)
        cn <= cn + 1;

    assign dout = cn;
endmodule
```

前面说过，当目标器件选定后，系统最高工作频率由寄存器之间的组合逻辑电路传输时延及布线时延决定。对于计数器来讲，制约系统工作频率的因素在于低位至高位的进位链逻辑电路。

云源软件没有提供电路综合后的底层元器件连接图查看功能，为便于了解计数器底层逻辑电路结构，图 13-2 为在 QuartusII 13.1 软件环境下设计的 5 位计数器的逻辑电路结构图。

由图 13-2 可知，电路中最长的逻辑电路为由 D 触发器 cn[0]到 cn[4]之间的进位逻辑电路，图中采用粗线对这条电路进行了标识。也就是说，系统的最高时钟工作频率由这条逻辑电路的运算时延及布线时延决定。由于所有 D 触发器之间的运算均需在一个时钟周期内完成，计数器位数越多，则处理低位至高位之间运算的逻辑电路就越多，系统的时钟工作频率也就越低。对于 5 位计数器的结构，周期时序约束是指在时钟信号线 clk 上附加周期约束。

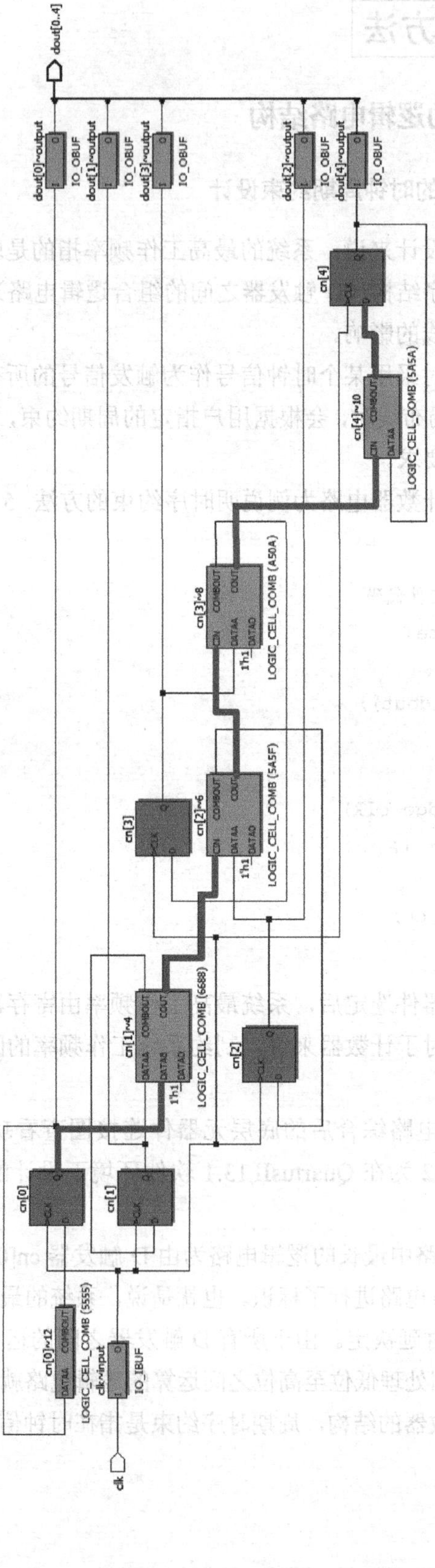

图 13-2　5 位计数器的逻辑电路结构图

13.2.2　计数器电路添加时钟周期约束

在云源软件的计数器工程环境中新建“Timing Constraints File”类型的时序约束文件 counter_time.sdc。

单击菜单栏中的“Tools”→“Timing Constraints Editor”，打开时序约束编辑器。在约束编辑器中单击“File→Open”，打开约束文件设置对话框，分别设置网表文件（Netlist File）为当前工程目录下的“impl/gwsynthesis/counter_time.vg”，时序约束文件（Constraint File）为新建的“counter_time.sdc”，如图 13-3 所示。

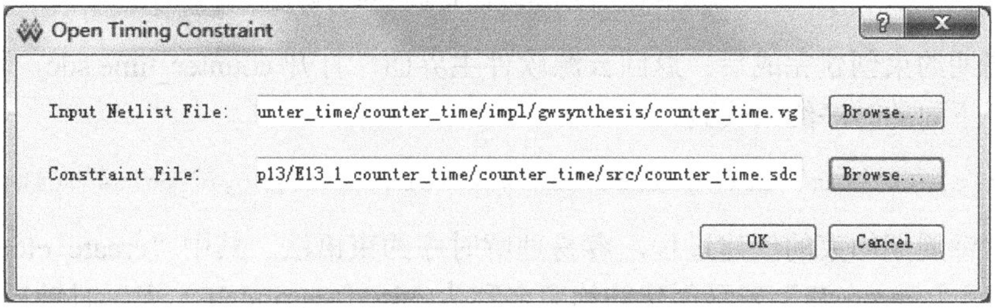

图 13-3　约束文件设置对话框

单击“OK”按钮，进入时序约束主界面，如图 13-4 所示。

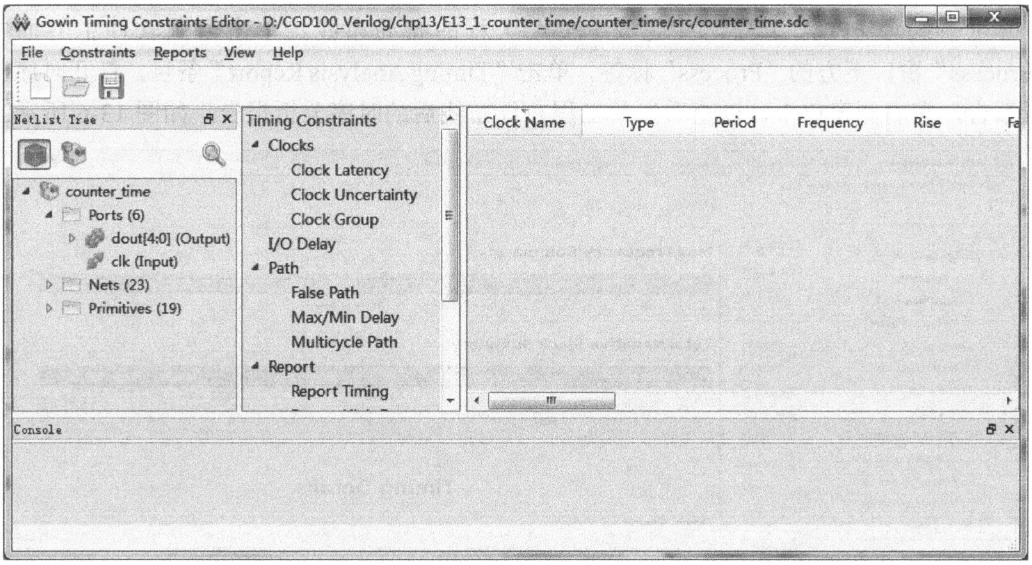

图 13-4　时序约束主界面

单击菜单栏中的“Constraints”→“Create Clock”，打开创建时钟周期约束对话框，在“Clock name”编辑框中输入约束名称 clk，设置时钟工作频率（Frequence）为 50MHz，单击“Objects”右侧的浏览按钮打开约束信号选择（Select Objects）界面，并选择约束的信号为“clk”，勾选创建时钟周期约束对话框中的“Add”复选框，单击“OK”按钮完成时钟周期约束的创建，如图 13-5 所示。

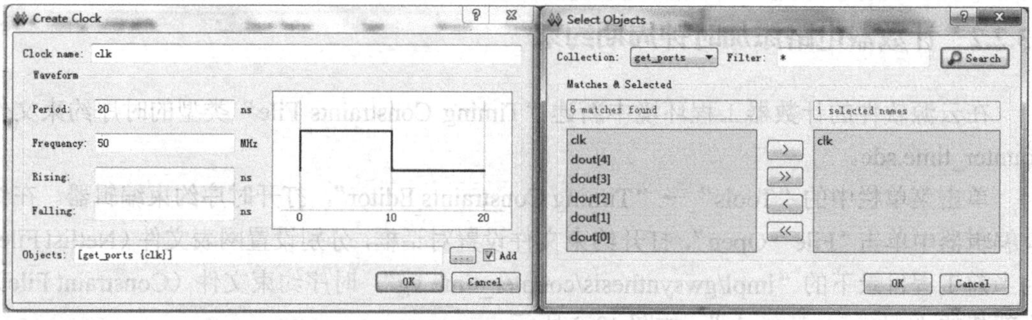

图 13-5　计数器时钟周期约束的创建

时钟周期约束创建完成后，返回云源软件主界面，打开 counter_time.sdc，可以发现文件中增加了下面的时序约束代码。

```
create_clock -name clk -period 20 -waveform {0 10} [get_ports {clk}] -add
```

对照时钟周期约束的创建过程，容易理解时序约束语法。其中“create_clock”表示创建时钟约束；“-name clk”表示创建的约束名称为 clk；“-period 20”表示时钟周期为 20ns；“-waveform {0 10}”表示时钟高电平持续时间为 10ns，即占空比为 50%；“[get_ports {clk}] -add”表示时钟周期约束的目标信号为工程中的 clk 信号。在了解时序约束语法后，也可以直接在 sdc 文件中编辑代码完成约束创建。

重新编译 FPGA 工程，并完成 FPGA 工程的布局布线，单击云源软件主界面中“Process”窗口下方的“Process”标签，单击“Timing Analysis Report”条目，打开时序分析报告，在右侧窗口中可以查看当前工程布局布线后的时序分析报告，如图 13-6 所示。

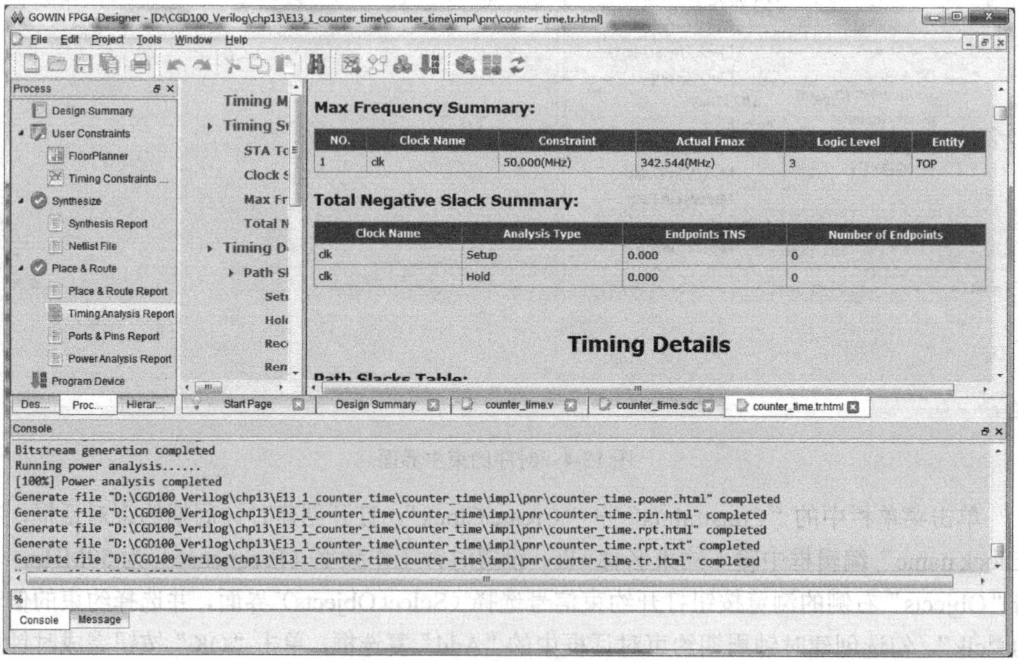

图 13-6　时序分析报告显示界面

从图 13-6 可以看出，当前的计数器工程中，clk 的周期约束为 50MHz，实际上的最大工作频率可达 342.544MHz。

需要说明的是，并非周期约束设置的条件越苛刻（频率越高），布局布线后的实现结果就越好。通常来讲，约束条件设置的值略优于最终的设计性能，在这种约束条件下容易达到较好的最终实现效果。为了进一步测试周期约束与 FPGA 实际布局布线效果之间的关系，我们修改 counter_time_ucf.sdc 中的时钟周期参数，将 period 参数设置为 2ns，waveform 参数设置为{0 1}，即希望计数器工作到 500MHz，修改后的时序约束代码如下。

```
create_clock -name clk -period 2 -waveform {0 1} [get_ports {clk}] -add
```

重新编译 FPGA 工程并查看时序报告，发现 clk 的最高时钟工作频率的数字变为红色，且给出了时序不满足约束需求的布线信号，如图 13-7 所示。

Path Number	Path Slack	From Node	To Node	From Clock	To Clock	Relation	Clock Skew	Data Delay
1	-0.919	cn_1_s0/Q	cn_4_s0/D	clk:[R]	clk:[R]	2.000	0.000	2.519
2	-0.862	cn_1_s0/Q	cn_3_s0/D	clk:[R]	clk:[R]	2.000	0.000	2.462
3	-0.805	cn_1_s0/Q	cn_2_s0/D	clk:[R]	clk:[R]	2.000	0.000	2.405
4	0.019	cn_0_s0/Q	cn_1_s0/D	clk:[R]	clk:[R]	2.000	0.000	1.581
5	0.503	cn_0_s0/Q	cn_0_s0/D	clk:[R]	clk:[R]	2.000	0.000	1.097

图 13-7　时序不满足约束需求的布线信号

需要说明的是，不同 FPGA 器件的工作速度是不同的，相同 Verilog HDL 代码所形成的电路在不同 FPGA 器件中的最高工作速度也不同。读者可以尝试修改.sdc 文件，查看时序分析报告，了解目标 FPGA 器件的工作速度。

读者可在本书配套资料中的“chp13/E13_1_counter_time”目录下查看完整的工程文件。

13.3　速度与面积的取舍

13.3.1　多路加法器电路的结构分析

根据前面对时序电路的分析可知，FPGA 电路的运行速度主要由 FPGA 本身的 D 触发器运行速度（主要由数据建立时间、数据保持时间决定），以及 D 触发器之间的组合逻辑电路的复杂度决定。在 FPGA 设计中，逻辑资源也称为面积，因为芯片内的逻辑资源一般是均匀分布在芯片内的，面积大则资源多。芯片的面积有限，逻辑资源有限，如何利用更少的资源实现设计需求，或者在有限的资源中实现尽可能多的功能，是 FPGA 工程师需要解决的问题。衡量电路工作性能的另一个重要指标是运行速度，速度越快（对于时序逻辑电路来讲，相当于系统时钟工作频率越快），意味着性能越好。如何减少电路所占的逻辑资源，同时提高电路的运行速度，正是 FPGA 工程师面临的挑战。

接下来我们以一个具体的加法器电路实例来讨论 FPGA 设计中的速度与面积互换原则。

实例 13-2：多输入加法器电路时序约束设计

下面是 4 输入加法器的 Verilog HDL 代码及综合后的 RTL 原理图（见图 13-8）。

```
//3 级流水线操作的 4 输入加法器电路
module adder_time(
    input clk,
    input [3:0] d1,d2,d3,d4,
    output reg [5:0] dout);

    reg [3:0] dt1,dt2,dt3,dt4;
    reg[4:0] s1,s2;
    always @(posedge clk)
      begin
        dt1 <= d1;
        dt2 <= d2;
        dt3 <= d3;
        dt4 <= d4;
        s1 <= dt1 + dt2;
        s2 <= dt3 + dt4;
        dout <= s1 + s2;
        end

endmodule
```

云源软件综合后的 RTL 原理图与图 13-8 相同，只是显示的图形较小，不便于展示，读者可自行在云源软件中查看。

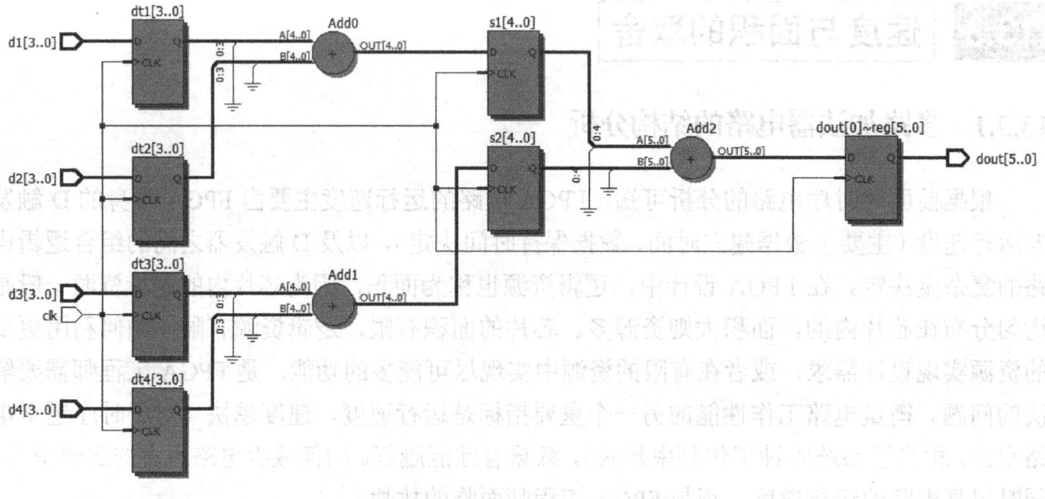

图 13-8　3 级流水线运算的 4 输入加法器的 RTL 原理图

程序要完成 4 路信号的加法运算。首先对输入的 4 路数据 d1、d2、d3、d4 进行一级 D 触发器延时处理（一些资料中也称这种处理为采用时钟打一拍），信号 dt1、dt2、dt3、dt4 均由 D 触发器输出，如图 13-8 所示。采用 2 路并行的加法器同时完成 dt1、dt2，以及 dt3、dt4 的加法运算，并由下一级 D 触发器输出，得到 s1、s2。最后，采用一级加法器完成 s1 和 s2 的加法运算，并由 D 触发器输出最后的加法结果 dout。根据 Verilog HDL 语法规则，在 always 语句块中，当有时钟作为边沿触发条件时，所有的输出信号均会由 D 触发器输出。大家可以对照代码和 RTL 原理图进行理解。

对于整个电路来讲，从输入信号 d1、d2、d3、d4 到最后得到加法结果 dout，共经历了 3 级 D 触发器，也可以说经过了 3 级流水线。加法运算结果 dout 比输入信号 d1、d2、d3、d4 延时 3 个时钟周期。

根据前面分析的电路时钟周期约束的原理，图 13-8 所示电路中，两级 D 触发器中的最长逻辑电路为一个双输入加法器。也就是说，电路的最短运行周期由 D 触发器本身的数据建立时间、数据保持时间、双输入加法运算时间及布线延时决定。设置时钟周期约束，就是指导云源软件在布线时尽量根据设置的参数合理布线，满足设置的运行时序要求。按照给计数器添加时序约束的方法，添加 50MHz 时钟信号（clk）周期约束，布局布线后查看时序分析报告，可知电路的最高运行频率可达 128.963MHz。由于数据处理时钟工作频率与数据输入速率相同，因此加法器的数据处理频率最高可达 128.963MHz。

13.3.2　流水线操作的本质——讨论多路加法器的运行速度

前面讨论多输入加法器的结构时，讲到流水线的概念。由于 4 输入加法运算共经过了 3 级 D 触发器，也就相当于经过了 3 级流水操作。图 13-9 是 4 输入加法器的 ModelSim 仿真波形图。

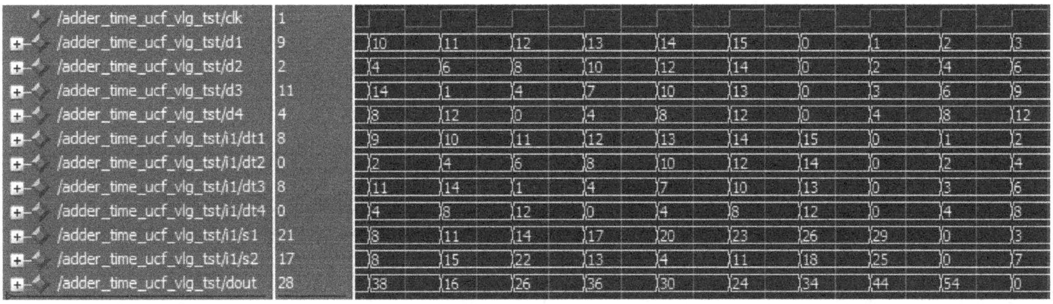

图 13-9　3 级流水线运算的 4 输入加法器的 ModelSim 仿真波形图

从仿真波形可以看出，输入信号 d1、d2、d3、d4 分别为 11、6、1、12 时，下一个时钟周期得到 1 级流水线后的数据 dt1、dt2、dt3、dt4，再经过一个时钟周期后，得到 2 路加法运算结果（s1=d1+d2=17，s2=d3+d4=13），最后经过一级流水线（一个时钟周期）得到 dout=30。无论从仿真波形，还是根据 D 触发器的工作原理，一级流水线操作都会产生一个时钟周期的时延。完成 4 路数据的加法运算共经过了 3 个时钟周期的时延。

采用流水线操作有什么好处呢？答案是可以提高系统整体运行速度，提高系统的时钟工作频率，或者说可以提高数据的处理速度，代价是增加了运算的时延。对于 4 输入电路来讲，系统的最高运行速度主要由两级 D 触发器之间的逻辑电路决定（采用 3 级流水线操作时，D 触发器之间仅有一个双输入加法器。

我们修改一下 Verilog HDL 代码，去掉 s1、s2 这一级 D 触发器，减少一级流水线操作。修改后的代码如下，其 RTL 原理图如图 13-10 所示。

```
//2 级流水线操作的 4 输入加法器电路
module adder_time(
    input clk,
    input [3:0] d1,d2,d3,d4,
    output reg [5:0] dout);

    //2 级流水线操作代码
    reg [3:0] dt1,dt2,dt3,dt4;
   wire [4:0] s1,s2;
    assign s1 = dt1 + dt2;
    assign s2 = dt3 + dt4;
    always @(posedge clk)
      begin
        dt1 <= d1;
        dt2 <= d2;
        dt3 <= d3;
        dt4 <= d4;
        dout <= s1 + s2;
        end

endmodule
```

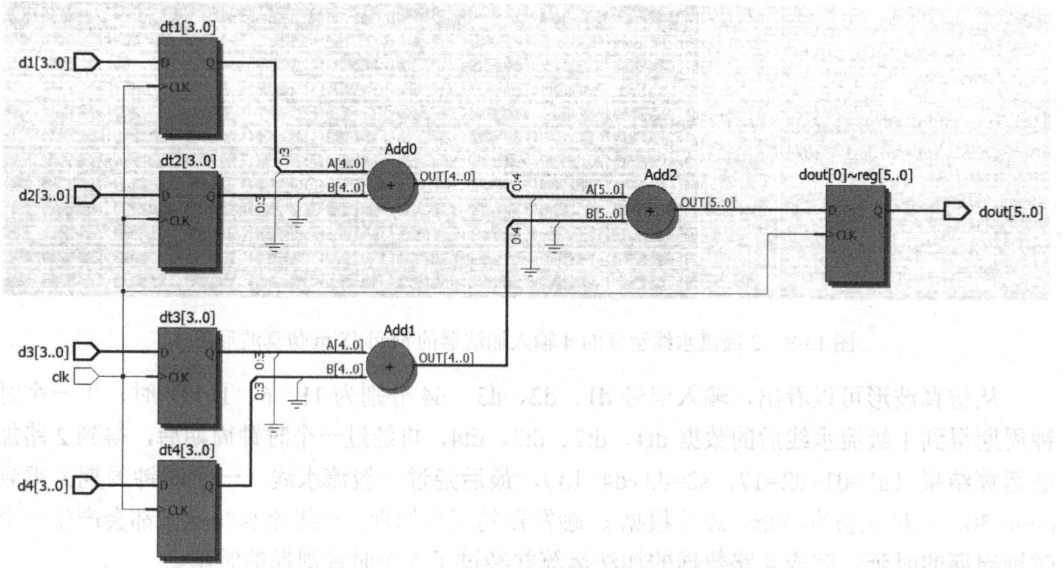

图 13-10　2 级流水线运算的 4 输入加法器的 RTL 原理图

由图 13-10 可知，输入的 4 路数据经 D 触发器后，依次经过 2 级双输入加法运算（Add0

和 Add1 是并行运算)，再由 D 触发器送出。整个加法器共有 2 级流水线操作，2 级 D 触发器之间的逻辑电路为 2 级加法运算。因此，相对于 3 级流水线运算来讲，2 级流水线运算的 D 触发器之间的逻辑电路增加了，系统的运行速度就会降低。

重新编译程序后，查看时序分析报告，可知此时的最高时钟工作频率为 108.543MHz。前面分析的 3 级流水线操作的最高时钟工作频率为 128.963MHz。2 级流水线与 3 级流水线的时序分析报告得到的时钟工作频率相近，这是由于电路本身比较简单（仅为 4 输入加法器)，且时序约束条件比较宽松。当电路比较复杂时，不同流水线运算的代码所能实现的时钟工作频率会有明显的不同。

图 13-11 为 2 级流水线运算的加法器的 ModelSim 仿真波形图，从图中可以看出，s1、s2 的运算结果与 dt1、dt2、dt3、dt4 之间没有时延，从输入数据（d1、d2、d3、d4）到输出 dout 之间共有 2 个时钟周期的时延。

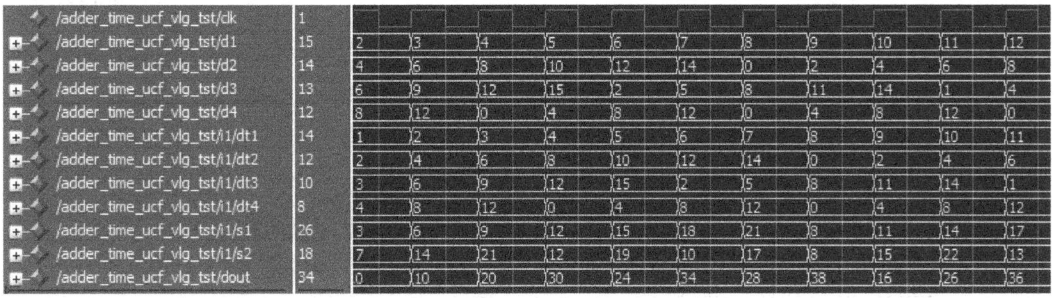

图 13-11　2 级流水线运算的加法器的 ModelSim 仿真波形图

13.3.3　用一个加法器完成 4 路加法

实例 13-3：串行结构加法器电路设计

Verilog HDL 与 C 语言的本质区别在于并行与顺序执行的区别。用 Verilog HDL 编写的程序最终要形成 RTL 电路，FPGA 中有数量丰富的逻辑资源、加/减法器及乘法器、存储器等资源。用 C 语言编写的程序并不涉及电路结构，因为最终的执行部件均是 CPU，几乎所有的运算都是顺序执行的。Verilog HDL 设计的电路是并行执行的，也就是说如果要使多个运算单元同时运算，每个运算单元都要占用相应的逻辑资源。

前面讨论的 4 输入加法器电路采用流水线结构，为完成并行运算共用了 3 个加法器，可以实现每个时钟处理一次 4 输入运算（延时 2 个时钟周期或 3 个时钟周期)，数据输入速率与时钟工作频率相同。

如果我们只采用一个加法器完成 4 输入运算，则可以节约 2 个加法器的逻辑资源。由于只有一个加法器做运算，每次仅能完成一次双输入加法，4 输入加法需要按顺序进行 3 次加法运算。具体步骤为：首先完成 dt1、dt2 的加法运算得到 sum2，其次完成 sum2 与 dt3 的加法运算得到 sum3，最后完成 sum3 与 dt4 的加法运算得到 dout。

描述加法运算的步骤并不复杂，如何完成上述步骤的 Verilog HDL 建模，如何完成代码设计才是重点。实际上，我们需要采用 Verilog HDL 代码来描述顺序执行的加法运算。

首先我们设计一个 2 输入的加法器模块 add2.v，且加法器模块为组合逻辑电路，输入输出之间没有时延。在顶层文件 adder_serial.v 中调用 add2.v 文件，将加法器的运算结果 sum 由 D 触发器输出。然后控制加法器输入信号的状态，使得在第 1 个时钟周期内输入信号为 dt1、dt2，在第 2 个时钟周期内输入信号为 dt3、sum（此时 sum=dt1+dt2），在第 3 个时钟周期内输入信号为 dt4、sum（此时 sum=dt1+dt2+dt3），则此时加法器的输出为 sum=dt1+dt2+dt3+dt4。

为便于读者理解，下面先给出 adder2.v 和 adder2_serial.v 的 Verilog HDL 代码。

```
//adder2.v 程序代码
module adder2(
    input [5:0] d1,d2,
    output [5:0] dout);

    assign dout = d1 + d2;

endmodule

//adder2_serial.v 程序代码
module adder2_serial(
    input clk,                //时钟工作频率为数据输入速率的 3 倍
    input [3:0] d1,d2,d3,d4,
    output reg [5:0] dout);

    wire [5:0] add_out;
    reg [5:0] sum=0;
    reg [5:0] ad1=0;
    reg [5:0] ad2=0;
    reg [1:0] cn=0;
    reg [5:0] dt1=0;
    reg [5:0] dt2=0;
    reg [5:0] dt3=0;
    reg [5:0] dt4=0;

    //产生周期为 3 的计数器
    always @(posedge clk)
      if (cn<2)
          cn <= cn + 1;
      else
          cn <= 0;

    //每 3 个 clk 周期读取一次输入数据，且扩展成 5bit
    always @(posedge clk)
      if (cn==2) begin
          dt1 <= {2'd0,d1};
```

```
                dt2 <= {2'd0,d2};
                dt3 <= {2'd0,d3};
                dt4 <= {2'd0,d4};
                end

        //例化双输入加法器
        adder2 u1 (
            .d1 ( ad1 ),
            .d2 ( ad2 ),
            .dout (add_out));

        //加法器输出结果经 D 触发器输出
        always @(posedge clk)
            sum <= add_out;

        //根据计数控制加法器的输入信号
        always @(*)
            case(cn)
                0: begin ad1 <= dt1; ad2 <= dt2; end
                1: begin ad1 <= dt3; ad2 <= sum; end
                2: begin ad1 <= dt4; ad2 <= sum; dout <= add_out;  end
                default: begin ad1 <= dt1; ad2 <= dt2; end
            endcase

endmodule
```

程序 adder2.v 为一个双输入，位宽为 5bit 的加法器电路。adder2_serial.v 程序中，首先生成了周期为 3 的计数器 cn，而后当 cn==2 时读取一次输入数据，且将数据扩展成 5bit，相当于每 3 个 clk 周期完成一次数据读取操作，即加法器的时钟频率是数据输入速率的 3 倍。程序中例化了一个双输入加法器 u1（adder2），并将加法器的运算结果经 D 触发器 sum 输出。程序的最后一段代码用于根据 cn 的计数状态控制 adder2 的输入信号，当为 0 时完成 dt1+dt2，为 1 时完成 dt1+dt2+dt3，为 2 时完成 dt1+dt2+dt3+dt4，同时由 dout 输出最后的 4 输入加法运算结果。

串行加法器电路的 ModelSim 仿真波形图如图 13-12 所示。由于程序中的 dt1、dt2、dt3、dt4 均在 cn 为 2 时输出，且经过一级 D 触发器输出，因此在波形中与 cn 为 0 的时刻对齐输出。波形图左侧，cn 第一次为 0 时，dt1、dt2、dt3、dt4 分别为 6、12、2、8。根据 adder2_serial.v 程序，控制 adder2 输入信号的为组合逻辑电路，且当 cn 为 0 时输入信号为 dt1、dt2，因此在波形图中当 cn 为 0 时，ad1、ad2 分别为 6、12，且加法结果 add_out 为 18，sum 为 add_out 经过一级 D 触发器的输出，因此 sum 比 add_out 延时一个 clk 周期，当 cn 为 1 时为 dt1+dt2=18；当 cn 为 1 时 ad1、ad2 分别为 dt3（2）、sum（18），此时 add_out 为 20；当 cn 为 2 时 ad1、ad2 分别为 dt4（8）、sum（20），此时 add_out 为 28，即为 dt1、dt2、dt3、dt4 的加法运算结果，此时 dout 输出 add_out，即 28。

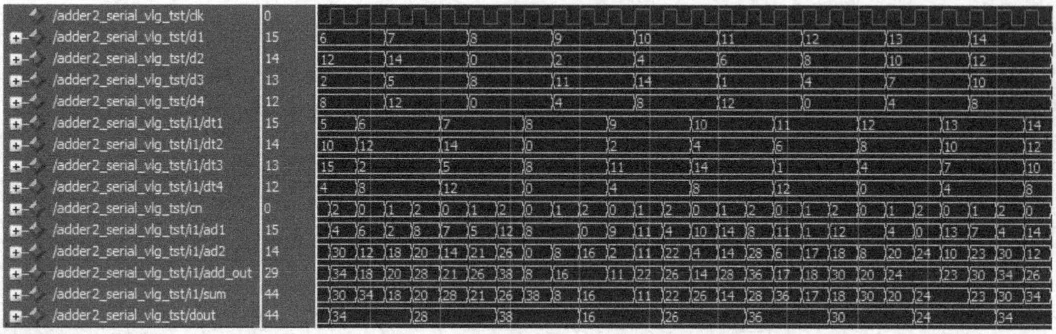

图 13-12 串行加法器电路的 ModelSim 仿真波形图

13.3.4 串行加法器时序分析

为串行加法器工程添加与并行加法器工程相同的端口及时钟周期约束文件，重新编译工程，查看时序分析报告，可知串行加法器的最高时钟工作频率为 107.578MHz。

由前文可知，串行加法器的时钟工作频率与并行加法器的时钟工作频率相近。由于串行加法器的数据输入速率为时钟频率的 1/3，因此串行加法器的数据处理速率实际上为 35.86MHz，远低于并行加法器的数据处理速率。

串行加法器中用于数据加法运算的加法单元只有一个，为了实现串行加法运算，串行加法器还增加了计数器、加法器输入信号控制电路等辅助电路。对于 4 输入加法运算来讲，并行加法器与串行加法器所使用的逻辑资源相差不大，但随着输入数据位宽的增加，以及加法操作数的增加，串行加法器所需的逻辑资源没有太大变化（主要由一个加法器、计数器、输入信号控制电路组成），并行加法器则需要成倍增加加法运算单元。因此，使用串行加法器可以极大地节约逻辑资源，同时随着加法操作数的增加，如操作数为 N 个，串行加法器的数据处理速率则为时钟频率的 1/（N-1）。因此，与并行加法器相比，串行加法器是以降低数据处理速率为代价，实现节约逻辑资源的目的的。反之，与串行加法器相比，并行加法器则是以增加资源为代价，实现提高运算速度的目的的。

本章中的加法器实例仅用来讲解时序约束方法，其时序约束设计还有较大的改进空间。例如，为了提高系统运行速度，降低输入输出端口的时序约束要求，一般会在输入输出数据端增加一级寄存器，合理设计端口的引脚位置约束也会对系统的运行速度产生一定的影响。但总的来讲，提高系统的运行速度或减少电路的逻辑资源的最有效方式仍然是合理的 FPGA 电路建模及 Verilog HDL 代码设计。

13.4 小结

时序约束是提高系统运行速度性能的方式之一，但更有效的方式是通过优化 Verilog HDL 代码，合理设计各级流水线中的逻辑运算步骤。一般来讲，FPGA 的时钟工作频率可在 100MHz 以上。对于运行速度要求不高的电路，一般不需要进行任何时序约束，当系统运行频率达到 100MHz 以上时，一般需要通过时序约束确保电路能够正确工作。速度与面积的取舍是 FPGA 工程师经常要面对的问题，工程师通常需要根据设计需求及 FPGA 芯片的逻辑资源情况采取合理的电路结构设计方案。

本章的学习要点可归纳为：

（1）理解决定电路运行速度的关键时序信息。

（2）理解周期约束约束时序参数的准确含义。

（3）掌握周期约束时序约束的基本方法。

（4）掌握阅读时序分析报告的方法。

（5）掌握速度与面积互换的设计思路。

第 14 章

采用 IP 核设计

IP（Intellectual Property）核就是知识产权核。IP 核是一个功能完备、性能优良、使用简单的功能模块。我们可以将 IP 核看作硬件设计中的芯片，设计者所要完成的工作是读懂芯片的使用手册，根据芯片的功能设计接口信号，正确使用这些芯片。合理使用 IP 核，可以在确保电路性能的前提下极大地提高 FPGA 的设计效率。

14.1 FPGA 设计中的“拿来主义”——使用 IP 核

14.1.1 IP 核的一般概念

IP 核是指知识产权核或知识产权模块，在 FPGA 设计中具有重要的作用。美国著名的 Dataquest 咨询公司将半导体产业的 IP 核定义为“用于 ASIC 或 FPGA 中预先设计好的电路功能模块”。

由于 IP 核是经过验证的、性能及效率均比较理想的电路功能模块，因此其在 FPGA 设计中具有十分重要的作用，尤其是一些较为复杂又十分常用的电路功能模块，如果使用相应的 IP 核，就会极大地提高 FPGA 设计效率。

在 FPGA 设计领域，一般把 IP 核分为软 IP 核（软核）、固 IP 核（固核）和硬 IP 核（硬核）三种。下面先来看看绝大多数著作或网站上对这三种 IP 核的描述。

IP 核有行为（Behavior）级、结构（Structure）级和物理（Physical）级三种不同程度的设计，对应着描述功能行为的软 IP 核（Soft IP Core）、描述结构的固 IP 核（Firm IP Core），以及基于物理描述并经过工艺验证的硬 IP 核（Hard IP Core）。这相当于集成电路（器件或部件）的毛坯、半成品和成品的设计。

软 IP 核是用 VHDL 或 Verilog HDL 等硬件描述语言描述的功能模块，并不涉及用哪个具体电路元件实现这些功能。软 IP 核通常是以 HDL 文件的形式出现的，在开发过程中与普通的 HDL 文件十分相似，只是所需的开发软硬件环境比较昂贵。软 IP 核的设计周期短、投入少，由于不涉及物理实现，为后续设计留有很大的发挥空间，增大了 IP 核的灵活性和适应性。软 IP 核的主要缺点是在一定程度上使后续的扩展功能无法适应整体设计，从而需要在一定程度上对软 IP 核进行修正。由于软 IP 核是以代码的形式提供的，尽管代码可以采用加密方法，但软 IP 核的保护问题仍然是一个不容忽视的问题。

硬 IP 核提供的是最终阶段的产品形式：掩模。硬 IP 核以经过完全布局布线的网表形式提供，既具有可扩展性，也可以针对特定工艺或用户进行功耗和尺寸上的优化。尽管硬 IP 核缺乏灵活性、可移植性差，但由于无须提供寄存器传输级（RTL）文件，因而更易于实现硬 IP 核保护。

固 IP 核则是软 IP 核和硬 IP 核的折中。大多数应用于 FPGA 的 IP 核均为软 IP 核，软 IP 核有助于用户调节参数并增强可复用性。软 IP 核通常以加密的形式提供，这样实际的 RTL 文件对用户是不可见的，但布局布线灵活。在加密的软 IP 核中，如果对软 IP 核进行了参数可配置设计，那么用户就可通过头文件或图形用户接口（GUI）方便地对参数进行修改。对于那些对时序要求严格的 IP 核（如 PCI 接口 IP 核），可预布线特定信号或分配特定的布线资源以满足时序要求，这些 IP 核可归类为固 IP 核。由于固 IP 核是预先设计的代码模块，因此有可能影响包含该固 IP 核整体设计产品的功能及性能。由于固 IP 核的数据建立时间、数据保持时间和握手信号都可能是固定的，因此在设计其他电路时必须考虑与该固 IP 核之间的信号时序要求。

14.1.2 FPGA 设计中的 IP 核类型

前面对 IP 核的三种类型的描述比较专业，也正因为其专业，所以理解起来有些困难。对于 FPGA 应用设计来讲，用户只要了解所使用 IP 核的硬件结构及基本组成方式即可。据此，可以把 FPGA 中的 IP 核分为两个基本的类型：基于 LUT 等逻辑资源封装的软 IP 核、基于固定硬件结构封装的硬 IP 核。

具体来讲，所谓软 IP 核，是指基本实现结构为 FPGA 中的 LUT、触发器等资源，用户在调用这些 IP 核时，其实是调用了一段硬件描述语言（VHDL 或 Verilog HDL）代码，以及已进行综合优化的功能模块。这类 IP 核所占用的逻辑资源与用户自己编写硬件描述语言代码所占用的逻辑资源没有任何区别。

所谓硬 IP 核，是指基本实现结构为特定硬件结构的资源，这些特定的硬件结构与 LUT、触发器等逻辑资源完全不同，是专用于特定功能的资源。在 FPGA 设计中，即使用户没有使用硬 IP 核，这些资源也不能用于其他场合。换句话讲，我们可以简单地将硬 IP 核看成嵌入 FPGA 中的专用芯片，如乘法器、存储器等。由于硬 IP 核具有专用的硬件结构，虽然功能单一，但通常具有更好的性能。硬 IP 核的功能单一，可满足 FPGA 设计时序的要求，以及与其他模块的接口要求，通常需要在硬 IP 核的基础上增加少量的 LUT 及触发器资源。用户在使用硬 IP 核时，应当根据设计需求，通过硬 IP 核的设置界面对其接口及其他参数进行设置。

在 FPGA 设计中，要实现一些特定的功能，如乘法器或存储器，既可以采用普通的 LUT 等逻辑资源来实现，也可以采用专用的硬 IP 核来实现。FPGA 开发软件的 IP 核生成工具通常会提供不同实现结构的选项，用户可以根据需要来选择。

用户该如何选择呢？有时候选项多了，反而会增加设计的难度。随着我们对 FPGA 结构理解的加深，对设计需求的把握更加准确，或者具有更强的设计能力时，就会发现选项多了，会极大地增加设计的灵活性，更利于设计出完善的产品。例如，在 FPGA 设计中，有两个不同的功能模块都要用到多个乘法器，而 FPGA 中的乘法器是有限的，当所需的乘法器数量超出 FPGA 芯片内的硬件乘法器数量时，将无法完成设计。此时，可以根据设计的速度及时序要求，将部分乘法器用 LUT 等逻辑资源实现，部分对运算速度要求较高的功能采用硬件乘法器实现，最终解决程序的设计问题。

IP 核的来源主要有 3 种：FPGA 开发环境集成的免费 IP 核、FPGA 公司提供（需要付费）的 IP 核，以及第三方公司提供的 IP 核。在 FPGA 设计中，最常用的 IP 核还是由 FPGA 开发环境直接提供的 IP 核。由于 FPGA 规模及结构的不同，不同 FPGA 所支持的 IP 核种类也不完全相同，每种 IP 核的数据手册也会给出其所适用的 FPGA 型号。在进行 FPGA 设计时，应当先查看开发环境针对目标 FPGA 器件提供的 IP 核有哪些，以便尽量减少设计的工作量。

这里以高云公司的低成本 FPGA 系列 GW1N-UV4LQ44 为例，查看该 FPGA 所能提供的 IP 核。

在云源软件中新建 FPGA 工程，单击“Tools”→“IP Core Generator”，打开 IP 核类型选择界面，如图 14-1 所示。

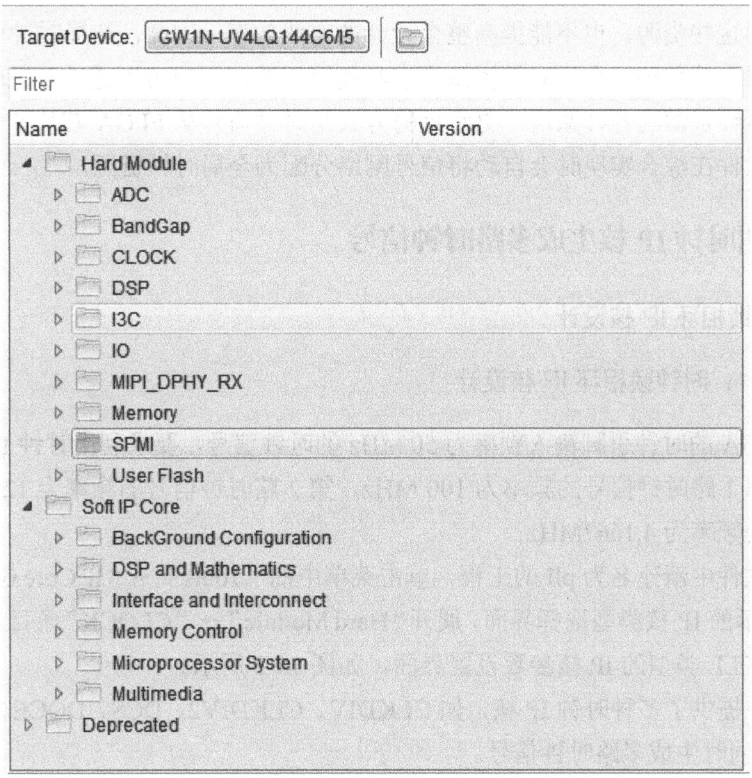

图 14-1　IP 核类型选择界面

图 14-1 列出了目标 FPGA 器件可用的所有 IP 核类型。云源软件提供的 IP 核类型非常多，如时钟类型 IP 核、数字信号处理 IP 核、存储器 IP 核等。

14.2 时钟 IP 核

14.2.1 全局时钟资源

在介绍时钟 IP 核之前，有必要先了解一下 FPGA 全局时钟资源的概念。全局时钟资源是指 FPGA 内部为实现系统时钟到达 FPGA 内部各逻辑单元、输入输出引脚，以及存储器模块等基本逻辑单元的时延和抖动最小化，采用全铜层工艺设计和实现的专用缓冲与驱动结构。

由于全局时钟资源的布线采用了专门的结构，比一般布线资源具有更好的性能，因此主要用于 FPGA 中的时钟信号布局布线。也正因为全局时钟资源的特定结构和优异性能，FPGA 内的全局时钟资源数量十分有限，如 CGD100 开发板的目标 FPGA 芯片 GW1N-UV4 内仅有 16 个全局时钟资源。

全局时钟资源是一种布线资源，且这种布线资源在 FPGA 内的物理位置是固定的，如果设计不使用这些资源，也不能提高整个设计的布线效率，因此，全局时钟资源在 FPGA 设计中使用得十分普遍。全局时钟资源有多种使用形式，用户可以通过云源软件的语言模板查看全局时钟资源的各种原语。更常见的方式是时钟信号从 FPGA 芯片的专用时钟引脚引入，云源软件在综合实现时会自动将信号网络分配为全局时钟资源。

14.2.2 采用时钟 IP 核生成多路时钟信号

1. 时钟锁相环 IP 核设计

实例 14-1：时钟锁相环 IP 核设计

已知 FPGA 的时钟引脚输入频率为 50 MHz 的时钟信号，要求利用时钟 IP 核生成 3 路时钟信号：第 1 路时钟信号的频率为 100 MHz，第 2 路时钟信号的频率为 12.5 MHz，第 3 路时钟信号的频率为 4.1667MHz。

在云源软件中新建名为 pll 的工程，单击菜单中的“Tools”→“IP Core Generator”，打开图 14-1 所示的 IP 核类型选择界面，展开“Hard Module”→“CLOCK”条目，双击“rPLL”条目，打开 rPLL 类型的 IP 核参数设置界面，如图 14-2 所示。

云源软件提供了多种时钟 IP 核，如 CLKDIV、CLKDIV2、DCS、DQCE、rPLL 等。其中 rPLL 可以同时生成多路时钟信号。

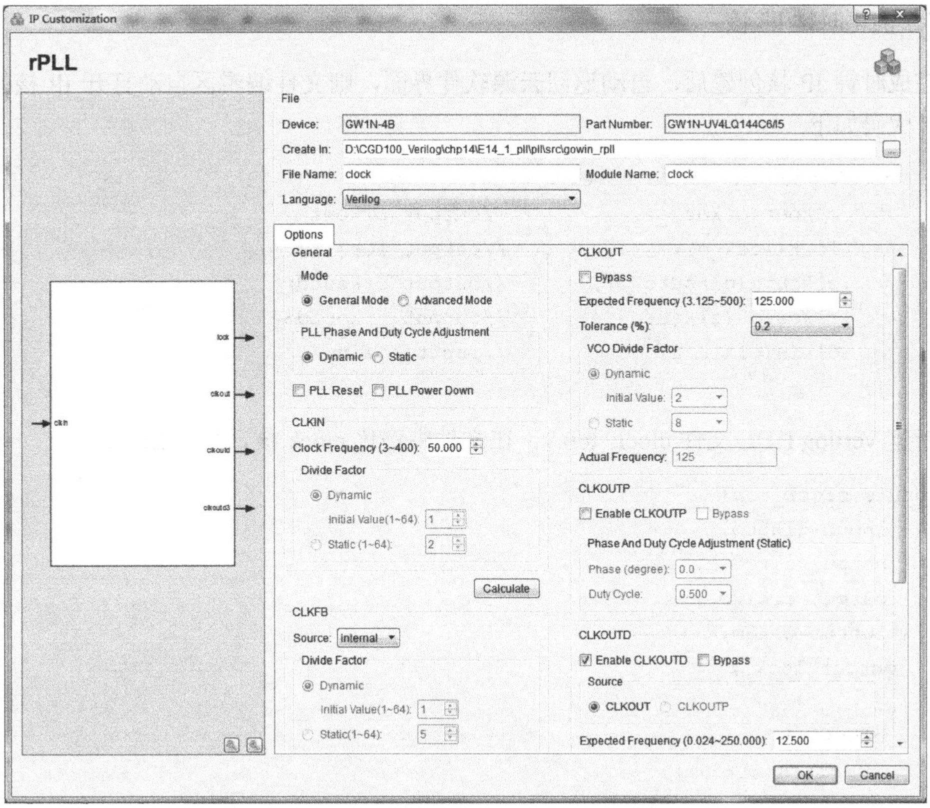

图 14-2 rPLL 类型的 IP 核参数设置界面

在 IP 核参数设置界面中的“File Name”编辑框中输入 IP 核的文件名 clock；在“Module Name”编辑框中输入模块的名称 clock。

由于 rPLL 的输入时钟为 FPGA 的外部输入信号，CGD100 开发板的外部晶振时钟频率为 50MHz，设置“Clock Frequency”为 50MHz。“CLKOUT”时钟可产生 CLKIN 的整数倍倍频或分频频率，也可以产生依次对 CLKIN 进行整数倍倍频及分频的时钟频率，如输入信号 CLKIN 的频率为 50MHz，可产生 50MHz×5/2=125MHz 的时钟信号。

“CLKOUTP”时钟的频率与 CLKOUT 相同，同时可由用户配置时钟信号的占空比和时钟偏移相位，当勾选“Enable CLKOUTP”复选框时，IP 核参数设置界面左侧的 IP 核接口示例中会自动增加控制占空比及相位偏移的控制信号接口。本实例不使用该信号，不勾选“Enable CLKOUTP”复选框。

勾选“Enable CLKOUTD”复选框，选中“Source”栏中的“CLKOUT”单选按钮，设置 IP 核输出 CLKOUTD 信号，且 CLKOUTD 的时钟信号输入源为 CLKOUT。CLKOUTD 可以产生 CLKOUT 整数倍分频的时钟信号。设置“Expected Frequency”为 12.5MHz，表示产生 CLKOUT 的 8 分频信号，频率为 12.5MHz。

拖动 IP 核参数设置界面右侧的滚动条，勾选“CLKOUTD3”复选框，设置 IP 核输出 CLKOUTD 的 3 分频的 33.33MHz 信号。

单击“OK”按钮，完成时钟 IP 核 clock 的创建。

2. 例化时钟 IP 核

完成时钟 IP 核创建后，自动返回云源软件界面，则文件编辑区自动打开 IP 核的例化代码，代码如下

```
    clock your_instance_name(
        .clkout(clkout_o),          //output clkout
        .lock(lock_o),              //output lock
        .clkoutd(clkoutd_o),        //output clkoutd
        .clkoutd3(clkoutd3_o),      //output clkoutd3
        .clkin(clkin_i)             //input clkin
    );
```

新建 Verilog HDL 文件 clock_top.v，在文件中例化 clock 核，代码如下。

```
module clock_top(
     input clk50m,
     output clk100m,
     output clk12m5,
     output clk3m,
    output lock);

     clock u1(
        .clkin(clk50m),
        .clkout(clk100m),
        .clkoutd(clk12m5),
        .clkoutd3(clk3m),
        .lock(lock));

endmodule
```

3. 时钟管理 IP 核的功能仿真

在完成时钟 IP 核及顶层文件设计后，可以对文件进行仿真测试。打开 ModelSim 仿真软件，新建 ms_pll 工程，添加文件 clock.v、clock_top.v 到工程中，新建 clk_top_vlg_tst.v 测试激励文件，产生 50MHz 的时钟信号 clk50m。

成功编译当前工程中的所有文件后，运行 ModelSim 仿真功能，命令窗口出现无法仿真的提示信息，代码如下。

```
  # Loading work.clock
  # ** Error: (vsim-3033) D:/CGD100_Verilog/chp14/E14_1_pll/ms_pll/clock.v(38):
Instantiation of 'rPLL' failed. The design unit was not found.
  #
  #        Region: /clock_top_vlg_tst/i1/u1
  #        Searched libraries:
  #            D:/CGD100_Verilog/chp14/E14_1_pll/ms_pll/work
  # Error loading design
```

提示信息表明没有成功例化时钟 IP 核文件 rPLL。这是因为仿真工程中用到了高云 FPGA 的 IP 核，ModelSim 是第三方软件，没有将我们在安装 ModelSim 时编译的高云 FPGA 的 IP 核与当前工程关联起来。

依次单击“Simulate→Start Simulation”，打开仿真设置对话框，单击对话框中的“Libraries”标签，打开 IP 核编译库添加界面。单击“Add”按钮，选中安装 ModelSim 时编译的 IP 核文件夹，如图 14-3 所示。

单击“Design”标签，选中“work”→“clock_top_vlg_tst”，单击对话框中的“OK”按钮启动 ModelSim 仿真，如图 14-4 所示。

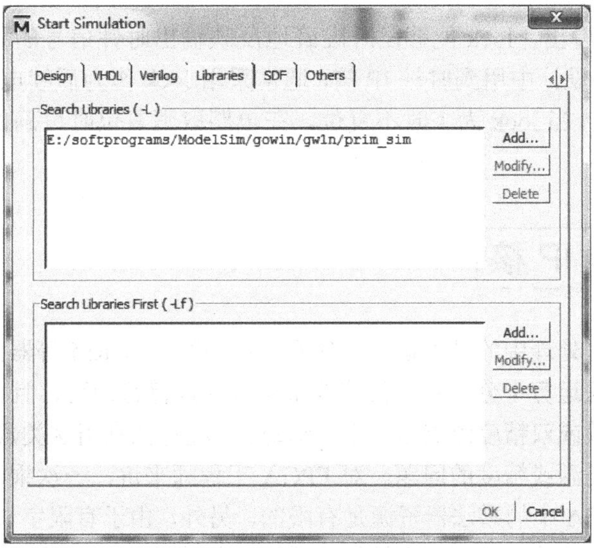

图 14-3　IP 核编译库添加界面

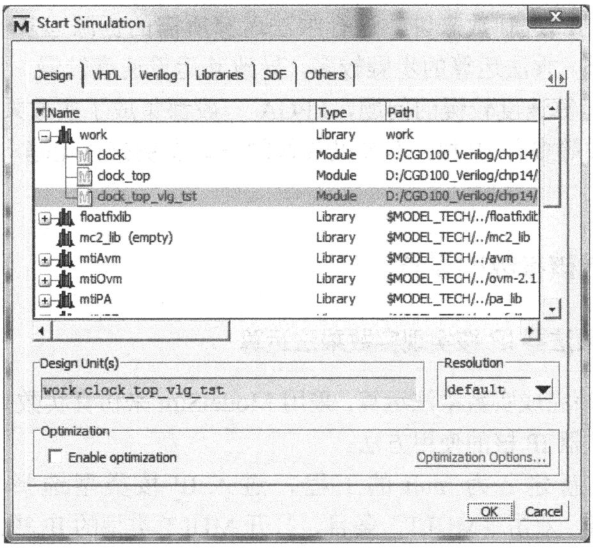

图 14-4　启动 ModelSim 仿真界面

在 ModelSim 界面中添加信号波形，调整波形窗口显示界面，得到图 14-5 所示的仿真波形。从图 14-5 中可以看出，上电后 3 路输出信号均为低电平，lock 为低电平，表示时钟信号没有锁定。经过一段时间后，才输出稳定的 3 路时钟信号，且 lock 变为高电平，表示时钟锁相环已完成锁定，可以输出稳定、准确的时钟信号，且输出时钟信号的频率正确。

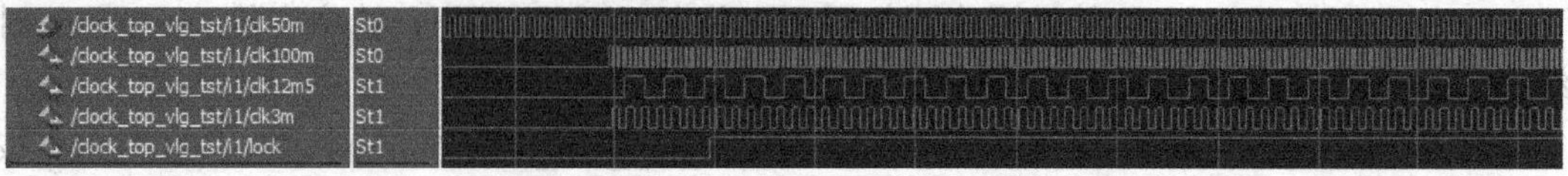

图 14-5　时钟 IP 核的 ModelSim 仿真波形

从图 14-5 可以看出，lock 能够及时准确地反映输出时钟信号的稳定状态。因此，在 FPGA 设计中，如果设计中用到时钟 IP 核，通常采用 lock 作为后续电路的全局复位信号。当 lock 为 0 时复位，当 lock 为 1 时不复位，在电路取消复位时可确保输出时钟信号稳定有效。

14.3 乘法器 IP 核

乘法是数字信号处理中的基本运算。对于 DSP、CPU、ARM 等器件来讲，采用 C 语言等高级语言实现乘法运算十分简单，仅需要采用乘法运算符即可，且可实现几乎没有任何误差的单精度浮点数或双精度浮点数的乘法运算。工程师在利用这类器件实现乘法运算时，无须考虑运算量、资源或精度的问题。对 FPGA 工程师来讲，一次乘法运算就意味着一个乘法器资源，而 FPGA 中的乘法器资源是有限的。另外，由于有限字长效应的影响，FPGA 工程师必须准确掌握乘法运算的实现结构及乘法器的性能特点，以便在 FPGA 设计中灵活运用乘法器资源。

对于相同位宽的二进制数来讲，进行乘法运算所需的资源远多于进行加法或减法运算所需的资源。另外，乘法运算的步骤较多，导致其运算速度较慢。为了解决乘法运算所需的资源较多以及运算速度较慢的问题，FPGA 一般都集成了实数乘法器 IP 核。云源软件提供了乘法、乘加等多种 IP 核，本节以具体的设计实例来讨论基本乘法器 IP 核的使用方法。

14.3.1 乘法器 IP 核参数的设置

实例 14-2：用乘法器 IP 核实现实数乘法运算

通过乘法器 IP 核完成实数乘法运算，采用 ModelSim 来仿真实数乘法运算的输入/输出信号波形，掌握乘法器 IP 核的使用方法。

在云源软件中新建名为 mult 的工程，进入 IP 核类型选择界面，展开“Hard Module→DSP”条目，双击“MULT”条目，打开 MULT 类型的 IP 核参数设置对话框，如图 14-6 所示。

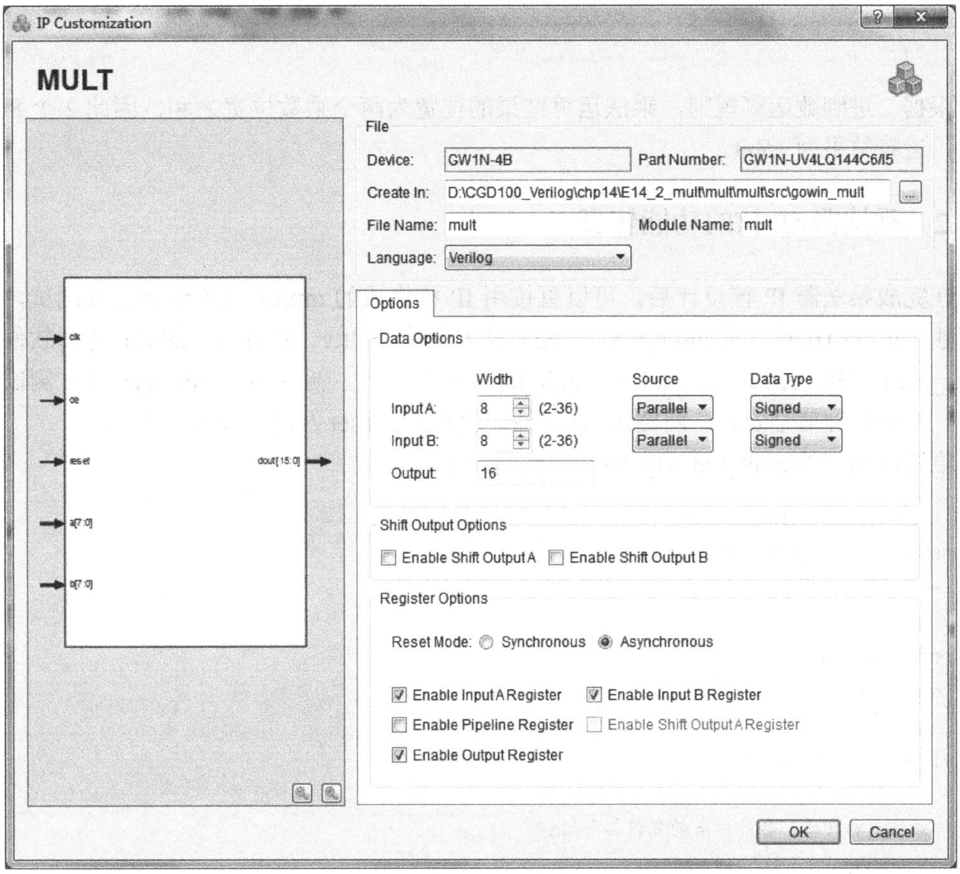

图 14-6　MULT 类型的 IP 核参数设置对话框

云源软件提供的单个乘法器 IP 核可以配置成单个 36×18 乘法器、2 个 18×18 乘法器或 4 个 9×9 乘法器。

设置乘法器 IP 核的文件名和模块名均为 mult，例化语言（Language）为 Verilog，输入信号 A、B 的位宽均为 8bit，数据类型（Data Type）为有符号数（Signed）。设置复位信号为异步复位（Asynchronous）。选择输入信号 A 增加寄存器（Enable Input A Register）、输入信号 B 增加寄存器（Enable Input B Register），以及输出数据增加寄存器（Enable Output Register）。根据电路的流水线操作原理，输入输出均增加寄存器，则整个乘法运算需要 2 级流水线，乘法运算结果比输入信号延时 2 个时钟周期。

单击“OK”按钮完成乘法器 IP 核的创建，返回云源软件主界面，自动打开乘法器 IP 核的例化代码，如下所示。

```
mult your_instance_name(
    .dout(dout_o),      //output [15:0] dout
    .a(a_i),            //input [7:0] a
    .b(b_i),            //input [7:0] b
    .ce(ce_i),          //input ce
    .clk(clk_i),        //input clk
```

```
        .reset(reset_i)    //input reset
    );
```

根据二进制数运算规则，乘法运算结果的位宽为两个乘数位宽之和，因此 2 个 8bit 数相乘，运算结果为 16bit。

14.3.2 乘法器 IP 核的功能仿真

在完成乘法器 IP 核设计后，可以直接用 IP 核生成的 mult.v 文件进行仿真测试，也可以新建 Verilog HDL 文件 mult_top.v，在文件中例化 mult.v。打开 ModelSim 仿真软件，新建 ms_mult 工程，添加文件 mult.v、mult_top.v 到工程中，新建 mult_top_vlg_tst.v 测试激励文件，产生时钟信号 clk 、两路输入信号和复位信号 reset 及时钟使能信号 ce。

测试激励文件 mult_top_vlg_tst.v 的代码如下。

```
`timescale 1 ns/ 1 ns
module mult_top_vlg_tst();
reg clk;
reg [7:0] a;
reg [7:0] b;
reg reset;
reg ce;
wire [15:0]  dout;

//添加这行代码，会产生全局复位信号 GSR
GSR GSR(.GSRI(1'b1));

mult_top i1 (
     .clk(clk),
     .a(a),
     .b(b),
     .reset(reset),
     .ce(ce),
     .dout(dout)
);

initial
begin
  reset <=1'b0;
  ce <= 1'b1;
  clk <= 1'b0;
  a <= 8'd0;
  b <= 8'd0;
end

always  #10 clk <= !clk;
```

```
  always @(posedge clk)
    begin
       a <= a + 10;
          b <= b + 20;
     end


  endmodule
```

在测试激励文件中，首先产生 50MHz 的时钟信号 clk，然后在 clk 的控制下，设置输入信号 a 在每个时钟周期增加 10，信号 b 在每个时钟周期增加 20。

需要注意的是，添加全局复位信号的代码如下：

```
GSR GSR(.GSRI(1'b1));
```

如果不添加这行代码，在运行 ModelSim 仿真时，命令行会报错：

```
 Loading work.mult
# Loading E:/softprograms/ModelSim/gowin/gw1n/prim_sim.MULT9X9
# ** Error: (vsim-3043) C:/Gowin/Gowin_V1.9.8.07/IDE/simlib/gw1n/prim_sim.v(8829):
Unresolved reference to 'GSR'.
```

表示调用乘法器 IP 核仿真库时没有找到 GSR 信号。这是因为在设计过程中调用乘法器 IP 核时，器件库里面自动调用了全局复位信号 GSR，但是 GSR 模块在仿真情况下是没有的，它是在综合过程中自动加入设计里面的，需要设置为高电平。因此，在仿真文件中需要手动添加 GSR 模块的例化代码。

成功编译当前工程中的所有文件后，添加 ModelSim 编译的对应 IP 核库文件，运行 ModelSim 仿真功能，添加信号波形，调整 ModelSim 波形窗口，得到图 14-7 所示的仿真波形。

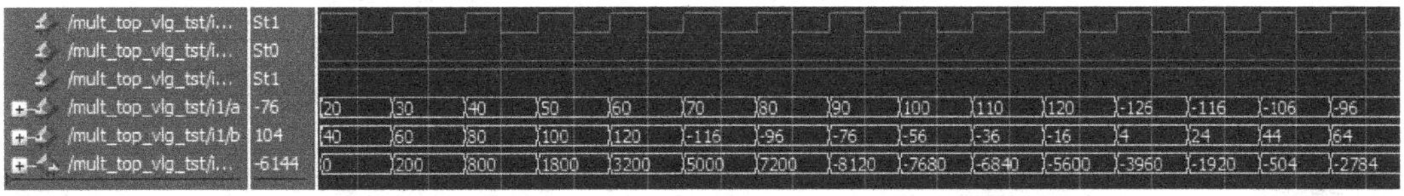

图 14-7　乘法器 IP 核的 ModelSim 仿真波形

从图 14-7 中可以看出，乘法器 IP 核可进行乘法运算，且输出信号比输入信号延时 2 个时钟周期。例如，当输入信号分别为 30 和 60 时，2 个时钟周期后输出信号的值变为 1800，这是因为乘法器 IP 核设置了 2 级流水线运算。

14.4 存储器 IP 核

14.4.1 ROM 核

存储器是电子产品设计中常用的基本部件，用于存储数据。根据 FPGA 的工作原理，组成 FPGA 的基本部件为查找表（LUT），LUT 本身就是存储器。由于存储器在 FPGA 设计中的使用十分普遍，为提高 FPGA 芯片内部的用户数据存储空间，高云 FPGA 内部集成了专用的存储器块，并提供了调用存储器块的 IP 核。从功能上讲，存储器 IP 核可以分为只读存储器（Read Only Memory，ROM）核和随机读取存储器（Random Access Memory，RAM）核两种。

实例 14-3：通过 ROM 核产生正弦波信号

1．创建 ROM 核

通过 ROM 核产生正弦波信号，使用 ModelSim 仿真输出信号波形，掌握 ROM 核的工作原理及使用方法。系统时钟信号频率为 50 MHz，输出信号为 8 bit 的有符号数，正弦波信号的频率为 195.3125 kHz。

在云源软件中新建名为 rom 的工程，单击菜单中的“Tools→IP Core Generator”，打开 IP 核类型选择界面，展开“Hard Module”→“Memory”→“Block Memory”→“pROM”条目，双击“pROM”条目，打开 pROM 类型的 IP 核参数设置界面，如图 14-8 所示。

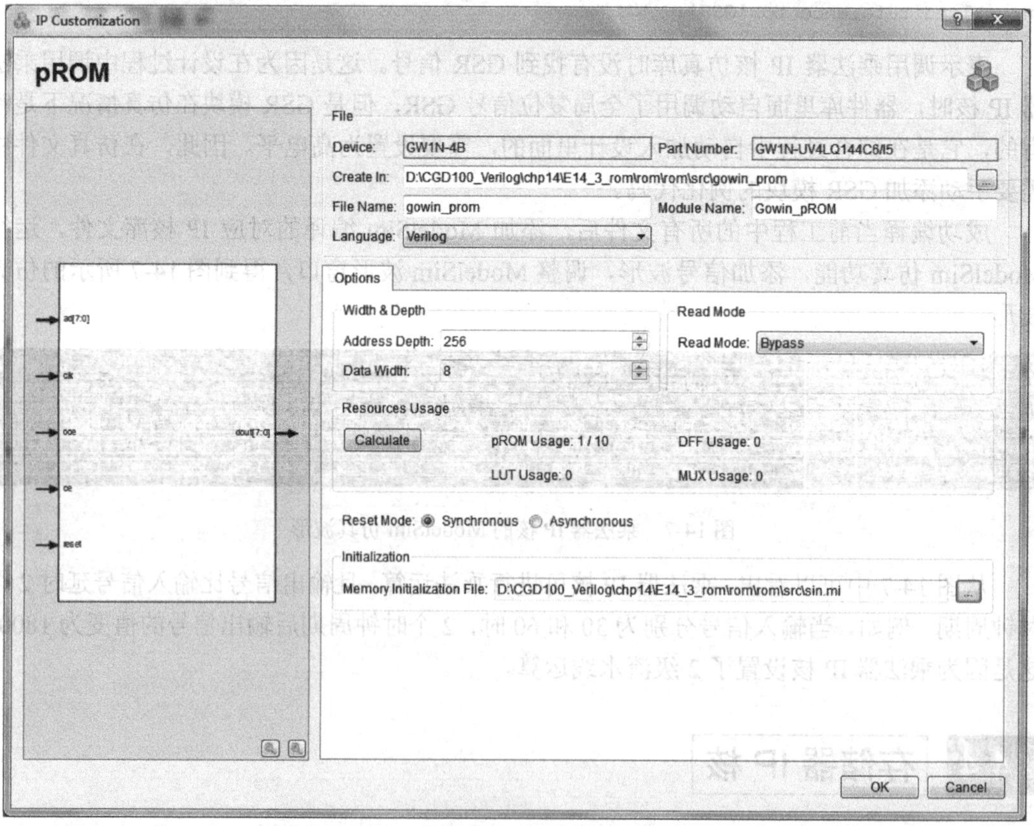

图 14-8 pROM 类型的 IP 核参数设置界面

选择“Language”为 Verilog，设置 ROM 的地址深度（Address Depth）为 256，数据位宽（Data Width）为 8bit，设置 ROM 的初始化数据为采用 MATLAB 设计产生的正弦波信号文件 sin.mi。单击“OK”按钮完成 ROM 核的创建。接下来讨论 ROM 核的初始数据文件的产生方法。

2. 使用 MATLAB 生成 ROM 核存储的数据

在设置 ROM 核时必须预先装载数据，在程序运行中不能更改存储的数据（不能进行写入操作），只能通过存储器的地址来读取存储的数据。根据实例的要求，设置时钟信号的频率为 50 MHz，正弦波信号的频率为 195.3125 kHz，在每个时钟周期内要对正弦波信号采样 50 MHz/195.3125 kHz=256 个数据。在时钟信号的驱动下，每个时钟周期依次读取一个正弦波信号对应的数据，即可连续不断地产生所需要的正弦波信号。

查阅 ROM 核的手册，ROM 核的存储数据文件（.mi）格式如下。

```
#File_format=Hex            %数据格式（十六进制数）
#Address_depth=256          %地址深度（256）
#Data_width=8               %数据位宽（8bit）
3A40                        %数据
```

下面是 MATLAB 生成正弦波信号的程序代码。

```
%sin_wave.m
%sin_wave.m
fs=50*10^6;                 %采样频率为 50MHz
f=fs/256;                   %时钟信号的频率为采样频率的 1/256
t=0:255;                    %产生一个周期的时间序列
t=t/fs;

s=sin(2*pi*f*t);            %产生一个周期的正弦波信号
plot(t,s);                  %绘制正弦波信号波形

Q=floor(s*(2^7-1));         %对信号进行 8 bit 量化
%将数据转换成整型数据
for i=1:length(Q)
   if Q(i)<0
      Q(i)=Q(i)+2^8;
   end
 end

%将数据写入.mi 文件中
fid=fopen('D:\CGD100_Verilog\chp14\E14_3_rom\rom\rom\src\sin.mi','w');
```

```
fprintf(fid,'#File_format=Hex\r\n');
fprintf(fid,'#Address_depth=256\r\n');
fprintf(fid,'#Data_width=8\r\n');
for i=1:length(Q)
    if(abs(Q(i))<16)
      fprintf(fid,'0%x\r\n',(Q(i)));
    else
      fprintf(fid,'%x\r\n',(Q(i)));
    end
end
fclose(fid);
```

3. ROM 核的功能仿真

在 rom 工程中新建 rom.v 文件，例化 gwin_prom 核，代码如下。

```
module rom (
   input clk50m,
   output [7:0] dout);

   reg [7:0] addr=0;
   always @(posedge clk50m)
      addr <= addr + 1;

   Gowin_pROM u1(
      .dout(dout), //output [7:0] dout
      .clk(clk50m), //input clk
      .oce(1'b1), //input oce
      .ce(1'b1), //input ce
      .reset(1'b0), //input reset
      .ad(addr) //input [7:0] ad
   );

endmodule
```

代码中设计了循环计数的地址信号 addr。完成 ROM 核的创建、顶层文件的设计之后，打开 ModelSim 软件，新建 ms_rom 工程，在工程中添加 rom.v、Gowin_pROM.v 文件。新建测试激励文件 rom_vlg_tst.v，仅需在测试激励文件中添加生成 clk50m 信号的代码及全局复位信号 GSR 的例化代码。

添加编译后的 IP 核仿真库，运行 ModelSim 仿真，可得到 ROM 核的 ModelSim 仿真波形，如图 14-9 所示。

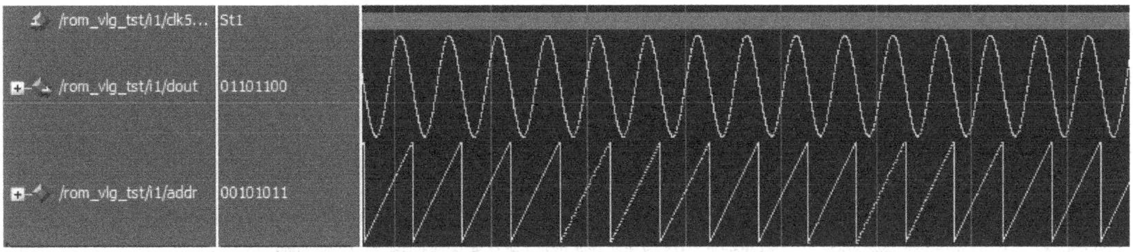

图 14-9　ROM 核的 ModelSim 仿真波形

在图 14-9 中，addr 为无符号数；dout 为读出的 ROM 数据，设置为有符号数。从波形上看，addr 为锯齿形波，符合循环递增规律；dout 为标准的正弦波信号，满足设计要求。

14.4.2　RAM 核

实例 14-4：采用 RAM 核完成数据速率的转换

输入为连续数据流，数据位宽为 8bit，速率为 25 MHz，采用双端口 RAM 设计产生 IP 核的外围接口信号，将数据速率转换为 50 MHz，且每帧数据为 32bit。

1．速率转换电路的信号时序分析

在电路系统设计过程中，当两个模块的数据速率不一致且需要进行数据交换时，通常需要设计速率转换电路。本实例的数据输入速率为 25 MHz，数据输出速率为数据输入速率的 2 倍，为 50 MHz。本实例要将低数据速率转换为高数据速率。在开始 FPGA 设计之前，必须准确把握电路的接口信号时序，才能设计出符合要求的程序。图 14-10 为速率转换电路的时序图，也是接口信号的波形图。

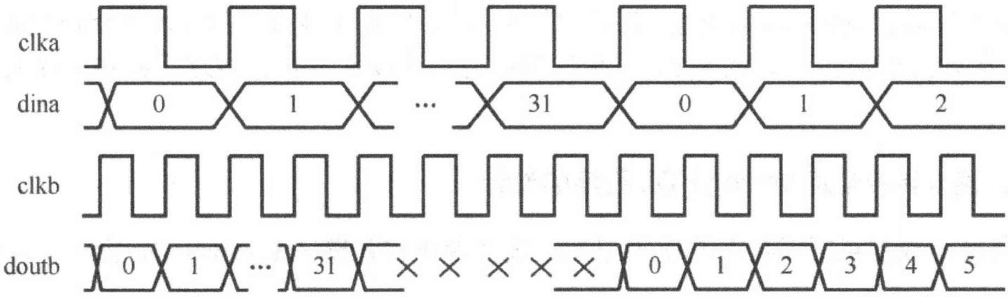

图 14-10　速率转换电路的时序图

在图 14-10 中，clka 为时钟信号，频率为 25 MHz；dina 为输入数据；clkb 为转换后的时钟信号，频率为 50 MHz；doutb 为输出数据。根据设计需求，每帧的数据为 32bit，转换后的数据输出速率是数据输入速率的 2 倍，因此每两帧之间有 32 个无效数据。

2．RAM 核参数的设置

在云源软件中新建名为 ram 的工程，新建 IP 类型的资源，设置资源文件名为 ram。在 IP 核类型选择界面中展开“Hard Module”→“Memory”→“Block Memory→SDPB”条目，双击“SDPB”条目，打开 SDPB 类型的 RAM 核参数设置界面，如图 14-11 所示。

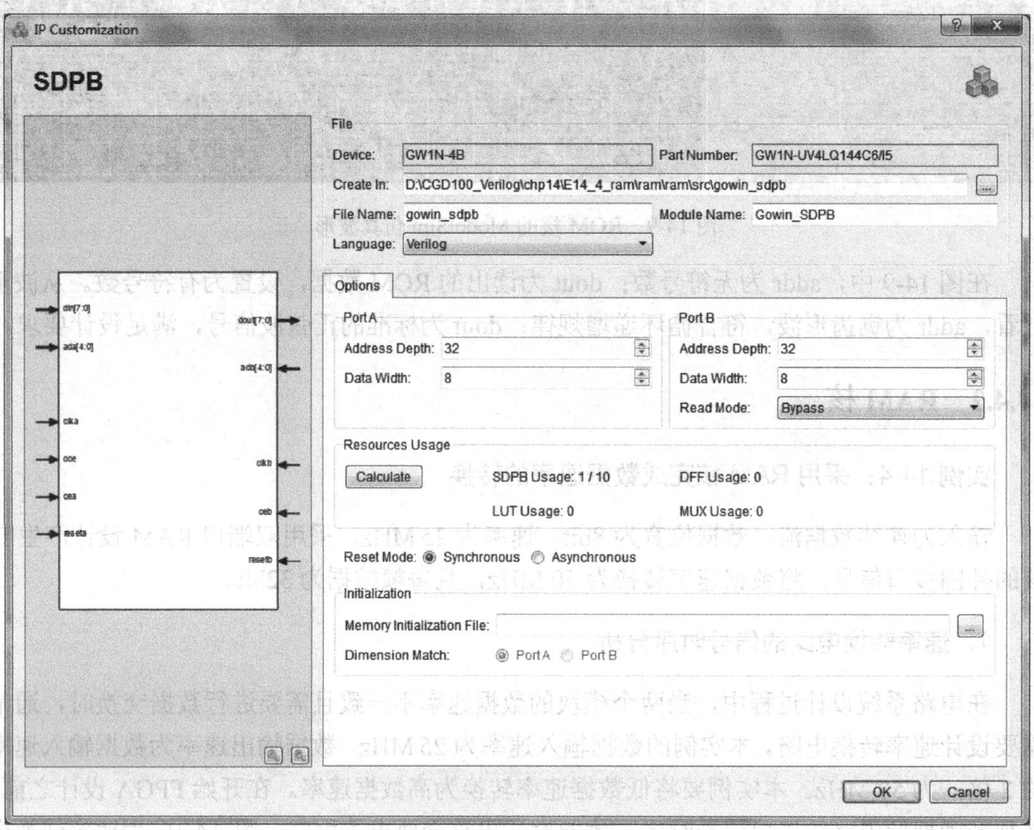

图 14-11 RAM 核参数设置界面

选择“Language”为 Verilog，RAM 的两个端口的地址深度（Address Depth）均为 32，数据位宽（Data Width）均为 8bit，其他选项保持默认设置。单击“OK”按钮完成 RAM 核的创建。

3．速率转换电路 Verilog HDL 程序的设计

RAM 核仅提供了对数据的读/写功能，设计者还需要设计 Verilog HDL 程序，完善接口信号，实现速率的转换。

RAM 核的接口信号种类会由于用户的 IP 核设置情况而有所差异。速率转换电路的输入数据在 25 MHz 的写时钟信号控制下，会连续不断地把帧长为 32bit 的数据写入 RAM 核中，要求在速率转换电路的输出端将数据输出速率提高到 50 MHz。根据 RAM 核的工作原理，可以控制写数据端口 A 的地址信号 ada 和读数据端口 B 的地址信号 adb 的时序，使得 RAM 核中每 64 个 50 MHz 的读时钟连续读取 32 个数据，同时需要确保在读数据时，在输入端没有对相同地址的数据进行写操作，以免发生数据读取错误。

下面是速率转换模块程序 ram.v 的代码。

```
module ram(
    input [4:0] addra,        //输入数据地址
    input [7:0] dina,         //输入数据
    input clka,               //输入数据时钟信号：25MHz
    output reg [4:0] addrb,   //输出数据地址
    output [7:0] doutb,       //输出数据
    input clkb,               //输出数据时钟信号：50MHz
    output reg enb);          //输出数据有效信号

    reg [4:0] rdaddr=5'd0;
    reg [4:0] rdaddr1=5'd0;
    reg wren=1'b1;

    //例化 RAM 核
   Gowin_SDPB your_instance_name(
       .dout(doutb),          //output [7:0] dout
       .clka(clka),           //input clka
       .cea(wren),            //input cea
       .reseta(1'b0),         //input reseta
       .clkb(clkb),           //input clkb
       .ceb(1'b1),            //input ceb
       .resetb(1'b0),         //input resetb
       .oce(1'b1),            //input oce
       .ada(addra),           //input [4:0] ada
       .din(dina),            //input [7:0] din
       .adb(rdaddr)           //input [4:0] adb
   );


     //检测到写 31 个数据时，连续计 32 个数，连续读出 32 个数
     always @(posedge clkb)
        if ((addra==31) && (rdaddr==0)) begin
             rdaddr <= rdaddr + 1;
             enb <= 1;
             end
        else if ((rdaddr>0) && (rdaddr<31)) begin
             rdaddr <= rdaddr + 1;
             enb <= 1;
             end
        else if (rdaddr==31) begin
             rdaddr <= 0;
             enb <= 1;
             end
        else
             enb <= 0;
```

```
    //根据 RAM 读数据时序，调整地址及数据有效信号时序，使 addrb、enb、doutb 同步
    always @(posedge clkb)
      begin
        addrb  <= rdaddr;
      end

endmodule;
```

由文件的代码可知，整个速率转换电路由 RAM 核和控制 IP 核接口信号的代码组成。为了避免同时对 RAM 核的同一个地址进行读和写操作，检测到写数据地址的值为 31 时，开始产生连续 32 个 50 MHz 时钟周期的读 RAM 核的允许信号（enb）和地址信号（rdaddr）。由于向 RAM 核写数据的时钟信号频率为 25 MHz，读数据的时钟信号频率为 50 MHz，因此可确保不会对 RAM 核的同一个地址进行读和写操作，实现将数据速率从 25 MHz 转换成 50 MHz 的功能。

4．速率转换电路的功能仿真

完成速率转换电路的 Verilog HDL 程序设计后，可以对顶层文件进行仿真测试，测试激励文件为 ram_vlg_tst.v，代码如下。

```
//初始化信号
`timescale 1 ns/ 1 ns
module ram_vlg_tst();
reg [4:0] addra;
reg clka;
reg clkb;
reg [7:0] dina;
// wires
wire [4:0]  addrb;
wire [7:0]  doutb;
wire enb;

reg clk;
reg [1:0] cn=0;

GSR GSR(.GSRI(1'b1));

ram i1 (
     .addra(addra),
     .addrb(addrb),
     .clka(clka),
     .clkb(clkb),
     .dina(dina),
     .doutb(doutb),
     .enb(enb)
);
```

```
  initial
  begin
     clk <= 0;
     clka <= 0;
     clkb <= 0;
     addra <= 0;
     dina <= 0;
  end

  always  #5 clk <= !clk;

  always @(posedge clk)
    begin
    cn <= cn + 1;
    clka <= cn[1];      //25MHz;
    clkb <= cn[0];      //50MHz;
    end

  always @(posedge clka)
     begin
     addra <= addra + 1;
     dina <= dina + 1;
     end

  endmodule
```

在测试激励文件中，首先对输入信号进行初始状态的设置，声明了时钟信号 clk，并将 clk 信号的频率设置为 100MHz。程序中声明了 2bit 信号 cn，在 clk 的驱动下产生四进制计数器，则 cn[1]为 25MHz 时钟信号，cn[0]为 50MHz 时钟信号。将 cn[1]、cn[0]分别作为 RAM 核的写数据时钟信号 clka 及读数据时钟信号 clkb。在 clka 的驱动下，设置写数据地址 addra 为递增数据，数据 dina 也为递增数据。在 clka 的驱动下，dina 按 addra 的地址依次循环写入 RAM 核中，且数据速率为 25MHz。

运行 ModelSim 仿真，可得到速率转换电路的 ModelSim 仿真波形。图 14-12 为仿真波形的全局图，从图中可以看出转换后的数据输出速率是数据输入速率的 2 倍，且每隔 32 个时钟周期有 32 个无效数据。

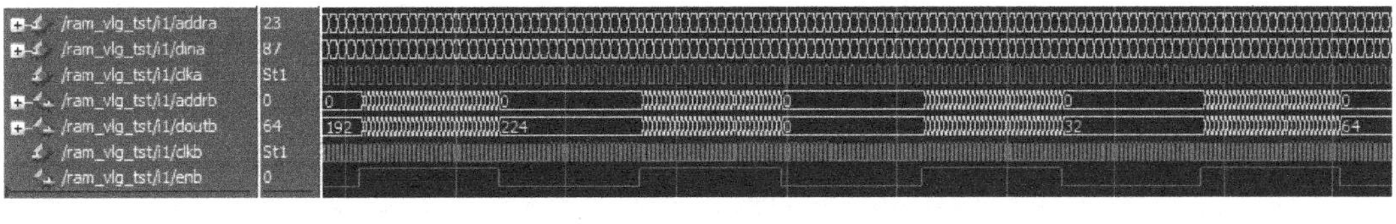

图 14-12　速率转换电路的 ModelSim 仿真波形（全局图）

图 14-13 是仿真波形的局部图（一帧数据的仿真波形），从图中可以看出数据输出速率为 50 MHz，addrb 为输出数据的地址信息，doutb 为转换后的 50MHz 数据，enb 为高

电平，表示输出数据有效。由于仿真测试激励文件中写数据地址从 0～31 循环设置，写数据为 0～255 循环产生，RAM 存储深度为 32，因此 RAM 转换后的每帧数据为 32 个，第 1 帧数据为 0～31，第 2 帧数据为 32～63，第 3 帧数据为 64～95，最后一帧数据为 224～255。图 14-13 中的输出数据为第 2 帧，从仿真波形可以看出，速率转换电路满足设计要求。

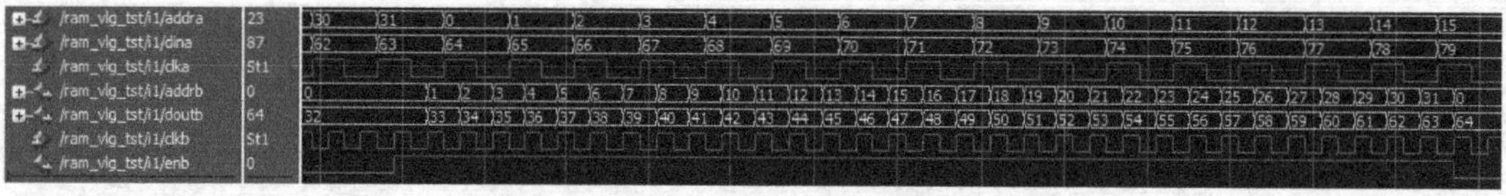

图 14-13　速率转换电路的 ModelSim 仿真波形（局部图）

14.5 小结

作者在读研究生时期时，一位专业课的老师曾讲过，当你冥思苦想，好不容易得到了一个觉得很不错的设计思路时，不要过于骄傲，因为你的想法有百分之九十九的可能性已被别人实践过；当你辗转反侧，对某个技术问题仍不知其所以然的时候，不要过于气馁，因为你遇见的问题有百分之九十九的可能性已被别人遇见过。所以，我们要做的事，不过是查阅资料，找到并理解别人对类似问题的解决方法或思路，经过修改，将它完美地应用到自己的设计中。

采用 IP 核是 FPGA 设计中十分常用的设计方法。FPGA 设计工具一般都提供了种类繁多、功能齐全、性能稳定的 IP 核。灵活运用这些 IP 核的前提是：首先了解已有的 IP 核种类，其次要准确理解 IP 核的功能特点及使用方法。本章的学习要点可归纳为：

（1）IP 核可以分为软 IP 核、硬 IP 核和固 IP 核 3 种，最常用的是软 IP 核和硬 IP 核。软 IP 核是指采用 LUT 等逻辑资源形成的核，硬 IP 核是具有专用功能的核。

（2）不同 FPGA 提供的免费 IP 核种类是不完全相同的。

（3）全局时钟资源是专用的布线资源，这种布线资源延时小、性能好，但数量有限。

（4）一个 FPGA 的各路时钟信号一般是通过时钟管理 IP 核生成的。

（5）为提高乘法运算速度，一般使用 FPGA 中的乘法器硬件 IP 核。

（6）熟悉 ROM、RAM 核的使用方法，掌握速率转换电路程序的设计及调试方法。

第 15 章

采用在线逻辑分析仪调试程序

FPGA 项目设计过程中，ModelSim 用于程序本身的仿真，通过仿真调试确保 Verilog HDL 代码语法及功能的正确性。当 FPGA 程序下载到目标器件后，通常需要进行软硬件系统联调，目前各大 FPGA 厂商均提供了在线逻辑分析仪，它可分析程序下载后 FPGA 内部电路的实际工作状态，对于软硬件联调具有重要作用。本章简要讨论云源软件提供的在线逻辑分析仪 Gowin Analyzer Oscilloscope（GAO）的使用方法。

15.1 在线逻辑分析仪的优势

根据 FPGA 的基本设计流程，完成 Verilog HDL 代码设计后，一般需要采用 ModelSim 等仿真工具对代码进行功能或时序仿真，确保程序编写正确，而后在完成引脚约束、时序约束后重新对工程进行编译，最后将编译形成的程序文件下载到目标器件中，完成 FPGA 项目开发。

理想情况下，硬件电路工作稳定，FPGA 程序设计正确，且引脚约束正确，程序下载到目标器件后即能正常工作。但工程设计过程中，尤其在稍复杂的 FPGA 项目中，上述的理想情况实际上是比较少见的。公司项目组中比较常见的情况是这样的：FPGA 工程师确认程序 ModelSim 仿真正确，硬件工程师保证硬件没问题，但 FPGA 程序下载到目标器件后工作不正常。要准确定位是程序还是硬件的问题，需要借助硬件调试工具。最直接的方法是采用价格昂贵的传统逻辑分析仪，逐个测试 FPGA 引脚信号，确认是硬件连接错误还是程序工作失常。

其实，逻辑分析仪不仅价格昂贵，还要求手动连接很多测试线，使用起来不方便，因此 FPGA 工程师使用较少。幸运的是，目前几乎各大 FPGA 厂商都推出了自己的在线逻辑分析仪，如 Intel 公司的 Quartus II 中集成了 SignalTap II，AMD 公司的 ISE 开发环境中集成了 Chipscope。高云公司的云源软件中则集成了 Gowin Analyzer Oscilloscope（GAO）。与传统逻辑分析仪功能类似，在线逻辑分析仪主要用来分析逻辑数据的波形。在线逻辑分析仪都是利用 FPGA 内部的逻辑单元及存储器资源实时地捕获、存储数据，并通过 JTAG 接口传输和显示实时信号，所以需要消耗一定的 FPGA 内部资源。与 ModelSim 仿真的不同之处在于，在线逻辑分析仪需要与硬件结合，程序在 FPGA 中运行，实时显示真实的数据。工程师可以选择要捕获的内部信号、触发条件、捕捉的时间，以及捕捉多少数据样本等，便于查看实时数据进行调试。与传统逻辑分析仪相比，在线逻辑分析仪不仅能观察分析 FPGA 引脚的信号，还能够分析 FPGA 内部的实时信号。

使用在线逻辑分析仪分析 FPGA 内部信号的优点如下：

（1）成本低廉，只需要 1 条 JTAG 线即可完成信号的分析（云源软件已集成了 GAO 工具）。

（2）灵活性大，可分析信号的数量和存储深度仅由 FPGA 的空闲 BSRAM 数量决定，空闲的 BSRAM 越多，可分析信号的数量和存储深度就越大。

（3）使用方便，在线逻辑分析仪可以自动读取原设计生成的网表，可区分时钟信号和普通信号，对待观察信号的设定也十分方便，存储深度可变，可设计多种触发条件的组合。在线逻辑分析仪可自动将 IP 核的网表插入原设计生成的网表中，且测试 IP 核中使用少量的 LUT 资源和寄存器资源，对原始 FPGA 设计的影响很小。

（4）可以十分方便地观察 FPGA 内部的所有信号，如寄存器、网线等，甚至可以观察综合器产生的重命名的连接信号，使 FPGA 不再是“黑箱”，可以很方便地对 FPGA 的内部逻辑进行调试。

15.2 GAO 的使用流程

云源软件在线逻辑分析仪 GAO 的使用流程如图 15-1 所示，可以看出，采用 GAO 调试程序时需要将 GAO 添加到项目中，并将编译完成的程序文件下载到目标 FPGA 器件中。也就是说，GAO 分析的信号是真实的电路信号，是 FPGA 器件中实际电路运行时产生的信号。

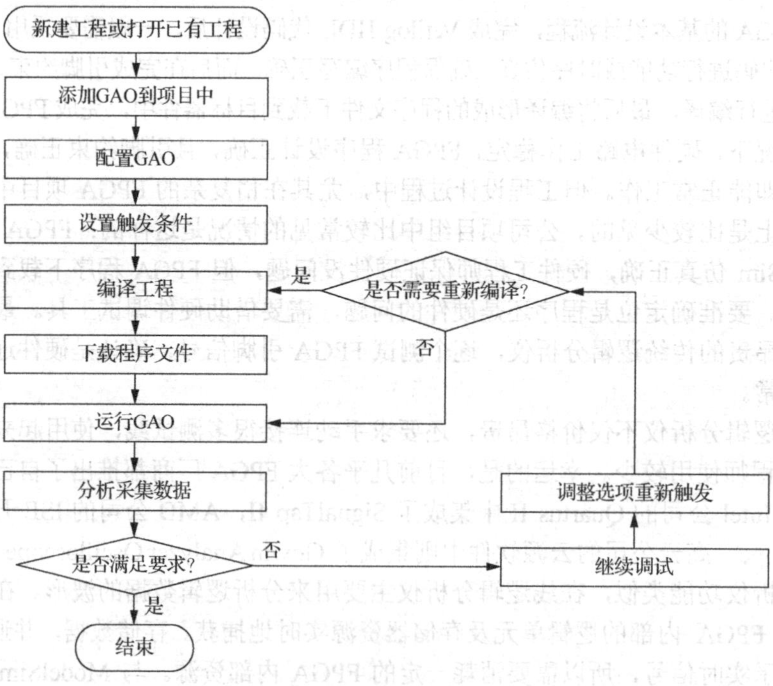

图 15-1　GAO 的使用流程

15.3 采用 GAO 调试串口通信程序

15.3.1 调试目的

实例 15-1：采用 GAO 调试串口通信程序

本书前面章节详细讨论了串口通信程序的设计，完成了开发板与计算机之间的双向通信。接下来我们采用 GAO 对串口通信程序进行调试。调试目的主要有以下几项：

（1）观察开发板接收到的串口通信数据；

（2）观察开发板发送的串口通信数据；

（3）观察开发板接收到的并行数据及数据接收有效信号。

15.3.2 添加 GAO 到项目中

根据前面章节讨论的串口通信程序的功能，下面采用 GAO 观察程序下载到 CGD100 开发板后的 rs232_txd（串口发送信号）、rs232_rec（串口接收信号）、data（接收到的并行数据）和 dv（数据接收有效信号）。

根据 GAO 的使用流程，首先需要在工程中添加 GAO。打开第 11 章设计的串口通信工程 uart。新建 GAO 文件，在弹出的对话框中设置 GAO 的文件类型为“For RTL Design”“Standard”，如图 15-2 所示。“For Post-Synthesis Netlist”类型的 GAO 文件为综合后的网表类型文件。由于综合后的程序文件中的信号名可能被优化重组，不便于采用 GAO 观察原设计文件中的信号波形，因此推荐选择“For RTL Design”类型，保持 Verilog HDL 源文件中的信号名称。

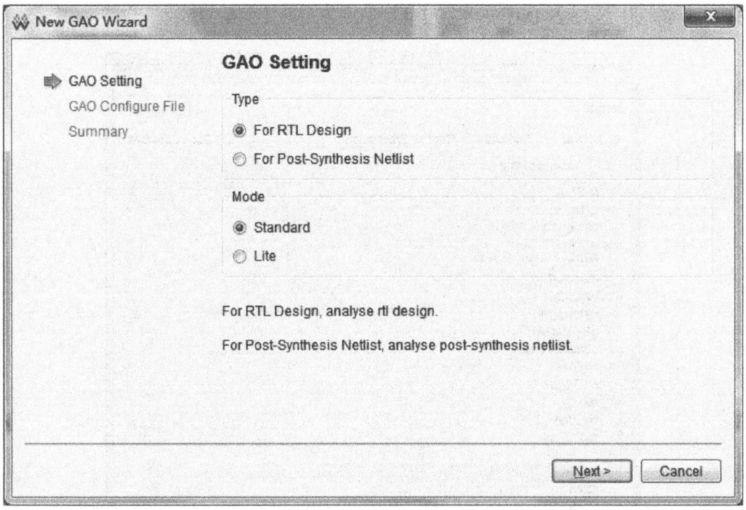

图 15-2　GAO 文件类型设置界面

单击“Next”按钮，在弹出的对话框中输入 GAO 文件的名称，保持默认名 uart 即可。在接下来的界面中单击“Finish”按钮完成 GAO 文件的创建。

15.3.3 设置触发信号及触发条件

完成 GAO 文件（文件后缀名为.rao）的创建后，返回云源软件主界面。双击“Design”窗口中的 uart.rao 文件，打开 GAO 文件参数设置界面，如图 15-3 所示。

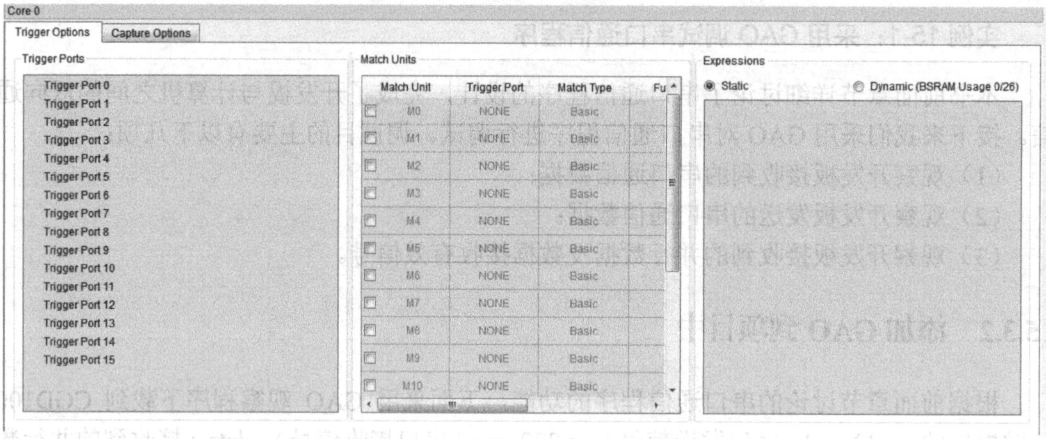

图 15-3 GAO 文件参数设置界面

“Trigger Options”栏为触发端口设置栏，云源软件提供了 16 个触发端口（Trigger Port0～Trigger Port15）；在“Match Units”栏中可设置触发条件，最多可以设置 16 个（M0～M15）；“Expressions”栏用于设置前面的 M0～M15 的组合关系，可以使用任意一个，也可以使用几个进行逻辑组合来产生触发条件。当触发条件比较复杂时，这个功能非常有用。

接下来我们添加第一个触发信号 rs232_txd。双击“Trigger Port0”，在弹出的窗口中右击按钮，弹出触发信号添加界面，单击“Search”按钮，在列表框中选中“rs232_txd”，单击“OK”按钮，添加 rs232_txd 为触发信号，如图 15-4 所示。

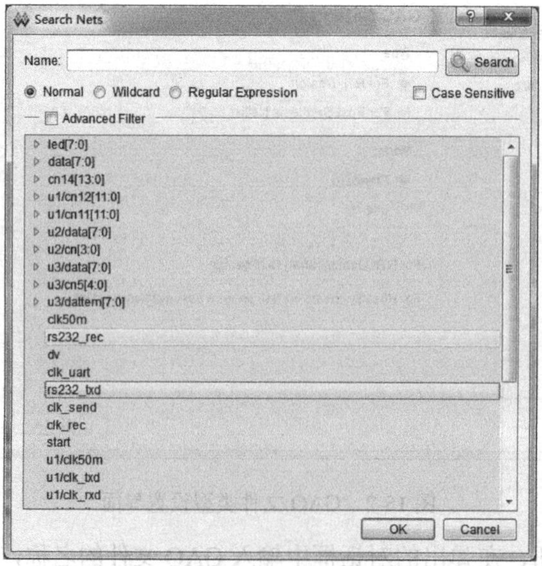

图 15-4 触发信号添加界面

采用相同的方式，将 rs232_rec 添加为第二个触发信号。勾选“Match Units”界面中 M0 左侧的复选框，双击 M0 条目，打开触发条件设置对话框，如图 15-5 所示。

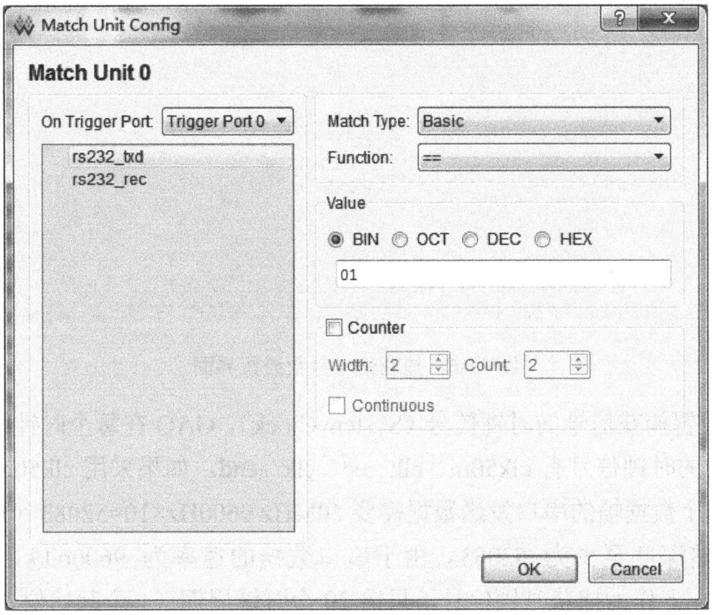

图 15-5　触发条件设置对话框

在“On Trigger Port”下拉列表中选择前面添加的触发端口 Trigger Port0，在下面的列表框中自动显示该端口的两个信号 rs232_txd、rs232_rec。在“Match Type”下拉列表中可选择触发信号的显示模式，保持默认的 Basic 即可。在“Function”下拉列表中可选择触发信号的函数类型，这里选择“==”。在“Value”栏中设置触发信号的值，选中“BIN”单选按钮，设置数值为“01”，则表示触发条件为 rs232_txd 为低电平、rs232_rec 为高电平。单击“OK”按钮完成触发条件的设置。

双击“Expressions”栏，选中“Static”单选按钮，在弹出的对话框中选择创建的触发条件 M0，单击“OK”按钮完成触发信号及触发条件的设置。

15.3.4　设置捕获信号参数

触发条件设置即设置 GAO 在满足什么条件时才捕获信号。当不满足触发条件时（前面设置的条件为 rs232_txd 为低电平，rs232_rxd 为高电平），GAO 不会捕获信号，也就不会显示捕获到的信号波形。捕获信号，是指 GAO 需要抓取的信号，或者工程师希望观察的信号。单击图 15-3 中的“Capture Options”标签，打开捕获信号参数设置界面，如图 15-6 所示。

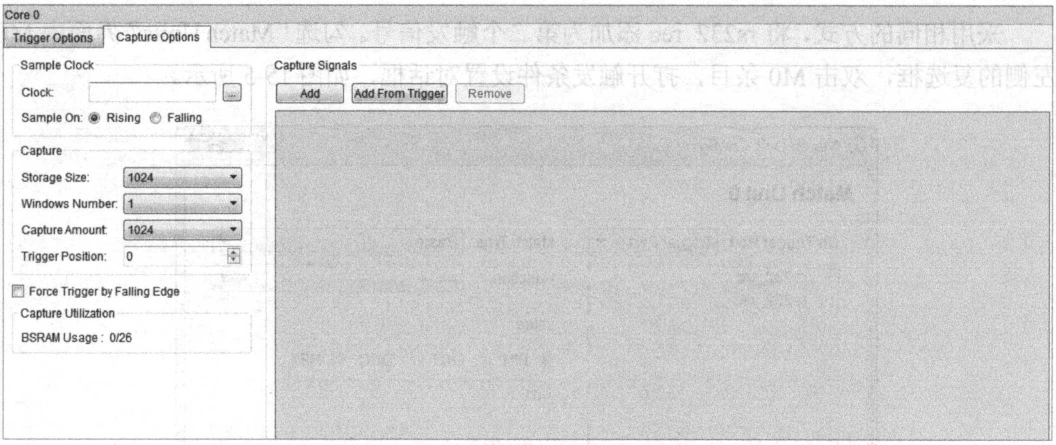

图 15-6　捕获信号参数设置界面

首先需要设置捕获信号的时钟信号（System Clock）。GAO 在每个时钟周期捕获一次数据。uart 工程中的时钟信号有 clk50m、clk_rec、clk_send。如果采用 clk50m 作为捕获时钟信号，则观察一个数据帧的串口发送数据需要 50MHz/9600Hz×10=52083 个时钟周期，也就是说数据的存储深度至少为 52083。由于串口数据的速率为 9600bit/s，因此可以采用 19200Hz 的 clk_rec 作为捕获时钟信号，只需 20 个时钟周期（1 个起始位、8 个数据位、1 个停止位，共 10 个数据位）即可完成一帧串口数据的捕获。

单击“Clock”右侧的浏览按钮，在弹出的对话框中选择 clk_rec 作为捕获时钟信号，设置数据存储深度（Storage Size）和捕获深度（Capture Amount）均为 1024。

单击界面右侧的“Add”按钮，打开添加捕获数据对话框，在弹出的对话框中依次添加 rs232_txd、rs232_rec、dv、data[7:0]等信号。完成所有设置后的捕获信号参数设置界面如图 15-7 所示。

图 15-7　完成所有设置后的捕获信号参数设置界面

15.3.5　观察串口收发信号波形

保存当前 GAO 设置的 uart.rao 文件，重新完成当前工程的编译。将 CGD100 开发板通过两条 USB 线分别连接到计算机，其中一条 USB 线为下载线，另一条 USB 线为串口通信线。启动程序下载工具，将编译生成的 ao_0.fs 文件（这个.fs 文件是软件自动生成的，注意不是与工程同名的 uart.fs 文件）下载到开发板中。

打开串口调试助手，通过串口调试助手发送“AA”字符，根据串口通信程序的功能，串口调试助手界面每隔 1s 显示开发板发回的“AA”字符。单击云源软件主界面中的按钮，启动 GAO 工具，设置“Cable”为 GWU2X，单击按钮启动捕获过程，得到图 15-8 所示的捕获到的串口发送信号波形。

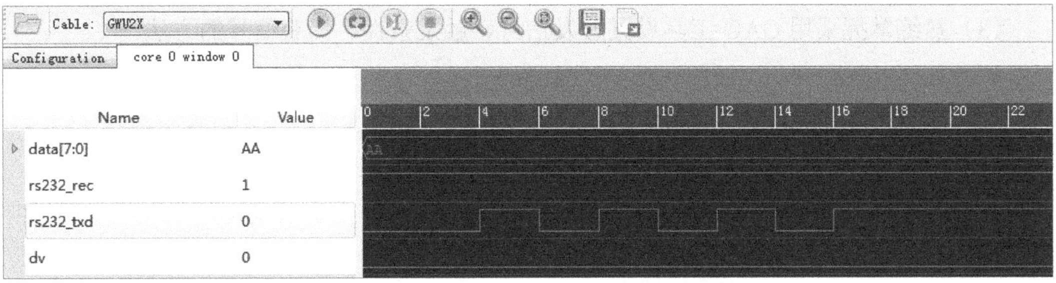

图 15-8　GAO 捕获到的串口发送信号波形

从图 15-8 可以看出，rs232_txd 信号从左至右依次出现“001010101”的波形。根据串口通信协议，首先发送 1bit 的低电平起始位 0，而后发送数据的低位，再依次发送数据的高位，最后发送 1bit 的高电平停止位 1，即 rs232_txd 信号线上的数据为“AA”。同时串口接收到的 8bit 数据 data 的值始终为“AA”。

单击 GAO 软件界面中的“Configuration”标签，修改触发条件的值为“10”，即设置 rs232_txd 为高电平、rs232_rec 为低电平为触发条件。重新运行 GAO 捕获信号，此时 GAO 始终处于捕获状态，没有显示波形。这是因为串口调试助手没有向 CGD100 发送数据，rs232_rec 始终为高电平，不满足触发条件，因此没有捕获到信号波形。在串口调试助手中发送“55”字符，GAO 立刻捕获到信号，得到图 15-9 所示的波形。

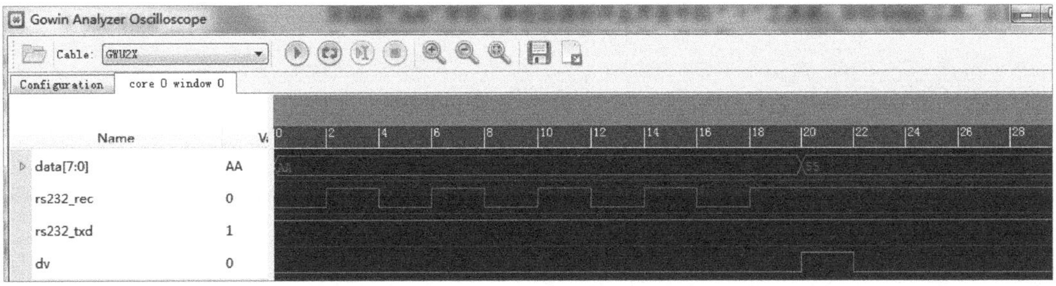

图 15-9　GAO 捕获到的串口接收信号波形

根据图 15-9 所示的波形，可知 CGD100 接收到的数据为“55”。信号 data 由“AA”转换成“55”，dv 在数据接收完成后出现一个高电平脉冲。

15.4 小结

在线逻辑分析仪是 FPGA 设计过程中的重要调试工具，可以方便地观察电路运行的实时状态，以及对特定的引脚或电路内部信号进行观察。熟练应用在线逻辑分析仪是 FPGA 工程师必备的技能。本章的学习要点可归纳为：

（1）在线逻辑分析仪利用 FPGA 中的空闲逻辑资源及存储器资源存储实时信号数据。

（2）熟练掌握用 GAO 分析信号波形的方法及步骤。

（3）熟练掌握采用 GAO 工具设置触发信号、触发条件、捕获信号的方法。

第 16 章

常用的 FPGA 设计技巧

进行 FPGA 设计不仅需要了解数字电路的基本知识、Verilog HDL 语法特点，以及理解硬件电路的编程思维，还需要对 FPGA 芯片的结构有一定了解，并根据 FPGA 芯片的结构特点进行设计，以实现最佳的电路性能。本章介绍一些常用 FPGA 设计技巧及实现方法，并给出了部分设计实例代码。建议读者多动手实践，尽快熟悉并掌握这些技巧及方法，以提高自己的设计效率及质量。

16.1 默认引脚状态设置

FPGA 的用户引脚数量多，使用十分灵活，在设计硬件电路板时为了兼顾产品的升级和功能扩展，通常会将部分实际未用到的用户引脚与电路板上的其他元器件相连。一个比较常见的情况是，在 FPGA 实验课上，教学实验开发板上一般配置有数码管、LED 灯、按键及蜂鸣器，大家在做流水灯实验时，给开发板下载流水灯程序时，实验室开始此起彼伏响起吱吱的蜂鸣声，但蜂鸣器并不是流水灯实验设计的功能。

因为各元器件接口定义的区别，接口信号状态可能需要进行专门设置（接地、上拉或悬空）。在进行 Verilog HDL 程序下载时，用户可以指定未使用的用户引脚的状态。

1. 设置器件参数时指定未使用引脚的状态

在云源软件左侧的“Process”窗格中，单击窗格底部的“Process”标签，右击窗格中的“Synthesize”条目，在弹出的菜单中单击“Configuration”条目，打开综合参数设置界面。

在左侧的列表框中选中“Unused Pin”，在界面右侧即可设置未使用引脚的默认状态，如图 16-1 所示。FPGA 对默认的未使用的用户引脚一般可设置为接地、上拉、下拉、三态输入、弱上拉、弱下拉等状态。不同 FPGA 厂商提供的默认状态设置有一定区别。如果软件默认设置未使用的用户引脚的状态为上拉，而开发板上的蜂鸣器电路设计为高电平鸣响，则在下载 LED 等未涉及蜂鸣器功能的 Verilog HDL 程序时，也会使蜂鸣器发出微弱的声音。此时，将未使用的引脚的状态设置为接地（As open drain driving ground），则可以关闭蜂鸣器的声音。

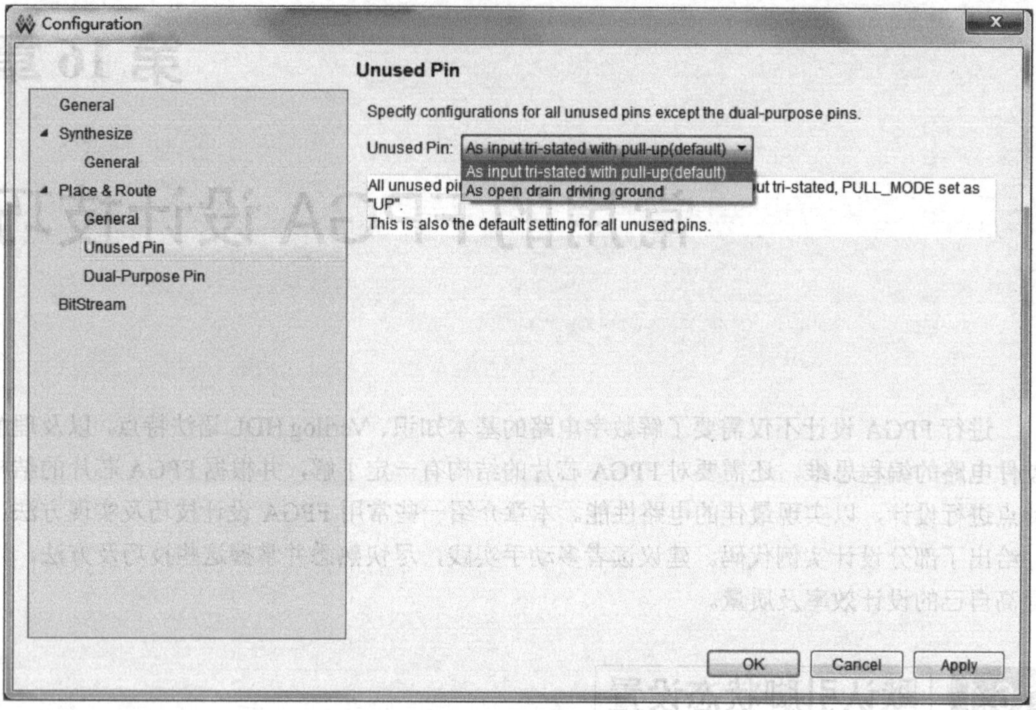

图 16-1 未使用引脚的状态设置界面

云源软件中对未使用的引脚的状态默认设置为弱上拉（As input tri-stated with pull-up），CGD100 开发板上的蜂鸣器电路需要输出高电平才能发出声音，因此未涉及蜂鸣器的 FPGA 程序不会使其发出声音。由于 CGD100 开发板上的 LED 为高电平点亮，如果程序中没有用到 LED 电路，则默认状态下，由于用户引脚为弱上拉状态，这些 LED 也会发出比较微弱的亮光。

2. 程序中直接指定端口输出状态

在程序设计时，有时为了考虑程序的功能扩展及接口的一致性，可以在顶层设计中设置后续可能用到的端口信号。对于设计中未用到的端口信号，可以直接在设计文件中指定其输出状态，下面是一个简单的例子：

```
module pinset(
    input din,
    output dout,
    output d1_unused,
    output d2_unused);

assign dout = !din;
```

```
assign d1_unused = 1'b1;
assign d2_unused = 1'b0;

endmodule
```

程序将“d1_unused”的状态设置为高电平，“d2_unused”的状态设置为低电平。当程序以后进行功能扩展时，顶层接口可保持不变，直接修改与“d1_unused”“d2_unused”相关的程序即可。

16.2 复位信号的处理方法

记得以前的老式计算机或电器一般会设置一个复位按键，当设备工作异常时用于对其进行复位操作，即对计算机中的一些程序变量进行复位处理，同时使系统重新从初始主程序入口开始运行。但目前市场上的产品，不仅是台式机或笔记本计算机，即使一些常用的电子产品一般也不再设置复位按键。原因之一在于电子设备的性能越来越稳定，复位功能的用处越来越少。如果电子设备出现故障，常见的处理方法是直接断电重启。

如果要设置复位功能，一般会给电路增加一个外接的复位按键，内部电路接收到复位按键发出的信号后即可执行复位功能。即使没有复位按键，程序上电后一般也要对程序内部的一些寄存器变量进行初始状态设置。

根据 Verilog HDL 语法规则，寄存器初始状态可以在声明变量时直接指定。但对于一些比较复杂的电路系统，系统仍然需要在上电后产生一个统一的复位信号用于系统复位。

上电后产生复位信号有两种方法。一是利用时钟锁相环模块输出的 lock 信号作为全局复位信号。该信号在上电后为低电平，当时钟锁相环输出的时钟信号稳定后拉高。读者可参考本书前面章节讨论的时钟 IP 核相关内容了解 lock 信号的特性。二是采用计数器的方法设定复位信号产生的时间，即上电后设置复位信号有效，同时开始计数，计数到一定时间后释放复位信号。下面为相关代码。

```
module rst_mod(
    input clk,              //时钟信号
    output reg rst);        //上电后为高电平，1000 个时钟周期后拉低

reg [9:0] cn=0;
always @(posedge clk)
   if (cn<1000)  begin
      cn <= cn + 1;
      rst <= 1'b1;
   else
      rst <= 1'b0;

endmodule
```

16.3 合理利用时钟使能信号设计

本书前面章节讨论过全局时钟资源的相关设计。FPGA 芯片中的全局时钟资源数量是有限的，默认情况下 Verilog HDL 中的每个不同的时钟信号都会自动占用一个全局时钟资源。通常在一个完整的 FPGA 设计项目中，存在多种不同速率数据处理需求，如果每种不同的数据速率都采用一个独立的时钟信号来设计，不仅不利于整个系统的协同工作，还极有可能因需要过多的全局时钟资源而无法完成布局布线。

比如，要设计一个同时需要外接 8 路 UART 串口的 FPGA 电路，并且 8 路 UART 的波特率不完全相同。本书在前面章节讨论串口通信设计时，收发数据分别采用了时钟信号 clk_send、clk_rec，因此会占用 2 个全局时钟资源。如果按照这个思路完成 8 路不同波特率的 UART 串口设计，则需要 16 个全局时钟资源。

一个比较常见的处理方法是采用时钟使能信号来完成慢速数据处理的电路设计。具体来讲，假设系统时钟工作频率为 50MHz，则可以采用计数器的方式产生频率为 9.6kHz 和 19.2kHz 的计数器（假设串口的波特率为 9600bit/s，参考本书第 11 章了解串口收发时钟速率的设置方法），根据计数器的状态产生频率为 9.6kHz（19.2kHz），持续时间为一个 clk 周期的高电平信号作为串口发送（接收）的时钟使能信号，则串口在 clk 和时钟使能信号的共同作用下完成数据发送（接收）。

按照上面的思路进行设计，第 11 章的串口发送程序经修改后如下所示。

```
// 修改后的 send.v 程序代码
module send(
  input clk50m,  //50MHz
  input start,
  input [7:0] data,
  output reg txd );

 //reg [12:0] cn=0;
 //50 000 000/9600=5208 每 2604 个数翻转一次，产生 9600Hz 的时钟使能信号 ce
 always@(posedge clk50m)
     if (cn12==5207) begin
         cn12<=0;
         ce <= 1;
         end
     else begin
         cn12<=cn12+1;
         ce <= 0;
         end

  //检测到 start 为高电平时，连续计 10 个数
  reg [3:0] cn=0;
  always @(posedge clk50m)      //50MHz 时钟信号为驱动时钟信号
```

```
        if (ce) begin                 //ce 为 9600Hz 信号，控制发送数据
            if (cn>4'd8)
                cn <=0;
            else if (start==1)
                cn <= cn + 1;
            else if (cn>0)
                cn <= cn + 1;
        end

    //根据计数器 cn 的值，依次发送起始位、数据位、停止位
    always @(*)
        case (cn)
            1: txd<=0;
            2: txd<=data[0];
            3: txd<=data[1];
            4: txd<=data[2];
            5: txd<=data[3];
            6: txd<=data[4];
            7: txd<=data[5];
            8: txd<=data[6];
            9: txd<=data[7];
            default txd<=1;
        endcase

endmodule
```

修改后的串口发送程序中，驱动时钟信号的频率为 50MHz，由于时钟使能信号 ce 的频率为 9600Hz，则串口发送计数器的处理频率为 9600Hz，避免了发送程序因采用 9600Hz 的时钟信号而需要额外增加全局时钟资源。

同理，串口接收程序也可以采用类似的处理方法，则串口收发程序的时钟信号与系统时钟信号相同，均为 50MHz 时钟信号 clk50m，不需要额外增加全局时钟资源。即使项目中共有 8 路 UART 串口电路，也不需要额外增加任何全局时钟资源。采用类似的处理方法，同一个 FPGA 程序中如果有大量的低速数据处理需求，则均可以利用系统的高速时钟信号结合时钟使能信号的方法，减少对全局时钟资源的需求。

16.4 利用移位相加实现乘法运算

众所周知，FPGA 器件中的硬件乘法器资源是十分有限的，而乘法运算本身比较复杂，用基本 LUT 等逻辑单元按照乘法运算规则实现乘法运算，需要占用大量的逻辑资源。设计中遇到的乘法运算可分为信号与信号之间的运算，以及常数与信号之间的运算。对于信号与信号之间的运算，通常只能使用乘法器核实现，而对于常数与信号之间的运算则可以通过移位及加减法实现。信号 A 与常数相乘运算操作的分解例子如下：

A×16=A 左移 4 位

A×20=A×16+A×4=A 左移 4 位+ A 左移 2 位

A×27=A×32−A×4−A=A 左移 5 位−A 左移 2 位−A

需要注意的是，由于乘法运算结果的位数比乘数的位数多，因此在用移位及加法操作实现乘法运算前，需要将数据位数进行扩展，以免出现数据溢出现象。下面是实现信号 A 与常数 20 相乘的运算程序源代码：

```
// mult20.v 程序代码
module mult20(
    input clk5,
    input [7:0] A,
    output reg [12:0] dout );

   always @(posedge clk)
      dout <= {A[7],A,4'd0}+{A[7],A[7],A[7],A,2'd0};
endmodule
```

16.5 根据芯片结构制定设计方案

与 DSP、CPU 等类型器件不同，FPGA/CPLD 器件内部的资源使用数量由设计规模决定。为提高 FPGA 的运行速度或获得更高的性能，FPGA/CPLD 器件内通常会集成一些常见的硬件核，其中最常见的 IP 核为乘法器和存储器核，设计者可以根据设计需要对 IP 核参数进行配置，最终生成所需要的设计模块。硬件核的数量及结构是固定的，在程序设计前了解目标器件内硬件核的基本结构及数量，并根据硬件核的特点制定设计方案，可更有效地利用资源，提高设计性能。

我们以 GW1N-UV4LQ144 芯片为例进行说明，查阅芯片数据手册可知，该芯片内集成了 10 个 18kbit 的 BSRAM（块状静态随机存储器）和 16 个 18bit×18bit 的 Multiplier（乘法器）。每个块存储器可以配置成 16kbit×1 或 8kbit×2、4kbit×4、2kbit×8、1kbit×16、512bit×32、2kbit×9、1kbit×18、512bit×36 的存储器。如果在设计过程中，需要存储 36bit 位宽的数据，则只能实现 512bit 的最大深度。如果需要存储 100×37bit 或 600×17bit，则需要占用 2 个 18kbit 的 BSRAM 资源，因为一个块存储器的存储空间的地址及数据分配的模式有限，无法任意切块拼装使用。一个 18kbit 的 BSRAM 的最大位宽是 36bit，设计 37bit 位宽的存储器至少需要 2 个 BSRAM 资源；位宽为 17bit 的存储器深度最大为 512，设计深度为 600 的 17bit 位宽存储器也需要 2 个 18kbit 的 BSRAM。

同理，由于 GW1N-UV4LQ144 芯片的乘法器 IP 核为 18bit×18bit，虽然单个 18bit×18bit 乘法器可以配置成 2 个 9bit×9bit 乘法器。若要设计 19bit×18bit 的乘法器，则需要占用 4 个（注意不是 2 个）18bit×18bit 乘法器资源。

因此，当设计比较复杂，所需资源较多时，为更加合理地使用器件的资源，必须首先了解器件本身的基本结构特征。

16.6 浮点乘法器设计

目前稍微复杂的程序设计均采用的是同步时序电路设计方式，即整个系统均在统一的一个或几个时钟信号的控制下工作。系统工作频率（系统主时钟频率）是衡量系统性能高低的主要指标，因为时钟频率越高意味着数据处理速度越快。在提高系统运算速度的情况下，还要考虑尽量缩短运算的流水线，便于尽早获得最终的运算结果。本书介绍周期约束时已讲到，系统的工作频率决定于各寄存器之间的电路延时。对于一个系统来说，各种运算及操作的复杂性不同，因此通常不会将所有操作设计在一个时钟周期内完成。比如，一个系统需要先做两次加法运算，再做一次乘法运算，如果每次加法运算及乘法运算均在一个时钟周期内完成，则整个运算需要三个时钟周期，因乘法运算所需时间明显比加法运算多，故系统的工作频率也就直接由乘法运算的速度决定。在这种情况下，提高系统工作频率的方式是将乘法运算分解为多个运算步骤，在多个时钟周期内完成，也就是说需要增加整个运算所需的时钟周期数；为减少系统运算所需的时钟周期，可将多个加法运算整合在一个时钟周期内完成。下面我们以浮点乘法器为例来讨论如何合理分配各时钟周期内的运算操作。

16.6.1 单精度浮点数据格式

浮点数据的格式有多种，不同格式的浮点数据在处理的流程及算法上基本相同。其中单精度（IEEE Single-Precision Std.754）浮点数据格式如图 16-2 所示。

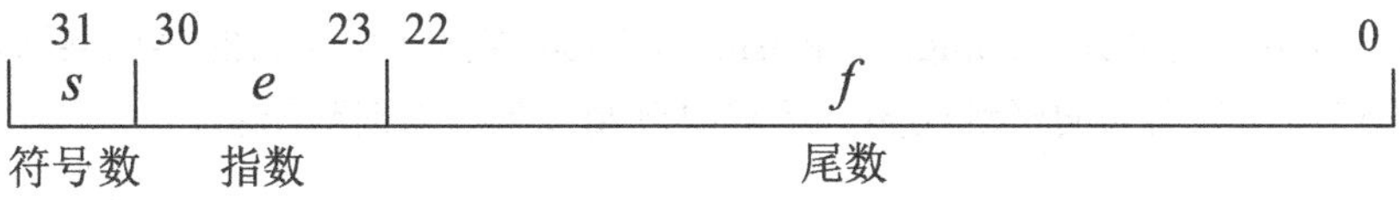

图 16-2　单精度浮点数据格式

IEEE Single-Precision 标准中，数值为 32bit。其中 bit 31 是符号位，当其为 0 时表示正数，为 1 时表示负数；bit30～23 为范围为 0～255 的正整数；bit22～0 表示数值的有效位。浮点数所表示的具体值可用下面的通式表示：

$$V=(-1)^s\times 2^{e-127}\times(1.f)$$

其中尾数(1.f)中的“1”为隐藏位，当 $e=0$，$f=0$ 时浮点数据值为 0。表 16-1 是单精度浮点数据与整数之间的对应关系表。

表 16-1 单精度浮点数据与整数之间的对应关系表

符号(*s*)	指数(*e*)	尾数(*f*)	整数值(*V*)
1	127(01111111)	1.5(10000000000000000000000)	−1.5
1	129(10000001)	1.75(11000000000000000000000)	−7
0	125(01111101)	1.75(11000000000000000000000)	0.4375
0	123(01111011)	1.875(11100000000000000000000)	0.1171875
0	127(01111111)	2.0(11111111111111111111111)	2
0	127(01111111)	1.0(00000000000000000000000)	1
0	0(00000000)	1.0(00000000000000000000000)	0

16.6.2 单精度浮点数乘法运算分析

一般说来，浮点乘法器的操作步骤如下：

（1）指数相加：完成两个操作数的指数相加运算。

（2）尾数调整：将尾数“*f*”调整为“1.*f*”的补码格式。

（3）尾数相乘：完成两个操作数的尾数相乘运算。

（4）规格化：根据尾数运算结果调整指数位，对尾数进行舍入截位操作，规格化输出结果（尾数的第 1 位必须是有效数据）。

第（1）步需一级 8bit 加法操作；第（2）步将 23bit 的无符号数根据符号位调整为 24bit 的补码，需一级取反操作和一级 24bit 的加法操作；第（3）步完成一级 24bit 的乘法操作；第（4）步的规格化操作也需一级 8bit 加法操作。在这 4 个步骤中，第（1）步和第（2）、（3）步可并行执行。这样要完成整个浮点乘法运算需依次进行一级 24bit 加法、一级 24bit 乘法（同时进行 8bit 加法操作）及一级 8bit 的加法操作。在 FPGA 的实现中，运算速度主要受限于乘法操作的速度，而目前的 FPGA 芯片中内部集成的乘法器均为 18bit×18bit 的固定结构。1 个 24bit×24bit 的乘法器需要由 4 个 18bit×18bit 乘法器组成（相当于两级 18bit×18bit 乘法操作）。显然，采用 IEEE Single-Precision Std.754 浮点数据格式的浮点乘法器难以达到很高的运算速度，且所需的资源较多，运算时延至少为 3 个时钟节拍。

16.6.3 自定义浮点数据格式

由上文分析可知，浮点乘法器的运算速度主要由 FPGA 内部集成的硬件乘法器决定。如果将 24bit 的尾数修改为 18bit 的尾数，则可在尽量保证运算精度的前提下最大限度地提高浮点乘法运算的速度，也可大量减少所需的乘法器资源。IEEE 标准中尾数设置的隐藏位主要是考虑节约寄存器资源，而 FPGA 内部具有丰富的寄存器资源，若直接将尾数表示成 18bit 的补码格式，则可减少第（2）步的运算，也可以减少一级流水线操作。由此我们定义一种新的浮点数据格式，如图 16-3 所示。其中 e 为 8bit 有符号数（$-128 \leqslant e \leqslant 127$）；$f$ 为 18bit 有符号小数（$-1 \leqslant f < 1$），若将尾数看作有符号整数 m（$-2^{17} \leqslant m < 2^{17}-1$），则 $f = m/2^{17}$。

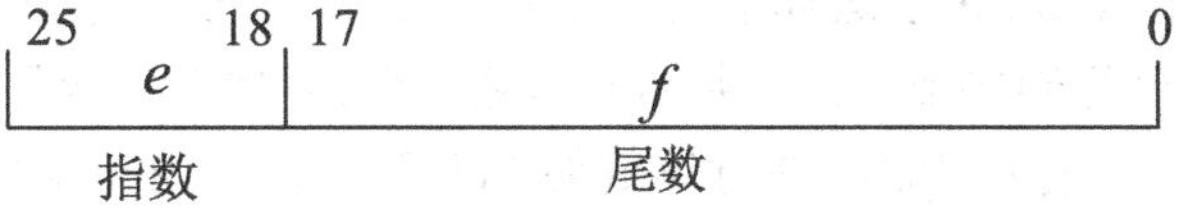

图 16-3　自定义适合 FPGA 实现的浮点数据格式

自定义浮点数据所表示的具体值可用下面的通式表示：

$$V = f \times 2^e$$

为便于数据规格化输出及运算，规定数值“0”的表示方法为指数为“0”，尾数为“0”；正无穷大“+∞”的表示方法为指数为“127”，尾数为“011111111111111111”；负无穷大“-∞”的表示方法为指数为“127”，尾数为“100000000000000000”。为了使尾数表示的有效数据位尽量多，规定除无穷大的数外，如果数据为正数，则尾数的前两位必须为“01”；如果数据为负数，则尾数的前两位必须为“10”。自定义浮点数据格式与单精度浮点数据格式的区别在于：自定义浮点数据格式将原来的符号位与尾数位合成 18bit 的补码格式定点小数，表示精度有所下降，却可以有效节约乘法器资源（由 4 个 18bit×18bit 乘法器减少到 1 个），并有效地减少运算步骤，提高运算速度（由二级 18bit×18bit 乘法运算减少到一级 18bit×18bit 乘法运算）。自定义浮点数据与整数之间的对应关系，如表 16-2 所示。

表 16-2　自定义浮点数据与整数之间的对应关系

指数(e)	尾数(f)	整数值(V)
1(00000001)	0.5(010000000000000000)	1.0
0(00000000)	0.5(010000000000000000)	0.5
2(00000010)	0.875(011100000000000000)	3.5
−1(11111111)	0.875(011100000000000000)	0.4375
−2(11111110)	1.0(011111111111111111)	0.25
0(00000000)	−1.0(100000000000000000)	−1
−2(11111110)	−0.5(110000000000000000)	−0.125
127(11111111)	1.0(011111111111111111)	+∞
127(11111111)	−1.0(100000000000000000)	−∞
−128(10000000)	0(000000000000000000)	0

16.6.4　自定义浮点数据乘法算法设计

实例 16-1：自定义浮点乘法器电路设计

本实例要完成自定义 24bit 浮点乘法器电路设计，并仿真分析运算结果。

为提高系统时钟频率并减少浮点乘法运算的周期时延，需要根据浮点运算步骤对算法进行设计。设计的关键在于合理划分运算步骤，并根据各运算步骤之间的前后关系确定顺序或并行执行，同时确定运算所需的时钟周期数及各时钟节拍内需完成的操作。

图 16-4 是浮点数据乘法运算的算法设计结构图。采用芯片提供的 18bit 乘法器 IP 核进

行尾数相乘运算，设置 18bit 乘法运算采用一级流水线实现，在一个时钟周期内完成。在进行乘法运算的同时，进行操作数判断（判断操作数是否为“0”“+∞”“-∞”）并给出 3 位二进制编码数据“jab”，根据“jab”进行尾数加法运算。由于 18bit 乘法运算与操作数判断及尾数加法运算是并行执行的，因此对于这一级运算来说，系统时钟的频率决定于运算较慢的步骤。在工程设计时可先分别设计两个并行的运算，通过时序约束的方式查看各自的最高时钟频率，以此对各运算步骤进行调整，以尽可能优化运算步骤，提高系统性能。第二级操作为规格化输出，即根据尾数及指数运算结果按自定义浮点数据格式输出结果数据，其中主要涉及数据溢出、尾数调整、指数调整等操作。为更好地提供与其他功能电路模块的用户接口，通常会对输入输出数据先进行一次时钟延时输出，因此整个浮点乘法器操作实际为 3 级流水线操作：第一级流水线用于对输入数据进行延时处理，第二级流水线完成尾数相乘及操作数判断操作，第三级流水线完成规格化输出。

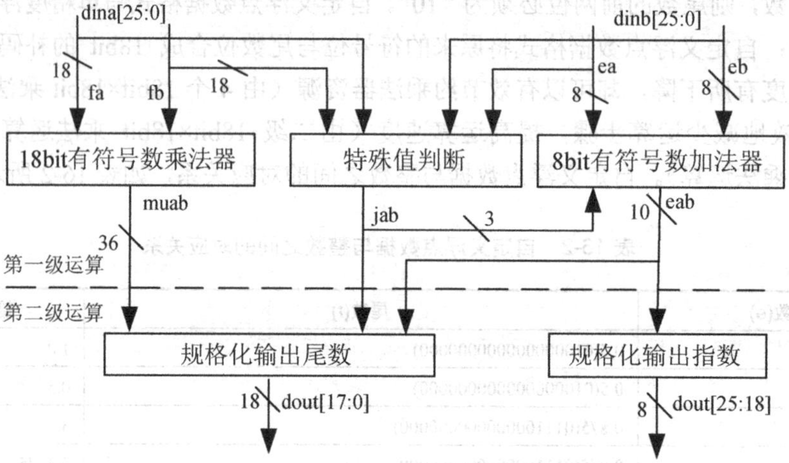

图 16-4 浮点数据乘法运算的算法设计结构图

16.6.5 算法 Verilog HDL 实现

1）第一级时钟周期的算法设计

在云源软件中新建名为 floatmult 的工程。在工程中新建“Verilog HDL File”类型资源文件“first_level.v”。其中使用一个 18bit 有符号数乘法器 MULT IP 核 mult，在乘法器 IP 核生成界面中将输入数据位宽均设置成 18bit 有符号数据（signed），设置乘法器流水线级数为 1（设置输入信号无寄存器，输出信号有寄存器）。first_level.v 文件源代码如下。

```
//第一级运算程序文件 first_level.v 源代码
module first_level(
    input clk,
    input [25:0] dina,dinb,
    output [35:0] muab,
    output reg [2:0] jab,
    output reg [17:0] fa,fb,
```

```
output reg [8:0] eab);

 reg [17:0] f_a,f_b;
 reg [7:0] e_a,e_b;
 reg [2:0] j_ab;
 reg [8:0] e_ab;

 parameter USINFINITE=26'b01111111_011111111111111111;      //正无穷大
 parameter SINFINITE =26'b01111111_100000000000000000;      //负无穷大
 parameter ZERO =     26'b00000000_000000000000000000;      //零

 //输入数据经过一级寄存器
 //输入数据的指数和尾数延时一个周期输出，与 muab 保持同步
always @(posedge clk)
   begin
     f_a <= dina[17:0];                                     //第一级流水线
     f_b <= dinb[17:0];
     e_a <= dina[25:18];
     e_b <= dinb[25:18];
     fa <= f_a;
     fb <= f_b;
     jab <= j_ab;
     eab <= e_ab;
   end

 //利用乘法 IP 核实现尾数相乘，第二级流水线
mult u1(
    .dout(muab),
    .a(f_a),
    .b(f_b),
    .ce(1'b1),
    .clk(clk),
    .reset(1'b0) );

 //特殊值判断
 always @(*)
   begin
     if ({e_a,f_a}==ZERO || {e_b,f_b}==ZERO) j_ab <= 0;
     else if ({e_a,f_a}==USINFINITE) j_ab <= 1;
     else if ({e_a,f_a}==SINFINITE)  j_ab <= 2;
     else if ({e_b,f_b}==USINFINITE) j_ab <= 3;
     else if ({e_b,f_b}==SINFINITE)  j_ab <= 4;
     else j_ab <= 5;
  end

 //尾数运算
```

```
    always @(*)
      e_ab <={e_a[7],e_a}+{e_b[7],e_b};

endmodule
```

2）第二级算法设计

第二级算法主要实现指数及尾数的规格化输出，在输出数据时需要根据“jab”对特殊值以及溢出数据进行处理，最后通过寄存器输出运算结果。自定义浮点格式数据中尾数表示范围为-1～1，18bit 的数据中小数点位于“bit17”与“bit16”之间，“bit0”的加权值为 $1/2^{17}$。为确保数据不溢出，采用 36bit 数据存放 18bit 乘法运算结果，只有当两个操作数均为-1 时，bit35 才是有效位数据，否则 bit35 与 bit34 均为符号位。小数点在 bit33 与 bit32 之间，因此 bit16～bit0 的加权值非常小，在 IEEE 定义的浮点运算中需要对 bit16～bit0 进行四舍五入运算（如 bit16 为“1”，则将由 bit34～bit17 组成的尾数加 1 作为尾数输出结果，否则直接取 bit34～bit17 作为尾数运算结果），本例为了简化运算，没有进行舍入操作。

根据浮点数据的格式规范，尾数的 bit17 与 bit16 必定不同，规格化输出时也需要确保数据格式相同。对于二进制定点数据的乘法运算来讲，乘法结果的整数位数为操作数整数位之和，小数位数为操作数小数位之和。由于尾数的整数位均为 1bit，小数位均为 17bit，因此乘法结果的 36bit 数据中，小数位为 2bit，整数位为 34bit。

对于两个操作数来讲，因为每个操作数的高 2 位均不相同（为 01 或 10），因此乘法结果中，高 4 位不可能为全 0 或全 1，需要根据高 4 位的状态对指数进行运算，同时完成尾数的截位输出。second_level.v 文件源代码如下。

```
//第二级运算程序文件 second_level .v 源代码
module second_level(
    input clk,
    input [35:0] muab,
    input [2:0] jab,
    input signed[8:0]  eab,
    input signed [17:0] fa,fb,
    output reg [25:0] dout);

    parameter USINFINITE=26'b01111111_011111111111111111;     //正无穷大
    parameter SINFINITE =26'b01111111_100000000000000000;     //负无穷大
    parameter ZERO =26'b00000000_000000000000000000;          //零

    reg signed [25:0] douttem;

   always @(posedge clk)
       case (jab)
          0: dout<=ZERO;
          1: if (fb[17])  dout <= SINFINITE;
           else           dout <= USINFINITE;
          2: if (fb[17])  dout <= USINFINITE ;
```

```
        else         dout <= SINFINITE;
      3: if (fa[17])  dout <= SINFINITE;
        else     dout <= USINFINITE ;
      4: if (fa[17])  dout <= USINFINITE;
        else         dout <= SINFINITE;
      5:          dout <= douttem;
    endcase

//规格化正常数据的指数输出
always @(*)
  //由于两个操作数的最高位与次高位始终相反，因此乘法结果的高 4 位一定不为全 0 或全 1
  if (muab[35:34]==2'b01) begin
    if (eab>126) douttem <= USINFINITE;
    else if (eab<-129) douttem <= ZERO;
    else begin
        douttem[25:18] <=eab+1;
        douttem[17:0] <= muab[35:18];
        end
   end
   else if (muab[35:34]==2'b10) begin
      if (eab>126) douttem <= SINFINITE;
       else if (eab<-129) douttem <= ZERO;
       else begin
          douttem[25:18] <=eab+1;
          douttem[17:0] <= muab[35:18];
          end
    end

   else if (muab[35:33]==3'b001) begin
      if (eab>127) douttem <= USINFINITE;
       else if (eab<-128) douttem <= ZERO;
       else begin
           douttem[25:18] <=eab;
           douttem[17:0] <= muab[34:17];
           end
       end
   else if (muab[35:33]==3'b110) begin
      if (eab>127) douttem <= SINFINITE;
       else if (eab<-128) douttem <= ZERO;
       else begin
           douttem[25:18] <=eab;
           douttem[17:0] <= muab[34:17];
           end
       end

   else if (muab[35:32]==4'b0001) begin
```

```
            if (eab>128) douttem <= USINFINITE;
            else if (eab<-127) douttem <= ZERO;
            else begin
               douttem[25:18] <=eab-1;
               douttem[17:0] <= muab[33:16];
               end
            end
         else if (muab[35:32]==4'b1110) begin
            if (eab>128) douttem <= SINFINITE;
              else if (eab<-127) douttem <= ZERO;
              else begin
                 douttem[25:18] <=eab-1;
                 douttem[17:0] <= muab[33:16];
                end
            end
endmodule;
```

3）顶层模块设计

顶层模块设计比较简单，直接将第一级运算模块及第二级运算模块实例化即可。顶层文件 floatmult.v 的源代码如下。

```
//顶层文件 floatmult.v 的源代码
module floatmult(
    input clk,
    input [25:0] dina,dinb,
    output [25:0] dout);

    wire [35:0] muab;
    wire [2:0] jab;
    wire [17:0] fa,fb;
    wire [7:0] ea,eb;
    wire [8:0] eab;

    first_level u1(
        .clk(clk),
        .dina(dina),
        .dinb(dinb),
        .muab(muab),
        .jab(jab),
        .fa(fa),
        .fb(fb),
        .eab(eab));

    second_level u2(
        .clk(clk),
        .muab(muab),
```

```
        .jab(jab),
        .eab(eab),
        .fa(fa),
        .fb(fb),
        .dout(dout));

endmodule
```

4）仿真测试

为简化测试过程，将测试激励文件中的输入设置为几个特殊的值，根据波形查看浮点运算结果。

打开 ModelSim 软件，新建名为 ms_floatmult 的工程，添加浮点乘法器的所有 Verilog HDL 文件，新建测试激励文件，代码如下。

```
//测试激励文件 floatmult_vlg_tst.v 的代码
`timescale 1 ns/ 1 ns
module floatmult_vlg_tst();
reg clk=0;
reg [25:0] dina;
reg [25:0] dinb;
// wires
wire [25:0]  dout;

GSR GSR(.GSRI(1'b1));

floatmult i1 (
    .clk(clk),
    .dina(dina),
    .dinb(dinb),
    .dout(dout));

always #10 clk<= !clk;

initial
begin

dina=26'b00000001_01000000000000000;    //1;
dinb=26'b00000010_01110000000000000;    //0.875*4=3.5
#45;
dina=26'b01111111_01111111111111111;    //正无穷大;
dinb=26'b00000001_01000000000000000;    //1
#75;
dina=26'b11111110_11000000000000000;    //-0.125
dinb=26'b11111111_01110000000000000;    //0.4375
#105;
dina=0;
```

```
    dinb=26'b11111110_110000000000000000;      //-0.125
    end

    endmodule
```

设置好仿真参数，添加编译好的 IP 核仿真库文件，运行 ModelSim 仿真工具，查看波形界面。为便于查看波形，并核对运算结果，在波形窗口中，将输入输出数据的指数部分和尾数部分分别组成单独的数据显示。展开 dina 数据，选中高 8bit 数据 dina[25:18]，在右键弹出菜单中选中 Combine signals 选项，在弹出的对话框中设置数据名称为 exp_a。采用类似方法依次设置 dina 的尾数 man_a，dinb 的指数 exp_b，dinb 的尾数 man_b，输出数据的指数 exp_out 和输出数据的尾数 man_out。设置好的仿真波形如图 16-5 所示。

图 16-5　浮点乘法器仿真波形图

由图 16-5 可以看出，浮点乘法运算结果相对于输入数据有 3 个时钟周期的时延（其中 1 个时钟周期的时延用于输入数据处理，浮点运算只占用了 2 个时钟周期）。起始状态时，dina 的指数为 1，尾数为 65536，实际值为 $2\times65536/2^{17}=1$，dinb 的指数为 2，尾数为 114688，实际值为 $2^2\times114688/2^{17}=3.5$，得到的运算结果与 dina 相同，为 3.5；下一个数据中，dina 为正无穷大，dinb 为正数，运算结果为正无穷大；第 3 个运算数据时，dina 的指数为−2，尾数为−65536，实际值为 $-2^{(-2)}\times65536/2^{17}=-0.125$，dinb 的指数为−1，尾数为 114688，实际值为 $-2^{(-1)}\times114688/2^{17}=0.4375$，运算结果的指数为−4，尾数为−114688，实际结果为 $-2^{(-4)}\times114688/2^{17}=-0.0547$，即 $-0.125\times0.4375=-0.0547$。经过上面的数据验算，说明设计的浮点乘法器电路功能正确，且处理流水线为 3 级。

16.7 小结

FPGA 设计所涉及的知识非常广泛，Verilog HDL 语法只是其中非常基础的内容。要时刻牢记，我们虽然在写 Verilog HDL 代码，但实际设计的是电路。所谓简洁高效的代码，归根结底是简洁高效的电路。

本书仅讨论了一些 FPGA 设计的基本知识，远远没有讲完 FPGA 工程师所需要掌握的全部知识，实际上也无法用一本书来阐述 FPGA 工程师需要掌握的所有知识。因为真实的工程设计需求总是千差万别，需要 FPGA 工程师根据自己的知识结构和设计思维形成合理的设计方案，进而完成设计。优秀的 FPGA 工程师需要不断在工程实践中打磨自己的设计思维，提升自己的设计能力。

本章的学习要点可归纳为：

（1）掌握多种默认引脚状态的设置方法。

（2）掌握不同的复位信号处理方法。

（3）采用时钟使能信号的设计方法减少全局时钟资源的占用。

（4）可以采用移位相加法实现常系数乘法运算。

（5）了解芯片的硬件结构，制定最佳的设计方案。

（6）理解浮点乘法器的设计过程。

参考文献

[1] 康华光，张林．电子技术基础：模拟部分[M]．7 版．北京：高等教育出版社，2021．

[2] 康华光，张林．电子技术基础：数字部分[M]．7 版．北京：高等教育出版社，2021．

[3] Michael D C．Verilog HDL 高级数字设计[M]．张雅绮，李锵，等译．北京：电子工业出版社，2006．

[4] 夏宇闻，韩彬．Verilog 数字系统设计教程[M]．4 版．北京：北京航空航天大学出版社，2017．

[5] 杜勇．数字滤波器的 MATLAB 与 FPGA 实现：Altera/Verilog 版[M]．2 版．北京：电子工业出版社，2020．